R语言
高效能实战

更多数据 — 和 — 更快速度

刘艺非◎著

人民邮电出版社

北京

图书在版编目（CIP）数据

R语言高效能实战：更多数据和更快速度 / 刘艺非
著. -- 北京：人民邮电出版社，2022.3
ISBN 978-7-115-58440-3

Ⅰ. ①R… Ⅱ. ①刘… Ⅲ. ①程序语言－程序设计
Ⅳ. ①TP312

中国版本图书馆CIP数据核字（2021）第280774号

内 容 提 要

本书将目标设定为"在一台笔记本电脑上使用 R 语言处理较大的数据集"，从单机大型数据集处理策略、提升计算性能、其他工具和技巧 3 个方面介绍了使用 R 语言处理数据时的实用方法，包括减少数据占用空间、善用 data.table 处理数据、数据分块处理、提升硬盘资源使用效率、并行编程技术、提升机器学习性能，以及其他资源管理和提高性能的实用策略，以帮助读者处理较大的数据集、挖掘 R 的开发潜能。

本书适合有一定 R 语言基础的读者阅读，也适合作为程序员的 R 语言实践工具书。

◆ 著　　　　刘艺非
　　责任编辑　秦　健
　　责任印制　王　郁　焦志炜

◆ 人民邮电出版社出版发行　　北京市丰台区成寿寺路 11 号
　　邮编　100164　　电子邮件　315@ptpress.com.cn
　　网址　https://www.ptpress.com.cn
　　北京市艺辉印刷有限公司印刷

◆ 开本：800×1000　1/16
　　印张：17　　　　　　　　　　2022 年 3 月第 1 版
　　字数：360 千字　　　　　　　2022 年 3 月北京第 1 次印刷

定价：79.90 元

读者服务热线：(010)81055410　印装质量热线：(010)81055316
反盗版热线：(010)81055315
广告经营许可证：京东市监广登字 20170147 号

前言：不是所有数据集都像iris

本书写作目的

我的工作离不开数据科学。在工作中，为了解决问题，我会到网上查询或者购买一些图书寻找解决方案。不过多年来我发现，很多教程或图书，都爱使用那个鼎鼎大名的iris数据集作为操作案例，那是一个特别小、特别规整又特别均衡的数据集。正因如此，人们总喜欢对它"为所欲为"[①]。但在实践中，我经常碰到的是一些比较大的用户特征和业务信息数据，而我的工具可能就只是一台普通的笔记本电脑。当要进行比较复杂的计算，例如训练机器学习模型或做超参数调优时，就会耗费很多时间。虽然也可以通过合理的抽样缩小数据规模，但这也在一定程度上造成了数据的浪费，有些数据由于太大甚至不能直接导入分析软件中。当数据不像iris那样小而美的时候，我们对数据的处理就不会那么容易，计算起来也不再那么快了！

我也看到很多教学资源在面对大型数据的处理和计算问题时，会教导人们如何采用各种听起来很"高端"的策略，这些策略中往往包含了像"云""集群""分布式""××架构""××平台"这样的术语。每次听到这些术语，我都不禁打个寒战："你们这些策略是讲给老板听的吧？"对于一般用户来说，不论学习还是实际运用这些策略都需要很高的成本，因为可能要购置多台计算机或者租用云资源才能实现。要解决一些企业级的数据生产和存储问题当然确实需要实施这些策略，不过我也想知道，在真正要动用那些"重型武器"之前，对很多"轻型武器"无法解决的数据处理和计算问题，是否存在一些对我们普通单机用户来说可望又可及的"中小型武器"？我们手上这台价值几千元甚至上万元的笔记本电脑，已经被我们充分利用了吗？于是，我急切地希望整理一些在单机上处理大型数据集以及提升数据计算效能的策略。目前市面上的个人笔记本电脑内存大概为4 GB～8 GB，硬盘容量大概为500 GB～1 TB，台式电脑配置可能会更高，我认为，它们的数据处理和计算潜力还没有被充分挖掘出来，既然是这样，那么我们就要想办法把这种潜力挖掘出来！

"榨干"你的笔记本电脑，让它物有所值！

那么，怎样完成这个事情呢？

[①] 还有很多和iris类似的小型经典机器学习示例数据集，有兴趣可详见UCI机器学习工具库网站。

为什么选择R

没有什么特别的原因，纯粹因为我比较喜欢R而已。我在近年的工作过程中其实使用Python的机会更多。实际上我更喜欢把不同类型的工具混在一起使用，我认为在数据科学领域不存在所谓的"世上最好的语言"，所有分析工具之间的壁垒都应该打破。数据工作者的使命在于利用数据并选择最合适的工具解决问题。本质上，他们是解决问题的高手，而不是或不仅仅是使用某一种工具的高手。不被工具左右，这才是数据工作者应有的专业素养。我读书和后来工作时，出于各种原因，例如客观环境、团队协作需要、要解决特殊问题等等，曾混搭过很多不同的分析工具，包括Excel、SPSS、STATA、SAS、R、Python……

不过在可以选择的情况下，我还是会首选R作为数据整理、分析、建模的工具。在众多工具之中，R并不一定性能最强大或最流行，但是只有用R的时候我感觉自己是在"玩"数据，心情非常舒畅，而用其他工具的时候，我都觉得自己是在"工作"，好像有人在背后盯着我。做个不太恰当的比喻，使用R就像到电影院看电影，使用Python就像是你用自己的笔记本电脑看电影：使用笔记本电脑也能看到高清版本的电影，而且除了看电影，你也能用笔记本电脑做很多别的事情，而在电影院，你就只能看电影了。但相比之下，哪种看电影的体验更好呢？就我个人而言，到电影院看电影的观影体验是无与伦比的。当然，你也可以有自己的喜好。

另外我还想为R鸣个不平。记得有一次我和同事交流各种数据科学工具的优劣时，一位同事说："R不是个拿来画图的软件吗？"这让我非常诧异。R闻名于世的可视化功能掩盖了它在数据科学中的其他优势，以及曾经不足但后来已经逐渐得到完善的方面。可能有人告诉你，R是基于单线程运作的，R只能处理加载入内存的数据，R对深度学习支持不足云云。稍微对R有了解的用户可能会听说过有个叫data.table的工具可以比较快地处理大型数据集，但也仅此而已。而实际上，R社区中一批活跃的开发者早就开始突破这些局限，开发出各种高效能的工具，以弥补R单核运作、只能处理内存数据的先天缺陷，并且提升R数据处理和计算的效能，以紧随当前数据科学技术发展的趋势，曾经的短板现在对于R来说可能都不再是短板了。不过遗憾的是，目前以这些方面为主题的书并不多，至少远不及以统计分析、可视化等为主题的书，而且作者大多为外国人[①]，其中一些作品如表1所示。也是出于这样的目的，我便着手以R为对象去研究和整理上面提到的那些策略。

人生苦短，我用Python，也用R！

表1　一些以大型数据集处理或计算效能提升为主题的R图书

英文名称	中译本名称	作者
Parallel R	暂无	Q. Ethan McCallum和Stephen Weston
Big Data Analytics with R	《R大数据分析实用指南》	Simon Walkowiak
Mastering Parallel Programming with R	《R并行编程实战》	Simon Chapple

---

[①] 一些国内研究者的出版物也会有部分章节讨论大型数据处理或者效能提升的内容，但并非整本书都以此为主题。

英文名称	中译本名称	作者
Efficient R Programming	《高效R语言编程》	Colin Gillespie和Robin Lovelace
R High Performance Programming	《R高性能编程》	Aloysius Lim和William Tjhi
Parallel Computing for Data Science:with Examples in R,C++ and CUDA	《数据科学中的并行计算：以R、C++和CUDA为例》	Norman Matloff

本书主要内容

本书以单机环境为背景，针对过往业内普遍认为的R的"短板"，结合单机数据分析挖掘工作中较主要的几个工作环节，即数据载入—数据处理及探索—数据建模[①]，在"大型数据集处理"和"计算效能提升"这两个方面，尝试挖掘R在单机环境下的潜能。对于数据集比较大的情况，我们将探究如何使用R对这些数据集实现有效的分割、载入、处理和探索等操作，让R能处理得"更多"。而对于在数据分析挖掘过程中执行一些计算量比较大的操作，特别是在机器学习工作流中模型训练、性能评估和比较、超参数调优等计算密集型环节，则探究R如何充分利用单机的资源及其自身的优势提升这些环节的处理效能，让R能处理得"更快"。寻找"更多"和"更快"的策略，正是本书的主要目标。

实际上，还有一个思路是优化R的代码，例如尽可能以向量化方式操作、对一些常用的计算使用内置函数而非自定义函数、使用C或者C++等编译型语言编写部分程序，以及对R代码进行性能监控等，但为了使本书的讨论更具有针对性，本书并不打算过多讨论代码优化方面的内容，有兴趣的读者可以阅读表1列举的书目或寻找线上相关资源。

本书所讨论的"数据集"，可以很直观地理解为数据科学领域中最常见的行列式结构化数据，即R和Python的pandas库支持的"数据框"（data.frame）格式。本书中所指的"大型数据集"，用英文来说，可以是"large dataset"或"large dataframe"，而不是现在人们常用的"big data"，因为后者除了表明数据的体量大以外，更强调数据的异质性强、更新速度快等特点。所以这里也需要特别说明，从这个意义上看，本书并不是一本讨论"大数据"的书。

对于本书的第一个目标，什么样的数据集才算是"大型数据集"？我认为这是一个相对概念，没有客观标准，全因你手头上的计算资源而异，例如10 GB的数据对于低配置的计算机可能是很大的数据集，但对于高配置的计算机则不一定。通俗点来说，这里说的"大型数据集"可以这样描述：它能够塞进一台一般配置的笔记本电脑，但做相应的处理或计算时，计算机不会立即给出结果，而是需要"转一下"甚至"转很久"才可以。也可以用具体的使用场景来说明：当我们在单台计算机上使用R或者Python等工具处理数据时，按照数据规模和单机的资源情况，有以下几

---

① 在这个流程之前还有数据采集、数据存储环节，流程之后还有生产应用部署等环节。对于这些环节，本书暂不讨论，在实际生产中这些环节往往不是单机环境能解决的。

种可能。

场景1：计算机的内存容量限制远大于要处理的数据集大小，对该数据集进行任何处理、分析、建模等工作都不会出现明显的资源紧张现象（但可能在某些时候接近瓶颈），这也是传统上R以及很多专业统计软件最擅长处理的场景，也是我们希望能够最终达到的状态。

场景2：要处理的数据集大小与计算机内存容量限制非常接近，但数据集本身比较大或者计算过程中生成的临时数据集总体占用内存比较大，使得数据虽然可以放入内存，但不能再进行一些较复杂的处理和计算，或者计算机处理和计算速度明显放缓。

场景3：要处理的数据集大小超过计算机内存的容量限制，直接读入数据会产生内存不足的错误，但计算机的硬盘能够装下这些数据。

场景4：要处理的数据集非常大，单台计算机的硬盘也无法容纳。

粗略来说，场景2、场景3、场景4中的数据都可以算作本书所说的"大型数据集"。本书的关注点在于场景2、场景3，以及场景1中的某些情况，而第4种场景暂不在本书的讨论范围之内，因为我们的前提条件是单机环境。如果真的遇到第4种场景，可能需要添置更多的计算机和掌握一些基于集群的分布式存储和计算技术（如Hadoop、Spark等）。

对于场景2，有以下解决思路。

- 在不损失数据集主要信息的前提下，在数据导入时或者导入后，采用一些策略减少数据量，这样就将问题转化到场景1中。具体做法包括保留必要的信息（如保留必要的变量和样本）、设置合适的数据字段类型等。
- 使用一些优化的工具，提高现有资源的使用效率，例如在R中使用data.table而不是data.frame或tibble等形式处理大型数据集。

对于场景3，有以下几种主要的解决思路。

- 利用场景2中的第一种思路，即在数据导入的环节减少数据体积，在某些情况下就能将场景3转化为场景2，甚至场景1。例如在导入时保留后续分析必要的行和列后，数据就可以被内存所容纳。
- 以数据块（chunk）或者批次（batch）为单位对数据进行处理，而不是一次性处理整个数据集，这样每次处理的数据规模都能为单机的内存所容纳。这种思路实际上也可运用于场景2中。
- 将数据集以特定的形式放在计算机硬盘中，然后使用R处理这个数据集的某种映射或者某些子集。具体策略包括两种：一是在放入R前先将数据存进数据库管理系统，以使用数据库提供的一些统计汇总方法进行一些预处理，或使用内存外处理策略对数据库中的数据进行分块处理；二是将数据以其他形式存在硬盘中，如使用二进制文件格式。对于第二种策略，R提供了ff、bigmemory和disk.frame等解决方案，在这种场景下，可以在R中处理整个数据集的一个映射对象，而不是数据集本身，而这个映射对象包含了数据集的所有信息，因此不会造成信息的损失。

通过种种努力，将数据以一种合适的大小放入R后（即回到上面提到的场景1中），我们希望进一步提高R的数据处理和计算效能，这就进入了本书的第二个目标。在这里我不打算在"效能"这个词上咬文嚼字，只想直接地用"效能"一词指代两个方面：效率和性能。高效率主要表现为通过编写尽可能少的代码（或在一些软件中通过菜单操作）来完成尽可能多的任务，而高性能则主要表现为能充分利用计算机的资源顺利、快速地完成计算。事实上，对于R来说，效率恰恰是其一贯的优势，而性能则是其劣势。概言之，R的特色就是"写得快、跑得慢"。R社区中极有影响力的数据科学家Hadley Wickham也认为，R不是一门速度快的语言，因为它的设计目的是使得数据分析和统计变得容易①。不过正如前面提到，R社区已经在不断做出改变，以各种并行计算框架为代表的高性能工具的出现使得R在计算速度方面有了极大的改善，但更高效率工具的开发也依然活跃，例如一些新的机器学习框架的出现。因此，我们希望找到让R"写得快，跑得也快"的方法。在效能提升方面，比较典型的需求是涉及循环处理的编程，以及机器学习工作流中的某些环节。对此，我们将讨论以下策略。

❑ 使用并行编程，充分调用多核心计算机的资源。在这方面，R的parallel和future库提供了便捷的方法来快速地在单机上建立并行计算集群，使得即使是不具备计算机专业知识的用户也能够在R中获得并行计算的优势。

❑ 使用foreach循环框架，在R中有机结合并行计算与循环编程，提升循环的速度。

❑ 使用R中的高效机器学习框架，通过统一的接口执行某些环节，用尽可能少的代码完成尽可能多的任务，减少自行编程的工作量。目前R有caret、tidymodels、mlr3等机器学习框架，这些框架各有所长，用户应当根据自身使用习惯和实际情况选择最合适的框架，并适当地将这些框架与并行编程相结合，同时提高编程效率和计算速度。

❑ 以R为纽带，在R中充分借用其他同样高效的工具，如Python的scikit-learn，以及近年开始流行的H2O框架等，取人之长、补己之短。

从上述的这些场景出发，本书系统地梳理了R中相关策略和工具，是一本实用的技术推荐指南，其知识结构如图1所示。

第1章至第5章的主要内容为单机大型数据集高效处理策略，探究如何让R能处理"更多"的数据，包括以下内容。

❑ 第1章从简单直接的方法开始，围绕如何减少数据集占用内存空间的策略，主要探讨对于能够放入计算机内存但占用资源较多的数据集，如何通过保留必要的信息、选择合适的

① WICKHAM. 高级R语言编程指南[M]. 北京：机械工业出版社，2016：214.

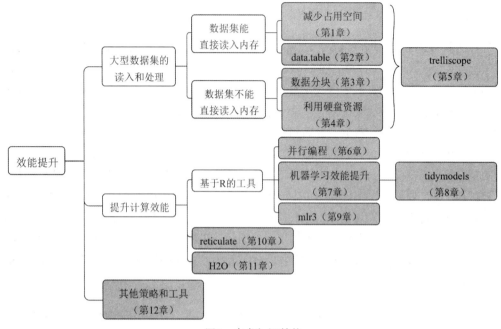

图1　本书知识结构

变量类型等方法进行有效的压缩，使数据集变得易于处理。

☐ 第2章围绕已经能读入内存的大型数据集，介绍使用data.table提高数据处理效率的一些基本使用技巧。

☐ 第3章探讨面对不能一次载入内存的大型数据集，如何使用以iotools和readr库为代表的数据分块处理策略进行处理。

☐ 第4章进一步探讨对于不能全部为计算机内存容纳的大型数据集，如何逐渐降低对单机内存的依赖，借助硬盘资源实现导入和处理数据的方法，包括数据库系统协作工具、bigmemory体系、ff体系，以及disk.frame等相关解决方案。

☐ 第5章主要简单介绍对于已读入的数据，如何使用以trelliscope为代表的大型数据集交互式可视化工具。

第6章至第11章主要介绍面对已经读入的数据使用R提升数据处理和计算效能的方法，特别是探究如何让R"更快"地处理数据和执行机器学习中的高密度计算任务，包括以下内容。

☐ 第6章主要介绍R的并行编程技术，包括基本原理、支持并行编程的库、foreach并行循环结构，并通过一个网络数据抓取的案例进行具体的说明。

☐ 第7章介绍在R中如何提升机器学习建模、重抽样检验、超参数搜索等环节的计算效率，集中讨论几个基于R本身的基础解决方案，包括使用foreach循环、使用更优化的机器学习库、使用目前较成熟的caret机器学习框架等。

☐ 第8章在第7章的基础上，介绍与当前tidyverse生态系统有着良好整合的机器学习框架tidymodels体系，重点探究tidymodels如何高效创建整洁且符合规范的机器学习工作流，并以工作流为对象实现更复杂的管理与调试工作的方法，以及如何将该框架与R现有并行计算框架相结合。

☐ 第9章介绍另一个R社区近年开发的高级机器学习框架：mlr3体系，重点讨论mlr3以图的形式高效创建和调试复杂机器学习工作流的能力，以及将其与R现有并行计算框架相结合的方法。

☐ 第10章主要探讨如何在R中借助reticulate库实现与另一个普及程度极高的数据科学工具Python的无缝协作，特别是如何使用其scikit-learn框架完成一些常见的机器学习任务。

☐ 第11章介绍一个近年逐渐流行起来的、以简单易用著称、支持并行计算和自动机器学习功能的框架：H2O，包括其基本使用方法和自动机器学习建模的实现。

此外，本书第12章介绍R的其他大型数据集处理和计算效能提升技巧，主要是整理一些未能归入前面章节的内容，例如介绍R中一些资源管理和提高性能的实用策略和小工具，简单介绍微软开发的两个R的增强型版本：Microsoft R Open和Microsoft R Client，以及除了R以外的一些适合处理大型数据集的常用数据科学工具。

本书希望通过对大型数据集处理、效能提升等各种策略的整理和归纳，使你（也包括我自己）除了在"术"的层面有所收获以外，更能或多或少在上述方面形成一些"道"。"术"主要指具体的技术，而"道"则是解决问题的思路。换句话说，通过阅读本书，你除了知道如何在R上通过代码实现本书介绍的策略之外，在使用其他数据科学工具遇到了类似的问题时，也能马上借用类似的思路和策略解决这些问题。这才是本书希望达到的效果。

本书面向的读者

本书的内容安排综合考虑了内容的广度和深度，希望读者能够快速了解相关技术并将这些技术投入实践。但同时，本书又不仅仅停留在R代码实现的表层，而是致力于形成一个解决方案的逻辑框架。你如果符合以下描述，那么可能会对本书的内容感兴趣。

☐ 在工作或研究中以R为主要工具进行数据处理和分析挖掘工作，对R有一定的使用经验，对R的基本操作有所了解。

☐ 日常处理的数据有一定规模，例如单个数据集可能达到1 GB以上，或者预计未来会处理更大规模的数据集，同时感觉使用基础R或目前流行的tidyverse生态系统不能满足当前的数据处理需求。

- □ 拥有的硬件资源有限，你拥有的设备就只是一台笔记本电脑（也可能有一台配置不错的台式机），配置可能是2核～6核，8 GB～16 GB内存，几百GB的硬盘空间，数据大多以txt、csv等格式存储。你所有的数据处理和分析挖掘工作都只能使用这台笔记本电脑，但你希望充分调用它的资源。
- □ 可能具备一些结构型数据库系统的使用经验，如SQL Server、MySQL、Oracle等，但是对分布式数据存储和计算等技术不是特别了解，或者因为客观条件的限制不能使用相关的技术。

当然，你即使完全不具有上述特征，如仅仅是对R或者对大型数据集处理或效能提升感兴趣，也不妨将本书作为一个实用的参考指南。

本书不希望成为那种"百科全书"式的R语言教材，因此假定你对R已具有一定的使用经验。对于R的前世今生、R软件、相关第三方库的下载安装、基本对象类型和操作等内容，本书不打算单独介绍。另外，本书也不是专门介绍数据挖掘方法或机器学习算法方面的图书，因此基本不会涉及各类算法的原理及其在R中的具体实现，必须提及时也尽可能简略。你如果对以上内容有兴趣，可以阅读更加专业的图书或搜索其他线上资源。

本书使用的计算机配置、R版本

在调试本书代码时，我使用的笔记本电脑使用6核、12线程处理器，16 GB内存，1 TB硬盘空间，64位Windows操作系统。

本书使用的R版本为4.0.3，RStudio版本为1.3.1093。

刘艺非

2021年7月16日

资源与支持

本书由异步社区出品，社区（www.epubit.com）为您提供相关资源和后续服务。

配套资源

本书提供配套代码文件。

请在异步社区本书页面中点击 配套资源 ，跳转到下载界面，按提示进行操作以获取配套资源。注意：为保证购书读者的权益，该操作会给出相关提示，要求输入提取码进行验证。

提交勘误

作者和编辑尽最大努力来确保书中内容的准确性，但难免会存在疏漏。欢迎您将发现的问题反馈给我们，帮助我们提升图书的质量。

当您发现错误时，请登录异步社区，按书名搜索，进入本书页面，点击"提交勘误"，输入勘误信息，点击"提交"按钮即可。本书的作者和编辑会对您提交的勘误进行审核，确认并接受后，您将获赠异步社区的 100 积分。积分可用于在异步社区兑换优惠券、样书或奖品。

与我们联系

我们的联系邮箱是 contact@epubit.com.cn。

如果您对本书有任何疑问或建议,请您发邮件给我们,并请在邮件标题中注明本书书名,以便我们更高效地做出反馈。

如果您有兴趣出版图书、录制教学视频,或者参与图书翻译、技术审校等工作,可以发邮件给我们;有意出版图书的作者也可以到异步社区在线提交投稿(直接访问 www.epubit.com/selfpublish/submission 即可)。

如果您所在的学校、培训机构或企业想批量购买本书或异步社区出版的其他图书,也可以发邮件给我们。

如果您在网上发现有针对异步社区出品图书的各种形式的盗版行为,包括对图书全部或部分内容的非授权传播,请您将怀疑有侵权行为的链接发邮件给我们。您的这一举动是对作者权益的保护,也是我们持续为您提供有价值的内容的动力之源。

关于异步社区和异步图书

"**异步社区**"是人民邮电出版社旗下 IT 专业图书社区,致力于出版精品 IT 技术图书和相关学习产品,为作译者提供优质出版服务。异步社区创办于 2015 年 8 月,提供大量精品 IT 技术图书和电子书,以及高品质技术文章和视频课程。更多详情请访问异步社区官网。

"**异步图书**"是由异步社区编辑团队策划出版的精品 IT 专业图书的品牌,依托于人民邮电出版社近 30 年的计算机图书出版积累和专业编辑团队,相关图书在封面上印有异步图书的 LOGO。异步图书的出版领域包括软件开发、大数据、AI、测试、前端、网络技术等。

异步社区

微信服务号

目　　录

第1章

简单直接的策略
——减少数据占用空间

现在你要处理一个数据集。这个数据集有点大，虽然也可以整个读入计算机内存，但是你预计后面还要读入其他数据，可能很快就会耗尽内存，或者你将要对这个数据集进行一些处理或计算，期间会产生一些比较大的临时数据或结果数据，而这些数据也可能会瞬间"撑爆"内存。因此你想从一开始就将这个数据集变得尽可能小，以节省内存并为后续操作留出更多空间。

作为本书的开端，让我们先从常见的场景和直接的解决方案开始。面对这样的场景和需求，我们将在本章讨论以下主要应对策略：

- ❏ 保留必要的数据，分别从结构型数据的"列"和"行"的角度，对数据进行必要的裁剪；
- ❏ 设置合适的数据类型，避免不必要的内存消耗。

本章及接下来几章主要使用的示例数据来自2018年纽约市出租车服务载客记录，包含纽约市几种主要类型出租车服务全年的数据，包括green、yellow和fhv（即for-hire vehicle）三大类，每月数据为一个文件，每一条记录为出租车的一次载客记录，包括上下车时间、区域、费用、载客量、支付方式等信息。出于示例需要，笔者已经预先将各类出租车服务数据分别合并为一个大的csv文件，合并后的3个csv文件大小分别约为0.9 GB（green_2018.csv）、9.0 GB（yellow_2018.csv）和16.0 GB（fhv_2018.csv），不论使用哪个数据，对于一般的笔记本电脑而言，数据量均非常可观。

1.1 保留必要的数据

对于体积较大但仍然能够读入内存的数据集，可以在读入后进行各种各样的"缩小"处理，在此不做详细讨论。需要注意的是，在缩小原数据后，我们可以及时使用R的rm()函数删除原数据，以释放内存资源。我们重点关注那种体积处于内存大小的临界点，不能直接读入，但通过一定的处理后可以被内存所容纳的数据集。这需要在数据导入的源头就保留后续需要的信息。这包括了两种策略：保留必要的列和保留必要的行。

1.1.1 保留必要的列

对于必要的列，如果能通过数据字典或者相关业务知识预先判断哪些列是有用的，就可以直接在数据导入时指定需要保留的列。另一种方法是，在导入数据前，先通过如Windows操作系统的预览窗格功能，或使用Ultra Edit、EmEditor等辅助工具，观察数据中有哪些列是有分析价值的，或者哪些列是明显缺乏有效信息的（如取值单一、存在大量缺失、数据含义不明等），对所需的列进行保留。

 使用Ultra Edit或EmEditor可以很快地打开体积很大的数据文件，比用Excel打开更好。

先载入后续会用到的库，并利用readr的read_csv()读入数据green_2018.csv：

```
# 载入相关的库
library(readr)
library(dplyr)
library(tibble)
library(pryr)

# 读入数据
path <- "D:/K/DATA EXERCISE/big data/TLC Trip Record Data"
file <- "green_2018.csv"
green_2018 <- read_csv(file.path(path, file))

# 查看结果
green_2018

## # A tibble: 8,807,303 x 19
##    VendorID lpep_pickup_dateti~ lpep_dropoff_datet~ store_and_fwd_f~ RatecodeID
##       <dbl> <dttm>              <dttm>              <chr>                 <dbl>
## 1         2 2018-01-01 00:18:50 2018-01-01 00:24:39 N                         1
## 2         2 2018-01-01 00:30:26 2018-01-01 00:46:42 N                         1
## 3         2 2018-01-01 00:07:25 2018-01-01 00:19:45 N                         1
## 4         2 2018-01-01 00:32:40 2018-01-01 00:33:41 N                         1
## 5         2 2018-01-01 00:32:40 2018-01-01 00:33:41 N                         1
## 6         2 2018-01-01 00:38:35 2018-01-01 01:08:50 N                         1
## 7         2 2018-01-01 00:18:41 2018-01-01 00:28:22 N                         1
## 8         2 2018-01-01 00:38:02 2018-01-01 00:55:02 N                         1
## 9         2 2018-01-01 00:05:02 2018-01-01 00:18:35 N                         1
## 10        2 2018-01-01 00:35:23 2018-01-01 00:42:07 N                         1
## # ... with 8,807,293 more rows, and 14 more variables: PULocationID <dbl>,
## #   DOLocationID <dbl>, passenger_count <dbl>, trip_distance <dbl>,
```

```
## #    fare_amount <dbl>, extra <dbl>, mta_tax <dbl>, tip_amount <dbl>,
## #    tolls_amount <dbl>, ehail_fee <lgl>, improvement_surcharge <dbl>,
## #    total_amount <dbl>, payment_type <dbl>, trip_type <dbl>
```

该数据完整导入后所占的内存空间约为1.3 GB。

```
# 数据所占内存大小
object_size(green_2018)
```

```
## 1.3 GB
```

由于readr库的read_csv()没有在导入数据的同时保留列的功能，因此可以在数据导入后使用select()保留或删除部分列。假定VendorID、store_and_fwd_flag、RatecodeID、ehail_fee这几列对于后续要解决的问题没有分析价值，需要将它们剔除，并将处理后的数据保存在green_2018_s中：

```
# 删除不需要的列
green_2018_s <- green_2018 %>% select(-c(VendorID, store_and_fwd_flag, RatecodeID, ehail_fee))
```

```
# 查看结果
green_2018_s
```

```
## # A tibble: 8,807,303 x 15
##    lpep_pickup_dateti~ lpep_dropoff_datet~  PULocationID DOLocationID
##    <dttm>              <dttm>                      <dbl>        <dbl>
## 1 2018-01-01 00:18:50 2018-01-01 00:24:39           236          236
## 2 2018-01-01 00:30:26 2018-01-01 00:46:42            43           42
## 3 2018-01-01 00:07:25 2018-01-01 00:19:45            74          152
## 4 2018-01-01 00:32:40 2018-01-01 00:33:41           255          255
## 5 2018-01-01 00:32:40 2018-01-01 00:33:41           255          255
## 6 2018-01-01 00:38:35 2018-01-01 01:08:50           255          161
## 7 2018-01-01 00:18:41 2018-01-01 00:28:22           189           65
## 8 2018-01-01 00:38:02 2018-01-01 00:55:02           189          225
## 9 2018-01-01 00:05:02 2018-01-01 00:18:35           129           82
## 10 2018-01-01 00:35:23 2018-01-01 00:42:07          226            7
## # ... with 8,807,293 more rows, and 11 more variables: passenger_count <dbl>,
## #    trip_distance <dbl>, fare_amount <dbl>, extra <dbl>, mta_tax <dbl>,
## #    tip_amount <dbl>, tolls_amount <dbl>, improvement_surcharge <dbl>,
## #    total_amount <dbl>, payment_type <dbl>, trip_type <dbl>
```

剔除了上述几列后，可以看到green_2018_s所占内存有明显的减小。可以利用rm()删除处理前的原数据green_2018，释放一定内存空间：

```
# 数据所占内存大小
object_size(green_2018_s)
```

```
## 1.06 GB
```

```
# 删除原数据
# rm(green_2018)
```

1.1.2   保留必要的行

对于必要的行，可以根据分析挖掘的目标，按照特定的条件进行筛选，仅保留必要的数据子集，也可以通过数据抽样的方法保留必要的行。过去，很多人都说在大数据时代用的都是"全数据""全样本"，但是，使用"全数据""全样本"往往有一些隐含的前提：要么你真的有条件收集到分析对象的全体样本（或接近全体样本），要么你手头上的计算资源能够存储或者计算全数据，然而在实践中，这两者在大多数情况下都很难做到，特别是对个体研究者而言。

那么，在这些隐含的前提都得不到满足的情况下，被认为源自"小数据时代"、以统计学理论为基础的数据抽样技术，在大数据时代实际上还有着很大的用武之地。你如果是统计学或者社会科学专业背景的用户，可能已经比较熟悉这部分，但也不妨回顾一下；如果是计算机、软件开发等工程专业背景较强的用户，对抽样技术可能比较陌生，可以了解一下这部分。虽然"大数据"总是强调可以拿研究对象的"全样本"来做分析挖掘，但就正如开篇所言，有时用全样本数据集，你的计算机就是装不下，或者即使能装得下，很多机器学习模型在运算过程中会在内存里产生体积巨大的临时数据集，也会导致内存溢出之类的错误。所以，面对实践中林林总总的约束，数据抽样技术非但不会落伍，甚至在很多资源受到制约的场景下还能发挥奇效。

抽样的一个基本思路是构造一个结构与分布和原数据集相同、保留了原数据集的所有信息，但比原数集体积小一点（或者小很多）的数据子集。那么问题的关键就转变为，使用什么方法能够保证这个"小一点"的数据子集和原数据的结构与分布类似？在社会科学领域，由于社会调查研究或实验研究的现实约束非常多，因此抽样方法也往往非常复杂。在此，我们介绍几种常用的抽样方法及其实现。使用抽样设计常见的场景如下：

- ❑ 需要分析研究对象的比例结构而不是绝对数量，例如了解办理不同产品的用户比例，但不需要知道具体的用户量；
- ❑ 机器学习模型训练（当然这也不是绝对的，如果条件允许的话，用更多数据训练一个简单模型可能会比用少量数据训练一个复杂模型效果更好）。

 若有兴趣了解更复杂的抽样方法，可阅读Graham Kalton的《抽样调查方法简介》一书。

简单随机抽样

简单随机抽样的确是"简单"的解决方法，可以按照预设的样本数量或者样本占总体的比例进行。同时，可以进一步选择有放回或无放回两种方式。如果目标是要抽取样本构造一个训练数据集，无放回随机抽样更常用，而有放回抽样（有时也会称为自助抽样）则更多在一些集成机器学习算法（例如随机森林）中或者模型性能估计时用到。

在以下例子中,我们通过指定样本数的方式进行简单随机抽样。假设要抽取一个规模为100000的样本,则有两种实现形式。

一是使用dplyr库的sample_n()直接实现:

```
# 方法1:使用sample_n()

# 设置随机种子
set.seed(100)

# 抽样
green_2018_sample_n_1 <- green_2018 %>% sample_n(size = 100000)

# 按时间顺序观察结果
green_2018_sample_n_1 %>% arrange(lpep_pickup_datetime)

## # A tibble: 100,000 x 19
##    VendorID lpep_pickup_dateti~ lpep_dropoff_datet~ store_and_fwd_f~ RatecodeID
##       <dbl> <dttm>              <dttm>              <chr>                 <dbl>
##  1        2 2008-12-31 23:02:52 2008-12-31 23:04:27 N                         1
##  2        2 2008-12-31 23:10:46 2008-12-31 23:24:17 N                         1
##  3        2 2008-12-31 23:26:54 2008-12-31 23:36:55 N                         1
##  4        2 2008-12-31 23:31:42 2008-12-31 23:36:53 N                         1
##  5        2 2009-01-01 00:06:29 2009-01-01 00:44:10 N                         1
##  6        2 2009-01-01 00:42:38 2009-01-01 01:02:25 N                         1
##  7        2 2009-01-01 02:39:10 2009-01-01 02:55:18 N                         1
##  8        2 2009-01-01 05:59:25 2009-01-01 06:04:31 N                         1
##  9        2 2010-09-23 01:38:06 2010-09-23 01:42:25 N                         1
## 10        2 2010-09-23 23:37:45 2010-09-24 00:01:55 N                         1
## # ... with 99,990 more rows, and 14 more variables: PULocationID <dbl>,
## #   DOLocationID <dbl>, passenger_count <dbl>, trip_distance <dbl>,
## #   fare_amount <dbl>, extra <dbl>, mta_tax <dbl>, tip_amount <dbl>,
## #   tolls_amount <dbl>, ehail_fee <lgl>, improvement_surcharge <dbl>,
## #   total_amount <dbl>, payment_type <dbl>, trip_type <dbl>
```

二是使用tibble库的rowid_to_column()先增加一列行ID,再使用dplyr库的slice_sample()对行ID进行随机抽样。在R中为了能使随机的结果重现,可在程序执行之前先通过set.seed()设置随机种子(这个函数在后面会经常用到)。具体处理如下:

```
# 方法2:使用rowid_to_column()和slice_sample()

# 设置随机种子
set.seed(100)

# 抽样
green_2018_sample_n_2 <- green_2018 %>%
  rowid_to_column() %>% # 生成一列行ID,该函数来自tibble库
```

```
  slice_sample(n = 100000)

# 按ID顺序观察前10行
green_2018_sample_n_2 %>% arrange(rowid)

## # A tibble: 100,000 x 20
##    rowid VendorID lpep_pickup_dateti~ lpep_dropoff_datet~ store_and_fwd_f~
##    <int>    <dbl> <dttm>              <dttm>              <chr>
## 1     93        2 2018-01-01 01:02:36 2018-01-01 01:26:46 N
## 2    152        2 2018-01-01 00:58:25 2018-01-01 01:24:46 N
## 3    187        2 2018-01-01 00:40:39 2018-01-01 00:48:24 N
## 4    190        2 2018-01-01 00:51:02 2018-01-01 01:03:11 N
## 5    266        2 2018-01-01 00:41:44 2018-01-01 01:07:57 N
## 6    381        2 2018-01-01 01:00:07 2018-01-01 01:19:52 N
## 7    472        2 2018-01-01 00:15:47 2018-01-01 00:20:15 N
## 8    491        2 2018-01-01 00:19:49 2018-01-01 00:20:19 N
## 9    556        2 2018-01-01 00:31:39 2018-01-01 00:47:24 N
## 10   628        1 2018-01-01 00:54:05 2018-01-01 00:56:20 N
## # ... with 99,990 more rows, and 15 more variables: RatecodeID <dbl>,
## #   PULocationID <dbl>, DOLocationID <dbl>, passenger_count <dbl>,
## #   trip_distance <dbl>, fare_amount <dbl>, extra <dbl>, mta_tax <dbl>,
## #   tip_amount <dbl>, tolls_amount <dbl>, ehail_fee <lgl>,
## #   improvement_surcharge <dbl>, total_amount <dbl>, payment_type <dbl>,
## #   trip_type <dbl>
```

　　除了通过样本量确定抽样规模外，简单随机抽样的另一种方式是按照比例抽取样本。假定需要抽取全体数据中的10%进行后续分析，可以使用dplyr库的sample_frac()，或者rowid_to_column()结合slice_sample()的方式实现。

　　使用sample_frac()的具体方法如下：

```
# 方法1: 使用sample_frac()

# 设置随机种子
set.seed(100)

# 抽样
green_2018_sample_prop_1 <- green_2018 %>% sample_frac(size = 0.1)

# 按时间顺序观察结果
green_2018_sample_prop_1 %>% arrange(lpep_pickup_datetime)

## # A tibble: 880,730 x 19
##    VendorID lpep_pickup_dateti~ lpep_dropoff_datet~ store_and_fwd_f~ RatecodeID
##       <dbl> <dttm>              <dttm>              <chr>                 <dbl>
## 1        2 2008-12-31 23:02:37 2008-12-31 23:02:44 N                        1
```

```
## 2                2 2008-12-31 23:02:52 2008-12-31 23:04:27 N                 1
## 3                2 2008-12-31 23:03:48 2008-12-31 23:17:40 N                 1
## 4                2 2008-12-31 23:03:53 2008-12-31 23:05:29 N                 1
## 5                2 2008-12-31 23:09:15 2008-12-31 23:23:14 N                 1
## 6                2 2008-12-31 23:10:46 2008-12-31 23:24:17 N                 1
## 7                2 2008-12-31 23:26:54 2008-12-31 23:36:55 N                 1
## 8                2 2008-12-31 23:31:42 2008-12-31 23:36:53 N                 1
## 9                2 2008-12-31 23:35:43 2008-12-31 23:45:21 N                 1
## 10               2 2008-12-31 23:50:31 2009-01-01 18:39:11 N                 1
## # ... with 880,720 more rows, and 14 more variables: PULocationID <dbl>,
## #   DOLocationID <dbl>, passenger_count <dbl>, trip_distance <dbl>,
## #   fare_amount <dbl>, extra <dbl>, mta_tax <dbl>, tip_amount <dbl>,
## #   tolls_amount <dbl>, ehail_fee <lgl>, improvement_surcharge <dbl>,
## #   total_amount <dbl>, payment_type <dbl>, trip_type <dbl>
```

使用rowid_to_column()结合slice_sample()的具体方法如下：

```
# 方法2: rowid_to_column()结合slice_sample()

# 设置随机种子
set.seed(100)

# 抽样
green_2018_sample_prop_2 <- green_2018 %>%
  rowid_to_column() %>%
  slice_sample(prop = 0.1)

# 按ID顺序观察结果
green_2018_sample_prop_2 %>% arrange(rowid)
```

```
## # A tibble: 880,730 x 20
##    rowid VendorID lpep_pickup_dateti~ lpep_dropoff_datet~ store_and_fwd_f~
##    <int>    <dbl> <dttm>              <dttm>              <chr>
## 1     21        1 2018-01-01 00:25:08 2018-01-01 00:28:27 N
## 2     29        2 2018-01-01 00:41:36 2018-01-01 00:56:36 N
## 3     37        2 2018-01-01 01:03:50 2018-01-01 01:09:36 N
## 4     39        2 2018-01-01 00:39:21 2018-01-01 00:48:02 N
## 5     47        2 2018-01-01 00:47:29 2018-01-01 00:56:32 N
## 6     53        2 2018-01-01 00:26:40 2018-01-01 01:03:38 N
## 7     65        1 2018-01-01 00:04:29 2018-01-01 00:23:48 N
## 8     70        2 2018-01-01 00:51:16 2018-01-01 00:58:18 N
## 9     71        2 2018-01-01 00:12:10 2018-01-01 00:14:57 N
## 10    76        1 2018-01-01 00:30:21 2018-01-01 00:36:48 N
## # ... with 880,720 more rows, and 15 more variables: RatecodeID <dbl>,
## #   PULocationID <dbl>, DOLocationID <dbl>, passenger_count <dbl>,
## #   trip_distance <dbl>, fare_amount <dbl>, extra <dbl>, mta_tax <dbl>,
```

```
## #    tip_amount <dbl>, tolls_amount <dbl>, ehail_fee <lgl>,
## #    improvement_surcharge <dbl>, total_amount <dbl>, payment_type <dbl>,
## #    trip_type <dbl>
```

分层抽样

　　有时候，数据集中可能有某些变量在分析或者建模中特别重要，我们希望抽取的样本在这些变量上的分布结构能够和总体保持一致，例如在构建机器学习分类模型中划分训练集和测试集时，要保证表示分类结果的因变量各个取值的比例分布和整体相同，这种情况下，简单随机抽样并不一定能达到这个效果（当然，如果数据量足够大，简单随机抽样得到的结果也有非常接近的分布），需要使用更精确的分层随机抽样方法，即按照某个或某些重要变量的比例分布进行抽样，保证样本中这些变量的分布结构和总体保持一致。

　　在以下例子中，我们希望保证样本和整体中支付类型（payment_type）字段的比例分布一致。要达到这个目标，先使用group_by()确定作为分组参考的变量，再使用sample_frac()实现抽样，并将结果保存在green_2018_pt_sample_frac中：

```
# 设定随机种子
set.seed(100)

# 根据payment_type进行抽样
green_2018_pt_sample_frac <- green_2018 %>%
  group_by(payment_type) %>%
  sample_frac(size = 0.1) %>%
  ungroup()
```

　　通过比较我们可以发现，在green_2018_pt_sample_frac中，5种支付类型的比例分布与整体完全一致，而在上文中通过简单随机抽样得到的green_2018_sample_prop_1中，5种支付类型的比例分布同样与整体接近，但依然略有差异。如果对某个或某些变量在抽样中的分布与整体的一致性有较高要求的话，使用分层抽样是个更优的选择。

```
# 在整体中payment_type的整体比例
green_2018 %>%
  count(payment_type) %>%
  mutate(prop = round(n / sum(n), 4))

## # A tibble: 5 x 3
##   payment_type       n    prop
##          <dbl>   <int>   <dbl>
## 1            1 5006775  0.568
## 2            2 3740376  0.425
## 3            3   40688 0.0046
## 4            4   19089 0.0022
## 5            5     375      0
```

```
# 分层抽样中payment_type的分布
green_2018_pt_sample_frac %>%
  count(payment_type) %>%
  mutate(prop = round(n / sum(n), 4))

## # A tibble: 5 x 3
##   payment_type      n prop
##          <dbl>  <int>  <dbl>
## 1            1 500678 0.568
## 2            2 374038 0.425
## 3            3   4069 0.0046
## 4            4   1909 0.0022
## 5            5     38 0

# 简单随机抽样中payment_type的分布
green_2018_sample_prop_1 %>%
  count(payment_type) %>%
  mutate(prop = round(n / sum(n), 4))

## # A tibble: 5 x 3
##   payment_type      n prop
##          <dbl>  <int>  <dbl>
## 1            1 500106 0.568
## 2            2 374643 0.425
## 3            3   4088 0.0046
## 4            4   1865 0.0021
## 5            5     28 0
```

系统抽样

　　还有一种抽样场景：研究对象按照某种特定的顺序（例如时间）排列，我们希望根据这种顺序依照固定的间隔抽取样本，例如对某个产品按照一定间隔抽取批次进行质量检查。这就需要使用系统抽样方法。系统抽样的基本逻辑是，对整体样本按照某种顺序进行排列，先随机选取起始样本的编号，然后根据相同的间隔抽取样本，直到要抽取样本的编号大于总体编号的最大值为止。也可以预先确定抽样规模，然后计算在该样本量下的抽样间隔，进而按照间隔进行样本抽取。R中没有直接用于系统抽样的函数，我们可以根据系统抽样的逻辑自行编写程序。

　　第一种思路的实现方式具体如下：

```
# 方法1：预先设定抽样间隔进行抽样

# 设定随机种子
set.seed(100)

# 设定抽样间隔，假设每隔100条样本抽1条
```

```
sep <- 100

# 设定起始样本
start <- sample(1:sep, 1)

# 确定需要抽取的样本ID
sample_id_1 <- seq(start, nrow(green_2018), sep)

# 按照样本ID抽取样本
green_2018_sys_sample_1 <- green_2018 %>%
  arrange(lpep_pickup_datetime) %>%  # 按照上车时间排序
  rowid_to_column() %>%  # 增加一列样本ID
  slice(sample_id_1)  # 选择ID在抽样ID范围内的样本, 等同于filter(rowid %in% sample_id)

# 查看结果
green_2018_sys_sample_1

## # A tibble: 88,073 x 20
##    rowid VendorID lpep_pickup_dateti~ lpep_dropoff_datet~ store_and_fwd_f~
##    <int>    <dbl> <dttm>              <dttm>              <chr>
## 1     74        2 2008-12-31 23:50:31 2009-01-01 18:39:11 N
## 2    174        2 2009-01-01 03:08:37 2009-01-01 03:10:06 N
## 3    274        2 2010-09-23 00:13:51 2010-09-23 00:16:19 N
## 4    374        2 2010-09-23 01:43:13 2010-09-23 01:54:04 N
## 5    474        2 2017-12-31 17:31:04 2017-12-31 17:31:09 N
## 6    574        2 2018-01-01 00:04:43 2018-01-01 00:28:55 N
## 7    674        2 2018-01-01 00:08:30 2018-01-01 00:28:34 N
## 8    774        2 2018-01-01 00:11:39 2018-01-01 00:23:23 N
## 9    874        2 2018-01-01 00:13:52 2018-01-01 00:18:10 N
## 10   974        2 2018-01-01 00:16:20 2018-01-01 00:20:43 N
## # ... with 88,063 more rows, and 15 more variables: RatecodeID <dbl>,
## #   PULocationID <dbl>, DOLocationID <dbl>, passenger_count <dbl>,
## #   trip_distance <dbl>, fare_amount <dbl>, extra <dbl>, mta_tax <dbl>,
## #   tip_amount <dbl>, tolls_amount <dbl>, ehail_fee <lgl>,
## #   improvement_surcharge <dbl>, total_amount <dbl>, payment_type <dbl>,
## #   trip_type <dbl>
```

　　第二种思路的实现方式具体如下：

```
# 方法2: 预先设定抽样规模进行抽样

# 设定抽样规模
sample_size <- ceiling(nrow(green_2018) * 0.01)

# 计算该规模下的抽样间隔
interval <- nrow(green_2018) %/% sample_size
```

```
# 要抽取的样本编号
sample_id_2 <- seq_len(sample_size) * interval

# 按照样本ID抽取样本
green_2018_sys_sample_2 <- green_2018 %>%
  arrange(lpep_pickup_datetime) %>%
  rowid_to_column() %>%
  slice(sample_id_2)

# 观察结果
green_2018_sys_sample_2

## # A tibble: 88,074 x 20
##    rowid VendorID lpep_pickup_dateti~ lpep_dropoff_datet~ store_and_fwd_f~
##    <int>    <dbl> <dttm>              <dttm>              <chr>
## 1     99        2 2009-01-01 00:14:36 2009-01-01 14:59:07 N
## 2    198        2 2009-01-01 13:54:36 2009-01-01 14:39:36 N
## 3    297        2 2010-09-23 00:43:38 2010-09-23 00:52:15 N
## 4    396        2 2010-09-23 02:19:03 2010-09-23 02:27:21 N
## 5    495        2 2017-12-31 23:36:17 2017-12-31 23:48:07 N
## 6    594        1 2018-01-01 00:05:52 2018-01-01 00:26:12 N
## 7    693        2 2018-01-01 00:09:02 2018-01-01 00:20:55 N
## 8    792        1 2018-01-01 00:11:56 2018-01-01 00:26:35 N
## 9    891        2 2018-01-01 00:14:15 2018-01-01 00:19:41 N
## 10   990        1 2018-01-01 00:16:39 2018-01-01 00:36:12 N
## # ... with 88,064 more rows, and 15 more variables: RatecodeID <dbl>,
## #   PULocationID <dbl>, DOLocationID <dbl>, passenger_count <dbl>,
## #   trip_distance <dbl>, fare_amount <dbl>, extra <dbl>, mta_tax <dbl>,
## #   tip_amount <dbl>, tolls_amount <dbl>, ehail_fee <lgl>,
## #   improvement_surcharge <dbl>, total_amount <dbl>, payment_type <dbl>,
## #   trip_type <dbl>
```

整群抽样

在某些场景下，抽样不一定是以1条样本（数据集的1行）为单位，而可能是以具有某种共同特征的整个群体作为抽样单位，抽取群体中的所有个体。如在社会科学研究的抽样方案设计上，出于研究成本的考虑，经常以整个群体而非个人作为抽样单位，例如以街道、学校为抽样对象，抽取某个街道的全体居民，或某个学校的全体学生。一般来说，当不同群体样本之间的差异较大，而同一群体内部样本之间差异较小时，比较适合使用整群抽样方法。

下面的例子中，我们以不同的上车地点（PULocationID）作为抽样对象，将同一上车地点的所有行车记录均抽取为样本。此时，问题就从随机抽取行车记录变为随机抽取上车地点。例如随机抽取50个PULocationID的具体实现方式如下：

```r
# 整群抽样

# 设定随机种子
set.seed(100)

# 随机抽取50个PULocationID
sample_group <- green_2018 %>%
  select(PULocationID) %>%
  unique() %>%
  sample_n(50) %>%
  pull()  # 将结果变为一个向量

# 所有抽取的上车地点的行车记录均作为样本
green_2018_group_sample <- green_2018 %>%
  filter(PULocationID %in% sample_group)

# 查看结果
green_2018_group_sample
```

```
## # A tibble: 1,306,969 x 19
##    VendorID lpep_pickup_dateti~ lpep_dropoff_datet~ store_and_fwd_f~ RatecodeID
##       <dbl> <dttm>              <dttm>              <chr>                 <dbl>
## 1         2 2018-01-01 00:30:26 2018-01-01 00:46:42 N                         1
## 2         2 2018-01-01 00:32:40 2018-01-01 00:33:41 N                         1
## 3         2 2018-01-01 00:32:40 2018-01-01 00:33:41 N                         1
## 4         2 2018-01-01 00:38:35 2018-01-01 01:08:50 N                         1
## 5         2 2018-01-01 00:35:23 2018-01-01 00:42:07 N                         1
## 6         2 2018-01-01 00:11:48 2018-01-01 00:30:13 N                         1
## 7         1 2018-01-01 00:25:08 2018-01-01 00:28:27 N                         1
## 8         1 2018-01-01 00:11:41 2018-01-01 00:22:10 N                         1
## 9         1 2018-01-01 00:40:32 2018-01-01 01:01:20 N                         1
## 10        2 2018-01-01 00:35:44 2018-01-01 00:48:23 N                         1
## # ... with 1,306,959 more rows, and 14 more variables: PULocationID <dbl>,
## #   DOLocationID <dbl>, passenger_count <dbl>, trip_distance <dbl>,
## #   fare_amount <dbl>, extra <dbl>, mta_tax <dbl>, tip_amount <dbl>,
## #   tolls_amount <dbl>, ehail_fee <lgl>, improvement_surcharge <dbl>,
## #   total_amount <dbl>, payment_type <dbl>, trip_type <dbl>
```

　　通过合理的抽样方法来压缩数据，可以避免数据中所包含的信息损失过量，也使得最终所得结果能在内存中处理，充分利用计算机内存处理速度快的优势。

　　完成数据抽样后，可以将原数据删除，以释放更多的内存进行后续工作。但通过系统的任务管理器可以看到，单单使用rm()删除对象不会马上释放内存空间，在删除比较大的数据集时，需要配合使用gc()函数才能更好地达到释放内存的目的。

　　另外，在数据挖掘场景下的抽样和社会科学调查研究的抽样场景会有些不同。多数情况下，数据挖掘场景下的抽样是一种事后抽样，即在获取数据（很多时候是全体样本）后，将数据存储在数据库中，并出于对计算资源的考虑，在数据库中抽取样本。在这种情况下，抽样的自由程度较高，错误成本较低，因为实施补救措施更容易，只要重新抽样即可。相比之下，传统的社会科学调查研究场景中，由于一般来说都不可能获取全样本，因此往往是花费相当长的时间，设计了完备的抽样方案再实施调查。这对抽样方案科学性、严谨性的要求非常高，一般来说，抽样方案也会非常复杂，因为样本如果不合理，就会为研究带来灾难性的后果。

抽样一般针对比较大，但仍能够读入计算机内存的数据集。如果数据集太大以致计算机内存不能读入，要怎么实施抽样呢？这就要结合第3章的数据分块思路。

1.2　设置合适的数据类型

数据类型是影响数据占用空间的一个重要因素。readr库的read_csv()等数据导入函数默认通过读取数据的前1000行来判断每个变量的类型，这种自动指定变量类型的方式能提高数据读取的速度，但从数据对象内存占用的角度来说，往往并非是最优的。

Aloysius Lim等人详细总结了每种数据类型的空间占用情况[①]：

64位版本的R使用40个字节作为向量的头，存储向量的信息，如长度和数据类型，使用其余空间存储向量中的数据。每个原始类型向量值占1个字节，每个逻辑型和整型值占4个字节，每个数值类型值占8个字节，每个复数类型值占16个字节。字符型向量和列表有些不同，并没有在向量内部存储实际数据，而是存储指向实际数据的其他向量的指针。在计算机内存中，字符型向量或列表的每个元素都是一个指针，该指针在32位R版本下占4个字节，在64位R版本下占8个字节。字符型向量需要的内存量取决于向量中的唯一字符串数。如果字符串向量中有很多重复字符串，那么将它转换为因子向量就能够减少内存占用量。因为因子实际上是对字符型向量中的唯一字符串进行索引的整型向量。

从上述信息中，我们可以大致总结出一些技巧，例如在条件允许的前提下，使用整型变量存储值比使用数值型变量更节省内存，使用因子形式存储字符型变量也相对更节省内存。

在对数据内容熟悉的前提下，可以考虑通过人工方法显式指定最合适的数据类型，在这方面，基础R、readr库，以及第2章介绍的data.table库等，都包含了带有可以指定变量类型的参数的数据导入函数。以readr库的read_csv()函数为例，将某些数值型变量直接指定为整型（integer）、将某些字符型变量指定为因子（factor）或者时间（datetime）等，均能够显著地提高内存使用的效率。当数据集比较大时，这种策略会带来很可观的回报。以下展示了设置变量类型的具体方式：

```
# 读入数据
green_2018_type <- read_csv(
  file.path(path, file),
  col_names = TRUE,
```

① ALOYSIUS, TJHI. R高性能编程[M]. 北京：电子工业出版社，2015：74-77.

```
col_types = cols(
  VendorID = col_integer(),
  store_and_fwd_flag = col_factor(),
  RatecodeID = col_integer(),
  PULocationID = col_integer(),
  DOLocationID = col_integer(),
  passenger_count = col_integer(),
  payment_type = col_integer()
  )
)

# 查看结果
green_2018_type

## # A tibble: 8,807,303 x 19
##    VendorID lpep_pickup_dateti~ lpep_dropoff_datet~ store_and_fwd_f~ RatecodeID
##       <int> <dttm>              <dttm>              <fct>                <int>
## 1         2 2018-01-01 00:18:50 2018-01-01 00:24:39 N                        1
## 2         2 2018-01-01 00:30:26 2018-01-01 00:46:42 N                        1
## 3         2 2018-01-01 00:07:25 2018-01-01 00:19:45 N                        1
## 4         2 2018-01-01 00:32:40 2018-01-01 00:33:41 N                        1
## 5         2 2018-01-01 00:32:40 2018-01-01 00:33:41 N                        1
## 6         2 2018-01-01 00:38:35 2018-01-01 01:08:50 N                        1
## 7         2 2018-01-01 00:18:41 2018-01-01 00:28:22 N                        1
## 8         2 2018-01-01 00:38:02 2018-01-01 00:55:02 N                        1
## 9         2 2018-01-01 00:05:02 2018-01-01 00:18:35 N                        1
## 10        2 2018-01-01 00:35:23 2018-01-01 00:42:07 N                        1
## # ... with 8,807,293 more rows, and 14 more variables: PULocationID <int>,
## #   DOLocationID <int>, passenger_count <int>, trip_distance <dbl>,
## #   fare_amount <dbl>, extra <dbl>, mta_tax <dbl>, tip_amount <dbl>,
## #   tolls_amount <dbl>, ehail_fee <lgl>, improvement_surcharge <dbl>,
## #   total_amount <dbl>, payment_type <int>, trip_type <dbl>
```

通过显式地指定部分变量的类型，与未指定相比，导入后的数据节省了约200 MB内存：

```
# 占用内存比较
object_size(green_2018)

## 1.3 GB

object_size(green_2018_type)

## 1.06 GB
```

> 💡 关于变量类型设置的更多介绍，可参阅readr库的官方网站中的 "Introduction to readr" 一文。

1.3　本章小结

数据太大怎么办？缩小啊！所谓"大道至简"，有时候最简单的方法可能也是最有效的。在数据科学项目中，深入地了解业务问题和所掌握的数据应该先于其他各项技术环节。对业务和数据有充分了解后，我们可能会发现手上的数据中有很多无用的部分——这有点像买榴梿：榴梿很大，壳也带刺，所以我们不会把榴梿连壳带回家，而是挖出里面的果肉带走，因为有价值的就是那么一点东西而已。对于大量的数据，在进行更复杂的操作之前，也不妨处理雕琢一番，去掉无用的部分。

第 2 章

基于内存的"快工具"
——data.table

你运用了第1章提及的策略对数据进行处理后，发现数据集依然很大，使用基础R以及当前流行的tidyverse体系所提供的工具处理起来有点慢。你希望处理起来更快一点。

如果你希望对能载入单机内存的大型数据集的处理进行得更快一点，那么使用data.table库能满足这种需求。R的data.table库对于R用户来说已经不是一个新鲜事物，当前很多R的教程会以data.table为主要工具，以展示R高效处理大型数据集方面的能力，data.table俨然成了R在大型数据集处理方面的代表。data.table可以视为基础R中data.frame结构的增强版本，其第一个版本早在2006年诞生，至今依然在不断进行优化。

 若对完整的测试报告有兴趣可以搜索并阅读"Database-like ops benchmark"一文，该测试报告会不定时更新。

data.table之所以快，其中一个重要原因是它可以让你在原来的位置修改数据集，而不需要重新建立一个数据集，这意味着在使用data.table的时候不需要使用大量的<-符号赋值。这就像如果你只是想修改一篇文章中的一个地方，只需要直接修改那个地方就可以了，不需要把整篇文章重新写一遍。在数据分析挖掘过程中使用处理速度快的工具有助于提高思考的效率：很多时候你可能有一个一闪而过的灵感，并希望根据这个灵感马上生成一个方案的原型，"快工具"就能满足你的需要。要使用R在单台计算机上高效地处理大型数据集，以data.table作为开端是很合适的。本章主要讨论以下内容：

- ❑ data.table数据读入方法；
- ❑ data.table的基本行列操作；
- ❑ data.table的合并、汇总等操作；
- ❑ dtplyr库简介。

2.1　数据读入操作

我们先从数据读取这样的基本操作入手，体验data.table的高效之处。

2.1.1　读入单个数据

fread()是data.table的数据读取函数，其读入速度非常快，且不会将读入数据中的字符型（character）变量自动转化为因子型（factor）变量：

```
# 载入相关库
library(data.table)
library(microbenchmark)
library(lubridate)
library(stringr)
library(readr)
library(pryr)
library(tictoc)
library(parallel)

# 读入数据
path <- "D:/K/DATA EXERCISE/big data/TLC Trip Record Data/"
green_file <- "green_2018.csv"
path_green_file <- file.path(path, green_file)
green_2018_dt <- fread(path_green_file)

# 查看结果
green_2018_dt
```

```
##          VendorID lpep_pickup_datetime lpep_dropoff_datetime store_and_fwd_flag
##       1:        2  2018-01-01 00:18:50   2018-01-01 00:24:39                  N
##       2:        2  2018-01-01 00:30:26   2018-01-01 00:46:42                  N
##       3:        2  2018-01-01 00:07:25   2018-01-01 00:19:45                  N
##       4:        2  2018-01-01 00:32:40   2018-01-01 00:33:41                  N
##       5:        2  2018-01-01 00:32:40   2018-01-01 00:33:41                  N
##      ---
## 8807299:        2  2018-12-31 23:41:11   2018-12-31 23:45:57                  N
## 8807300:        2  2018-12-31 23:37:04   2018-12-31 23:55:23                  N
## 8807301:        2  2018-12-31 23:50:33   2018-12-31 23:57:43                  N
## 8807302:        2  2018-12-31 23:08:07   2018-12-31 23:10:02                  N
## 8807303:        2  2018-12-31 23:30:35   2018-12-31 23:31:23                  N
##          RatecodeID PULocationID DOLocationID passenger_count trip_distance
##       1:          1          236          236               5          0.70
##       2:          1           43           42               5          3.50
##       3:          1           74          152               1          2.14
```

```
##         4:              1            255             255             1           0.03
##         5:              1            255             255             1           0.03
##      ---
## 8807299:              1             33              25             1           0.60
## 8807300:              1            159             248             1           2.80
## 8807301:              1             49              17             1           1.49
## 8807302:              1            193             193             1           0.00
## 8807303:              1            193             193             1           0.00
##          fare_amount extra mta_tax tip_amount tolls_amount ehail_fee
##         1:       6.0   0.5     0.5          0            0        NA
##         2:      14.5   0.5     0.5          0            0        NA
##         3:      10.0   0.5     0.5          0            0        NA
##         4:      -3.0  -0.5    -0.5          0            0        NA
##         5:       3.0   0.5     0.5          0            0        NA
##      ---
## 8807299:        5.0   0.5     0.5          0            0        NA
## 8807300:       13.0   0.5     0.5          0            0        NA
## 8807301:        7.0   0.5     0.5          0            0        NA
## 8807302:        0.0   0.0     0.0          0            0        NA
## 8807303:        0.0   0.0     0.0          0            0        NA
##          improvement_surcharge total_amount payment_type trip_type
##         1:                 0.3          7.3            2         1
##         2:                 0.3         15.8            2         1
##         3:                 0.3         11.3            2         1
##         4:                -0.3         -4.3            3         1
##         5:                 0.3          4.3            2         1
##      ---
## 8807299:                  0.3          6.3            2         1
## 8807300:                  0.3         14.3            2         1
## 8807301:                  0.3          8.3            2         1
## 8807302:                  0.0          0.0            1         1
## 8807303:                  0.0          0.0            1         1
```

可以看到，读入后的数据集同时具备data.table和data.frame两种属性：

```
# 查看对象类型
class(green_2018_dt)

## [1] "data.table" "data.frame"

# 查看对象占用内存大小
object_size(green_2018_dt)

## 2.11 GB
```

fread()中提供了nThread参数，可以根据需要设置不同的线程数，以并行的形式实现数据读入操作。我们可以使用microbenchmark库的核心函数microbenchmark()比较不同方案的运行时间：

```
# 速度比较
core_speed_compare <- microbenchmark(
  core_1 = fread(path_green_file, nThread = 1),
  core_2 = fread(path_green_file, nThread = 2),
  core_4 = fread(path_green_file, nThread = 4),
  core_6 = fread(path_green_file, nThread = 6),
  core_8 = fread(path_green_file, nThread = 8),
  core_10 = fread(path_green_file, nThread = 10),
  core_12 = fread(path_green_file, nThread = 12),
  times = 3,
  unit = "s"
)

# 比较结果
core_speed_compare

## Unit: seconds
##      expr      min       lq     mean   median       uq       max neval
##    core_1 6.604034 7.387129 7.886269 8.170224 8.527386  8.884549     3
##    core_2 4.858095 4.956836 5.563606 5.055577 5.916362  6.777147     3
##    core_4 5.681873 5.819045 7.458780 5.956218 8.347234 10.738250     3
##    core_6 6.102962 6.227571 7.481940 6.352181 8.171429  9.990677     3
##    core_8 4.245150 4.686204 5.867830 5.127259 6.679170  8.231081     3
##   core_10 5.350615 5.693669 6.268051 6.036722 6.726768  7.416815     3
##   core_12 4.223842 4.515206 5.016596 4.806570 5.412972  6.019375     3
```

后文会多次使用microbenchmark()函数。microbenchmark()用于测试并对比不同代码的运行速度，其参数times为每段代码重复计算的次数，unit为计算的单位。对于最终测试结果，可以直接使用plot进行可视化。对于不同代码的比较分析，microbenchmark()要比R内置的system.time()更加实用，多次计算的结果也更稳定。

另外，不同配置的计算机的用时会有差异。读者应当更关注不同方案所耗时间的相对差异，而不是运算时间的绝对值。

基准测试结果显示，不同的线程数设置确实会影响数据读入的效率，特别是单线程和多线程相比，速度会有明显的差异，但多线程之间相比则差异不是很大（关于并行数据处理，在第6章会有更深入的讨论）。data.table读数据时默认使用计算机的全部线程，这是它数据读取速度快的一个重要原因。

另外，我们可以以运行时间的均值和中位数为标准，比较基础R、readr和data.table的数据读入效率。在默认设置下，可以发现data.table的测试数据读入速度为基础R的十余倍，约为readr的3倍，data.table的速度优势相当明显：

```
# 不同库读入速度比较
read_speed_compare <- microbenchmark(
  base = read.csv(path_green_file),
  readr = read_csv(path_green_file),
  dt = fread(path_green_file),
  times = 3,
  unit = "s"
)

# 比较结果
read_speed_compare

## Unit: seconds
##    expr      min        lq       mean    median         uq        max   neval
##    base 89.65272 91.815235 99.775949 93.977748 104.837563 115.697379      3
##   readr 15.49001 15.913813 16.134456 16.337620  16.456680  16.575741      3
##      dt  4.27478  5.281575  5.682196  6.288371   6.385904   6.483437      3
```

2.1.2   读入多个数据

如果需要同时读入多个csv格式的数据集，并将它们合并，可以借助data.table提供的rbindlist()函数，快速地将多个数据合并成一个大的数据框。需要注意的是，这样做的前提是每个分文件的各列需要分别保持一致。要实现这个目标，可以分三步进行。

1．提取全部需要合并的数据集的名称。

2．使用lapply()，逐个读入数据集。可以根据需要，在lapply()中对不同数据集应用一套相同的fread()参数，例如以第1行为表头、跳过空白行、显式指定部分字段的格式等。lapply()会将多个数据集的读入结果存储为一个列表。

3．使用data.table库的rbindlist()函数将lapply()的读入结果按行合并在一起，形成一个大的数据集。

上述步骤的具体实现过程如下：

```
# 获取需要合并的数据集名称
files_all <- list.files("D:/K/DATA EXERCISE/big data/TLC Trip Record Data") # 文件夹文件列表
green_files <- str_subset(files_all, "green_tripdata_2018+") # 提取相关文件
path_green_files <- file.path(path, green_files)

# 查看结果
path_green_files

##  [1] "D:/K/DATA EXERCISE/big data/TLC Trip Record Data//green_tripdata_2018-01.csv"
##  [2] "D:/K/DATA EXERCISE/big data/TLC Trip Record Data//green_tripdata_2018-02.csv"
##  [3] "D:/K/DATA EXERCISE/big data/TLC Trip Record Data//green_tripdata_2018-03.csv"
##  [4] "D:/K/DATA EXERCISE/big data/TLC Trip Record Data//green_tripdata_2018-04.csv"
```

```
## [5] "D:/K/DATA EXERCISE/big data/TLC Trip Record Data//green_tripdata_2018-05.csv"
## [6] "D:/K/DATA EXERCISE/big data/TLC Trip Record Data//green_tripdata_2018-06.csv"
## [7] "D:/K/DATA EXERCISE/big data/TLC Trip Record Data//green_tripdata_2018-07.csv"
## [8] "D:/K/DATA EXERCISE/big data/TLC Trip Record Data//green_tripdata_2018-08.csv"
## [9] "D:/K/DATA EXERCISE/big data/TLC Trip Record Data//green_tripdata_2018-09.csv"
## [10] "D:/K/DATA EXERCISE/big data/TLC Trip Record Data//green_tripdata_2018-10.csv"
## [11] "D:/K/DATA EXERCISE/big data/TLC Trip Record Data//green_tripdata_2018-11.csv"
## [12] "D:/K/DATA EXERCISE/big data/TLC Trip Record Data//green_tripdata_2018-12.csv"
```

```
# 读入多个数据并将其存储在列表中
green_data_list <- lapply(
  path_green_files,
  fread,
  header = TRUE,
  blank.lines.skip = TRUE,
  colClasses = c(lpep_pickup_datetime = "POSIXct",
              lpep_dropoff_datetime = "POSIXct",
              passenger_count = "integer",
              trip_distance = "double",
              PULocationID = "integer",
              DOLocationID = "integer",
              payment_type = "integer",
              total_amount = "double"))
```

```
# 将lapply()的结果合并在一起
green_2018_dt <- rbindlist(green_data_list)
green_2018_dt
```

```
##           VendorID lpep_pickup_datetime lpep_dropoff_datetime store_and_fwd_flag
##     1:           2  2018-01-01 00:18:50   2018-01-01 00:24:39                  N
##     2:           2  2018-01-01 00:30:26   2018-01-01 00:46:42                  N
##     3:           2  2018-01-01 00:07:25   2018-01-01 00:19:45                  N
##     4:           2  2018-01-01 00:32:40   2018-01-01 00:33:41                  N
##     5:           2  2018-01-01 00:32:40   2018-01-01 00:33:41                  N
##    ---
## 8807299:          2  2018-12-31 23:41:11   2018-12-31 23:45:57                  N
## 8807300:          2  2018-12-31 23:37:04   2018-12-31 23:55:23                  N
## 8807301:          2  2018-12-31 23:50:33   2018-12-31 23:57:43                  N
## 8807302:          2  2018-12-31 23:08:07   2018-12-31 23:10:02                  N
## 8807303:          2  2018-12-31 23:30:35   2018-12-31 23:31:23                  N
##           RatecodeID PULocationID DOLocationID passenger_count trip_distance
##     1:             1          236          236               5          0.70
##     2:             1           43           42               5          3.50
##     3:             1           74          152               1          2.14
##     4:             1          255          255               1          0.03
```

```
##     5:             1             255             255             1      0.03
##     ---
## 8807299:          1              33              25             1      0.60
## 8807300:          1             159             248             1      2.80
## 8807301:          1              49              17             1      1.49
## 8807302:          1             193             193             1      0.00
## 8807303:          1             193             193             1      0.00
##          fare_amount extra mta_tax tip_amount tolls_amount ehail_fee
##     1:           6.0   0.5     0.5           0            0        NA
##     2:          14.5   0.5     0.5           0            0        NA
##     3:          10.0   0.5     0.5           0            0        NA
##     4:          -3.0  -0.5    -0.5           0            0        NA
##     5:           3.0   0.5     0.5           0            0        NA
##     ---
## 8807299:          5.0   0.5     0.5           0            0        NA
## 8807300:         13.0   0.5     0.5           0            0        NA
## 8807301:          7.0   0.5     0.5           0            0        NA
## 8807302:          0.0   0.0     0.0           0            0        NA
## 8807303:          0.0   0.0     0.0           0            0        NA
##          improvement_surcharge total_amount payment_type trip_type
##     1:                     0.3          7.3            2         1
##     2:                     0.3         15.8            2         1
##     3:                     0.3         11.3            2         1
##     4:                    -0.3         -4.3            3         1
##     5:                     0.3          4.3            2         1
##     ---
## 8807299:                  0.3          6.3            2         1
## 8807300:                  0.3         14.3            2         1
## 8807301:                  0.3          8.3            2         1
## 8807302:                  0.0          0.0            1         1
## 8807303:                  0.0          0.0            1         1
```

```
# 查看对象占用内存的大小
object_size(green_2018_dt)
```

```
## 1.06 GB
```

```
# 删除中间过程数据
rm(green_data_list)
```

在 R 中，上述过程可以使用并行的方式实现，这样能够显著提升多个数据集的读入速度。关于并行计算的内容我们将在第 6 章进行详细的探讨，下面直接给出实现方式。这里我们使用 tictoc 库的 tic() 和 toc() 计算程序运算时间：

```
# 并行读入数据
cl <- makeCluster(detectCores())
```

```
tic()
green_data_list <- parLapply(
  cl,
  path_green_files,
  fread,
  header = TRUE,
  blank.lines.skip = TRUE,
  colClasses = c(lpep_pickup_datetime = "POSIXct",
                 lpep_dropoff_datetime = "POSIXct",
                 passenger_count = "integer",
                 trip_distance = "double",
                 PULocationID = "integer",
                 DOLocationID = "integer",
                 payment_type = "integer",
                 total_amount = "double"))
green_2018_dt <- rbindlist(green_data_list)
toc()

## 106.28 sec elapsed

stopCluster(cl)

# 删除中间过程数据
rm(green_data_list)
```

 我认为tictoc库比基础R的system.time()更友好，因为它不需要把程序嵌套在括号中，可读性更强，后文中也会多次使用tictoc库。

利用fwrite()函数可以将处理好的数据保存为csv等格式文件保存在硬盘中，其中nThread参数可以设置运算的线程：

```
# 导出数据
fwrite(green_2018_dt, "green_2018_dt.csv")
```

2.2　数据基本行列操作

data.table的基本语法结构可以表示为data.table[i, j, by]，其中：

❑ i针对数据的行，可以用来筛选和提取子集；
❑ j针对数据的列，可以用来生成新的列或修改已有的列；
❑ by按组处理数据。

data.table支持以方括号为主的链式处理语法，与Python的数据处理语法非常接近。这使得Python的使用者可以很容易地上手data.table。以下是data.table的一些和列相关的基本操作：

```
# 抽取特定列，取前5行
green_2018_dt[, .(passenger_count, trip_distance, total_amount)][1:5]
##      passenger_count trip_distance total_amount
## 1:                 5          0.70          7.3
## 2:                 5          3.50         15.8
## 3:                 1          2.14         11.3
## 4:                 1          0.03         -4.3
## 5:                 1          0.03          4.3

# 抽取数据子集
green_2018_dt[trip_distance > 1 & passenger_count > 1,
              .(passenger_count, trip_distance, total_amount)][1:5]
##      passenger_count trip_distance total_amount
## 1:                 5          3.50        15.80
## 2:                 5          1.71         9.80
## 3:                 5          3.45        18.96
## 4:                 2          4.12        17.80
## 5:                 2          1.22         8.30

# 列反选
green_2018_dt[, -c("passenger_count", "trip_distance", "total_amount")][1:5]
##      VendorID lpep_pickup_datetime lpep_dropoff_datetime store_and_fwd_flag
## 1:          2  2018-01-01 00:18:50   2018-01-01 00:24:39                  N
## 2:          2  2018-01-01 00:30:26   2018-01-01 00:46:42                  N
## 3:          2  2018-01-01 00:07:25   2018-01-01 00:19:45                  N
## 4:          2  2018-01-01 00:32:40   2018-01-01 00:33:41                  N
## 5:          2  2018-01-01 00:32:40   2018-01-01 00:33:41                  N
##      RatecodeID PULocationID DOLocationID fare_amount extra mta_tax
## 1:            1          236          236         6.0   0.5     0.5
## 2:            1           43           42        14.5   0.5     0.5
## 3:            1           74          152        10.0   0.5     0.5
## 4:            1          255          255        -3.0  -0.5    -0.5
## 5:            1          255          255         3.0   0.5     0.5
##      tip_amount tolls_amount ehail_fee improvement_surcharge payment_type
## 1:            0            0        NA                   0.3            2
## 2:            0            0        NA                   0.3            2
## 3:            0            0        NA                   0.3            2
## 4:            0            0        NA                  -0.3            3
## 5:            0            0        NA                   0.3            2
##      trip_type
## 1:           1
## 2:           1
## 3:           1
## 4:           1
## 5:           1
```

```
# 按起始点批量选择列
green_2018_dt[, passenger_count:total_amount][1:5]
##      passenger_count trip_distance fare_amount extra mta_tax tip_amount
## 1:                 5          0.70         6.0   0.5     0.5          0
## 2:                 5          3.50        14.5   0.5     0.5          0
## 3:                 1          2.14        10.0   0.5     0.5          0
## 4:                 1          0.03        -3.0  -0.5    -0.5          0
## 5:                 1          0.03         3.0   0.5     0.5          0
##      tolls_amount ehail_fee improvement_surcharge total_amount
## 1:              0        NA                   0.3          7.3
## 2:              0        NA                   0.3         15.8
## 3:              0        NA                   0.3         11.3
## 4:              0        NA                  -0.3         -4.3
## 5:              0        NA                   0.3          4.3

# 按起始点批量反选列
green_2018_dt[, -(passenger_count:total_amount)][1:5]
##      VendorID lpep_pickup_datetime lpep_dropoff_datetime store_and_fwd_flag
## 1:          2  2018-01-01 00:18:50   2018-01-01 00:24:39                  N
## 2:          2  2018-01-01 00:30:26   2018-01-01 00:46:42                  N
## 3:          2  2018-01-01 00:07:25   2018-01-01 00:19:45                  N
## 4:          2  2018-01-01 00:32:40   2018-01-01 00:33:41                  N
## 5:          2  2018-01-01 00:32:40   2018-01-01 00:33:41                  N
##      RatecodeID PULocationID DOLocationID payment_type trip_type
## 1:            1          236          236            2         1
## 2:            1           43           42            2         1
## 3:            1           74          152            2         1
## 4:            1          255          255            3         1
## 5:            1          255          255            2         1

# 修改列名
green_2018_dt[, .(distance = trip_distance, amount = total_amount)][1:5]
##      distance amount
## 1:       0.70    7.3
## 2:       3.50   15.8
## 3:       2.14   11.3
## 4:       0.03   -4.3
## 5:       0.03    4.3
```

对于基础R的data.frame对象，数据的修改、筛选操作会涉及大量的数据深度复制。深度复制是指将整个数据在内存中的另一个位置复制一遍的过程，与之相对的概念是浅复制，即只复制列指针中的某个向量，而不在内存中进行物理复制实际数据。data.table的:=操作符不会进行数据的复制，它进行的是"就地"更新数据。这是一种适应大型数据集处理效率的做法。由于使用:=操

作数据是"就地修改",因此不需要再使用<-把结果重新赋给一个新的对象:

```
# 批量生成新的列
green_2018_dt[, `:=`(pickup_datetime = ymd_hms(lpep_pickup_datetime),
                diff = round(difftime(ymd_hms(lpep_dropoff_datetime),
                                ymd_hms(lpep_pickup_datetime),
                                units = "mins"), 2))][1:5]

##      VendorID lpep_pickup_datetime lpep_dropoff_datetime store_and_fwd_flag
## 1:          2  2018-01-01 00:18:50   2018-01-01 00:24:39                  N
## 2:          2  2018-01-01 00:30:26   2018-01-01 00:46:42                  N
## 3:          2  2018-01-01 00:07:25   2018-01-01 00:19:45                  N
## 4:          2  2018-01-01 00:32:40   2018-01-01 00:33:41                  N
## 5:          2  2018-01-01 00:32:40   2018-01-01 00:33:41                  N
##      RatecodeID PULocationID DOLocationID passenger_count trip_distance
## 1:            1          236          236               5          0.70
## 2:            1           43           42               5          3.50
## 3:            1           74          152               1          2.14
## 4:            1          255          255               1          0.03
## 5:            1          255          255               1          0.03
##      fare_amount extra mta_tax tip_amount tolls_amount ehail_fee
## 1:           6.0   0.5     0.5          0            0        NA
## 2:          14.5   0.5     0.5          0            0        NA
## 3:          10.0   0.5     0.5          0            0        NA
## 4:          -3.0  -0.5    -0.5          0            0        NA
## 5:           3.0   0.5     0.5          0            0        NA
##      improvement_surcharge total_amount payment_type trip_type
## 1:                     0.3          7.3            2         1
## 2:                     0.3         15.8            2         1
## 3:                     0.3         11.3            2         1
## 4:                    -0.3         -4.3            3         1
## 5:                     0.3          4.3            2         1
##           pickup_datetime       diff
## 1: 2018-01-01 00:18:50   5.82 mins
## 2: 2018-01-01 00:30:26  16.27 mins
## 3: 2018-01-01 00:07:25  12.33 mins
## 4: 2018-01-01 00:32:40   1.02 mins
## 5: 2018-01-01 00:32:40   1.02 mins

# 删除现有列
green_2018_dt[, `:=`(lpep_pickup_datetime = NULL,
                lpep_dropoff_datetime = NULL)][1:5]

##      VendorID store_and_fwd_flag RatecodeID PULocationID DOLocationID
## 1:          2                  N          1          236          236
```

```
##          2                   N        1           43          42
##    3:     2                   N        1           74         152
##    4:     2                   N        1          255         255
##    5:     2                   N        1          255         255
##       passenger_count trip_distance fare_amount extra mta_tax tip_amount
##    1:               5          0.70         6.0   0.5     0.5          0
##    2:               5          3.50        14.5   0.5     0.5          0
##    3:               1          2.14        10.0   0.5     0.5          0
##    4:               1          0.03        -3.0  -0.5    -0.5          0
##    5:               1          0.03         3.0   0.5     0.5          0
##       tolls_amount ehail_fee improvement_surcharge total_amount payment_type
##    1:             0        NA                   0.3          7.3            2
##    2:             0        NA                   0.3         15.8            2
##    3:             0        NA                   0.3         11.3            2
##    4:             0        NA                  -0.3         -4.3            3
##    5:             0        NA                   0.3          4.3            2
##       trip_type     pickup_datetime      diff
##    1:         1 2018-01-01 00:18:50  5.82 mins
##    2:         1 2018-01-01 00:30:26 16.27 mins
##    3:         1 2018-01-01 00:07:25 12.33 mins
##    4:         1 2018-01-01 00:32:40  1.02 mins
##    5:         1 2018-01-01 00:32:40  1.02 mins
```

结合分组进行操作

```
green_2018_dt[passenger_count > 1,
          max_total := max(total_amount),
          by = .(PULocationID, DOLocationID)][1:5]
```

```
##       VendorID store_and_fwd_flag RatecodeID PULocationID DOLocationID
##    1:        2                   N        1          236         236
##    2:        2                   N        1           43          42
##    3:        2                   N        1           74         152
##    4:        2                   N        1          255         255
##    5:        2                   N        1          255         255
##       passenger_count trip_distance fare_amount extra mta_tax tip_amount
##    1:               5          0.70         6.0   0.5     0.5          0
##    2:               5          3.50        14.5   0.5     0.5          0
##    3:               1          2.14        10.0   0.5     0.5          0
##    4:               1          0.03        -3.0  -0.5    -0.5          0
##    5:               1          0.03         3.0   0.5     0.5          0
##       tolls_amount ehail_fee improvement_surcharge total_amount payment_type
##    1:             0        NA                   0.3          7.3            2
##    2:             0        NA                   0.3         15.8            2
##    3:             0        NA                   0.3         11.3            2
##    4:             0        NA                  -0.3         -4.3            3
```

```
##      5:             0        NA               0.3        4.3             2
##         trip_type    pickup_datetime       diff max_total
##      1:         1 2018-01-01 00:18:50  5.82 mins     33.54
##      2:         1 2018-01-01 00:30:26 16.27 mins     21.80
##      3:         1 2018-01-01 00:07:25 12.33 mins        NA
##      4:         1 2018-01-01 00:32:40  1.02 mins        NA
##      5:         1 2018-01-01 00:32:40  1.02 mins        NA
```

 :=的操作结果是不可见的，但很多时候我们希望马上看到处理后的结果，此时可以在代码后面加上[]来显示处理结果。另外，关于数据复制的机理更详细的讨论，可参阅data.table官方教程中的 "Reference semantics" 一文。

很多时候，为了节省存储空间，我们会将一些字段以数值编码而不是字符的格式存储在数据库中。要知道这些数值编码的含义，就需要查询配套的数据字典。数据字典的编制是数据治理的重要环节，但如何编制数据字典超出了本书的范围。在这样的场景下，出于分析需要，我们要把用数值编码的字段还原为字符，否则会难以理解分析的结果。在下面的例子中，我们根据数据字典，将payment_type字段还原为字符串并进行统计：

```
# 字段内容赋值
green_2018_dt[payment_type == 1, payment_type_chr := "Credit card"][payment_type == 2,
payment_type_chr := "Cash"][payment_type == 3, payment_type_chr := "No charge"][payment
_type == 4, payment_type_chr := "Dispute"][payment_type == 5, payment_type_chr := "Unkn
own"][payment_type == 6, payment_type_chr := "Voided trip"]


# 查看结果
green_2018_dt[,.(payment_type, payment_type_chr)]


##            payment_type payment_type_chr
##      1:               2             Cash
##      2:               2             Cash
##      3:               2             Cash
##      4:               3        No charge
##      5:               2             Cash
##     ---
## 8807299:               2             Cash
## 8807300:               2             Cash
## 8807301:               2             Cash
## 8807302:               1      Credit card
## 8807303:               1      Credit card
```

在data.frame中，行名(row name)是一种索引，每行只会对应一个行名，且行名是唯一的。data.table可以看作data.frame的 "强化版本"，因此也具有行名属性，但data.table并不使用行名。可以在as.data.table中设置参数keep.rownames = TRUE，这样，会生成一个名为rn的新列，并将行名分配到这一列中。在

data.table中，我们一般会使用key。可以将key理解为一种高级的行名，它的主要特性包括：

- ❑ 不强制唯一性。和需要取值唯一的行名不同，key中允许有相同的值。行排序以key为依据，相同的key值会连续出现。
- ❑ 可以将多个列设置为key，同时也允许将不同格式的列设置为key。这些格式包括integer、numeric、character、factor、integer64等，暂不支持list和更复杂格式的列。

设置key主要实现如下功能：按照参照列对data.table的行进行升序排列，并将作为参照的列标记为key，同时对data.table增加sorted属性。

由于数据中的行被重新组织，因此一个data.table最多只能有一个key（但一个key可以包含多个列）。使用key作为子集筛选，速度要比R一般在排序中执行的向量扫描操作快。

假设需要根据列x和y提取子集，使用向量扫描方法，简单地说，就是先在列x的全部行中逐行寻找某个值，得到一个维度等于数据总行数的结果向量，由TRUE、FALSE和NA组成；同样地，在列y中再进行同样的操作，得到另一个结果向量；最后返回所有在两个结果向量中都为TRUE的行。这种向量扫描方法比较低效，特别是对于大型数据集以及需要重复提取子集的场景，因为每次都需要扫描整个数据集。

如果使用key，则执行二分搜索方法。当数据设定了key并存储后，就不再需要扫描该列的全部行。由于数据已经根据key进行排序，因此可以采用二分搜索，即每次取中间点进行搜索并判断。由于已经按顺序在内存中排列好各行，因此操作非常有效率，需要的时间是$O(\log n)$而非向量搜索方法的$O(n)$，其中n是数据的总行数。另外，我们不需要生成具有与行数相同维度的逻辑向量进行行索引的匹配，这也非常节省内存。

以下是key的使用示例：

```
# 设置作为key的列，数据会自动按照该列进行排序
setkey(green_2018_dt, PULocationID)

# 获取作为key的列
key(green_2018_dt)

## [1] "PULocationID"

# 自动将key列为相应值的子集筛选出来
green_2018_dt[.(100)][1:5]

##      VendorID store_and_fwd_flag RatecodeID PULocationID DOLocationID
## 1:          2                  N          1          100          142
## 2:          2                  N          1          100          226
## 3:          2                  N          1          100          246
## 4:          2                  N          1          100          161
## 5:          2                  N          1          100           48
```

```
##      passenger_count trip_distance fare_amount extra mta_tax tip_amount
## 1:                 1          1.65        7.50   0.5     0.5       0.00
## 2:                 1          5.02       18.50   0.5     0.5       3.00
## 3:                 1          1.26        9.50   0.0     0.5       0.00
## 4:                 1          1.29       12.50   0.0     0.5       3.99
## 5:                 1          0.66        4.00   0.5     0.5       1.06
##      tolls_amount ehail_fee improvement_surcharge total_amount payment_type
## 1:              0        NA                   0.3         8.80            2
## 2:              0        NA                   0.3        22.80            1
## 3:              0        NA                   0.3        10.30            2
## 4:              0        NA                   0.3        17.29            1
## 5:              0        NA                   0.3         6.36            1
##      trip_type     pickup_datetime   diff max_total payment_type_chr
## 1:           1 2018-01-01 20:57:43  6.68 mins     NA             Cash
## 2:           1 2018-01-02 22:25:50 21.67 mins     NA      Credit card
## 3:           1 2018-01-03 10:10:44 12.93 mins     NA             Cash
## 4:           1 2018-01-03 10:37:52 19.83 mins     NA      Credit card
## 5:           1 2018-01-06 01:53:01  2.28 mins     NA      Credit card
```

我们也可以将key设定为数据中的多个列：

```
# 将多个列设置为key
setkey(green_2018_dt, PULocationID, DOLocationID)

# 获取作为key的列
key(green_2018_dt)

## [1] "PULocationID" "DOLocationID"

# 自动将key为相应值的子集筛选出来
green_2018_dt[.(7, 56)][1:5]

##      VendorID store_and_fwd_flag RatecodeID PULocationID DOLocationID
## 1:          2                  N          1            7           56
## 2:          1                  N          1            7           56
## 3:          1                  N          1            7           56
## 4:          2                  N          1            7           56
## 5:          2                  N          1            7           56
##      passenger_count trip_distance fare_amount extra mta_tax tip_amount
## 1:                 5          6.36          19   0.5     0.5        0.0
## 2:                 1          6.30          22   0.5     0.5        0.0
## 3:                 1          6.80          22   0.5     0.5        5.8
## 4:                 1          5.10          21   0.5     0.5        0.0
## 5:                 5          6.63          20   0.5     0.5        0.0
##      tolls_amount ehail_fee improvement_surcharge total_amount payment_type
## 1:              0        NA                   0.3         20.3            2
```

```
## 2:               0        NA            0.3       23.3          2
## 3:               0        NA            0.3       29.1          1
## 4:               0        NA            0.3       22.3          2
## 5:               0        NA            0.3       21.3          2
##     trip_type   pickup_datetime    diff max_total  payment_type_chr
## 1:          1  2018-01-01 00:57:17 13.03 mins      33.3              Cash
## 2:          1  2018-01-01 03:32:44 20.42 mins        NA              Cash
## 3:          1  2018-01-01 03:40:59 19.78 mins        NA       Credit card
## 4:          1  2018-01-01 04:17:56 26.85 mins        NA              Cash
## 5:          1  2018-01-01 05:48:45 13.53 mins      33.3              Cash
```

比较一下两种方法的用时：

```r
# 两种方法比较

# 设置key
setkey(green_2018_dt, PULocationID, DOLocationID)
microbenchmark(
  key_way = green_2018_dt[.(7, 56)],
  times = 5,
  unit = "ms"
)
```

```
## Unit: milliseconds
##     expr    min     lq    mean  median     uq     max neval
##   key_way 2.1003 2.1915 2.58646 2.2293 2.6834 3.7278     5
```

```r
# 不设置key
setkey(green_2018_dt, NULL)
microbenchmark(
  origin_way = green_2018_dt[PULocationID == 7 & DOLocationID == 56],
  times = 5,
  unit = "ms"
)
```

```
## Unit: milliseconds
##        expr    min     lq     mean  median     uq      max neval
##   origin_way 2.4017 2.4188 26.65876 2.5661 3.0417 122.8655     5
```

通过基准测试可以看到，设置key后进行数据子集筛选所花费的时间明显少于一般的做法，因此在使用data.table进行数据处理的过程中，如果要针对某些列多次反复筛选子集，将这些列设置为key是个不错的做法。

 关于key更详细的讨论，可以参阅data.table官方教程中的"Keys and fast binary search based subset"一文。

2.3 数据合并、分组汇总操作

data.table的合并语法默认进行右连接，这让很多用户感到不习惯，因为我们多数情况下会使用左连接——这就需要把两个数据的位置颠倒过来。在数据合并过程中很容易产生大量临时数据，导致程序中断。一种可以考虑的策略是只抽取需要的列进行合并：

```
# 读入区域数据，仅保留需要的列
zone <- fread("../../TLC Trip Record Data/taxi+_zone_lookup.csv", header = TRUE, select
= c("LocationID", "Zone"))

# 查看结果
zone
```

```
##      LocationID                    Zone
##   1:          1          Newark Airport
##   2:          2             Jamaica Bay
##   3:          3 Allerton/Pelham Gardens
##   4:          4           Alphabet City
##   5:          5           Arden Heights
##  ---
## 261:        261       World Trade Center
## 262:        262          Yorkville East
## 263:        263          Yorkville West
## 264:        264                      NV
## 265:        265                      NA
```

```
# 数据合并，匹配地区名称
green_2018_zone <- zone[zone[green_2018_dt, on = .(LocationID = PULocationID)], on =
.(LocationID = DOLocationID)][, -c("LocationID", "i.LocationID")]

# 列改名
setnames(green_2018_zone, c("Zone", "i.Zone"), c("DOZone", "PUZone"))

# 查看结果
green_2018_zone
```

```
##                         DOZone                   PUZone VendorID
##   1:      Upper East Side North    Upper East Side North        2
##   2:      Central Harlem North            Central Park        2
##   3:            Manhattanville        East Harlem North        2
##   4: Williamsburg (North Side) Williamsburg (North Side)        2
##   5: Williamsburg (North Side) Williamsburg (North Side)        2
##      store_and_fwd_flag RatecodeID passenger_count trip_distance
##   1:                  N          1               5          0.70
```

```
##   2:                 N          1          5        3.50
##   3:                 N          1          1        2.14
##   4:                 N          1          1        0.03
##   5:                 N          1          1        0.03
##      fare_amount extra mta_tax tip_amount tolls_amount ehail_fee
##   1:         6.0   0.5     0.5          0            0        NA
##   2:        14.5   0.5     0.5          0            0        NA
##   3:        10.0   0.5     0.5          0            0        NA
##   4:        -3.0  -0.5    -0.5          0            0        NA
##   5:         3.0   0.5     0.5          0            0        NA
##      improvement_surcharge total_amount payment_type trip_type
##   1:                   0.3          7.3            2         1
##   2:                   0.3         15.8            2         1
##   3:                   0.3         11.3            2         1
##   4:                  -0.3         -4.3            3         1
##   5:                   0.3          4.3            2         1
##          pickup_datetime      diff max_total
##   1: 2018-01-01 00:18:50  5.82 mins     33.54
##   2: 2018-01-01 00:30:26 16.27 mins     21.80
##   3: 2018-01-01 00:07:25 12.33 mins        NA
##   4: 2018-01-01 00:32:40  1.02 mins        NA
##   5: 2018-01-01 00:32:40  1.02 mins        NA
```

当数据集太大时，进行数据连接很容易导致数据超过内存限制。为了避免这个问题，一个可行的方法是将统计汇总后的结果合并。在本例中，如果直接将green_2018和zone进行连接获取LocationID的名称，生成的临时数据就会超过计算机的内存限制，导致程序中断。因此，可以将上车地点统计出来后，再进行合并并排序。data.table对于按照某个变量分组进行统计汇总的语法也是非常简洁的，这在数据探索性分析的阶段很常用。data.table可以很快捷地利用某个或某几个变量作为分组，计算其他变量的相关统计量，如均值、中位数、极值、标准差等等：

```
# 统计出结果后再做匹配

# 计数统计
green_2018_dt[, .N, by = PULocationID]


##     PULocationID      N
##  1:          236  21740
##  2:           43  84660
##  3:           74 568288
##  4:          255 215571
##  5:          189  28527
## ---
## 256:           44     21
```

```
## 257:           84       16
## 258:            4       12
## 259:            2       11
## 260:           12        2
```

```
# 计数统计 + 内连接
green_2018_dt[, .N, by = PULocationID][zone, on = .(PULocationID = LocationID), nomatch
 = 0]
##      PULocationID       N                 Zone
## 1:              1     106       Newark Airport
## 2:              2      11         Jamaica Bay
## 3:              3    6389 Allerton/Pelham Gardens
## 4:              4      12       Alphabet City
## 5:              5      42        Arden Heights
## ---
## 256:          261      72     World Trade Center
## 257:          262     285        Yorkville East
## 258:          263    6059        Yorkville West
## 259:          264   10142                    NV
## 260:          265    2394                    NA
```

```
# 计数统计 + 内连接 + 结果排序
green_2018_dt[, .N, by = PULocationID][zone, on = .(PULocationID = LocationID), nomatch
 = 0][order(N, decreasing = TRUE)]

##      PULocationID       N                 Zone
## 1:             74  568288     East Harlem North
## 2:             75  506544     East Harlem South
## 3:             41  487090       Central Harlem
## 4:              7  402501              Astoria
## 5:             82  375499             Elmhurst
## ---
## 256:            4      12       Alphabet City
## 257:            2      11         Jamaica Bay
## 258:          204       9   Rossville/Woodrow
## 259:           99       3     Freshkills Park
## 260:           12       2        Battery Park
```

　　data.table中有一个分组参数keyby。与by不同，keyby在实现分组汇总的同时，还会对分组使用的变量实现自动升序排列，且执行速度会比使用"by + order"的方式更快。在以下的例子中，keyby的结果会根据PULocationID和DOLocationID两个字段分组汇总，并对汇总结果进行升序排列：

```
# 多条件分组统计汇总

# 使用by
green_2018_dt[passenger_count > 1, .N, by = PULocationID]
```

```
##        PULocationID       N
##    1:           236    3006
##    2:            43   12752
##    3:           189    4553
##    4:           145   26126
##    5:             7   71546
##   ---
## 254:            27      16
## 255:            30       5
## 256:           232       4
## 257:             4       1
## 258:            12       1
```

```
#使用 "by + order"
green_2018_dt[passenger_count > 1, .N, by = .(PULocationID, DOLocationID)][order(PULoca
tionID, DOLocationID)]
```

```
##        PULocationID DOLocationID    N
##    1:             1            1   23
##    2:             2          124    1
##    3:             2          257    1
##    4:             3            3   49
##    5:             3            4    1
##   ---
## 27643:          265          259    2
## 27644:          265          260    2
## 27645:          265          262    1
## 27646:          265          263    1
## 27647:          265          265  225
```

```
# 使用keyby
green_2018_dt[passenger_count > 1, .N, keyby = .(PULocationID, DOLocationID)]
```

```
##        PULocationID DOLocationID    N
##    1:             1            1   23
##    2:             2          124    1
##    3:             2          257    1
##    4:             3            3   49
##    5:             3            4    1
##   ---
## 27643:          265          259    2
## 27644:          265          260    2
## 27645:          265          262    1
## 27646:          265          263    1
```

```
## 27647:              265          265 225
```

基准测试结果显示，使用keyby的速度略快于"by + order"的速度：

```
# 速度比较
by_compare <- microbenchmark(
  by = green_2018_dt[passenger_count > 1, .N, by = .(PULocationID, DOLocationID)],
  by_order = green_2018_dt[passenger_count > 1, .N, by = .(PULocationID, DOLocationID)]
[order(PULocationID, DOLocationID)],
  keyby = green_2018_dt[passenger_count > 1, .N, keyby = .(PULocationID, DOLocationID)],
  times = 5,
  unit = "s"
)

# 查看结果
by_compare

## Unit: seconds
##     expr       min        lq       mean     median        uq       max neval
##       by 0.0997228 0.1011761 0.10197254 0.1021393 0.1029920 0.1038325     5
## by_order 0.1010860 0.1027452 0.10363210 0.1039408 0.1047618 0.1056267     5
##    keyby 0.0890804 0.0896681 0.09571548 0.0932557 0.0963050 0.1102682     5
```

data.table提供了一种便捷的、聚焦于特定列的功能设置参数.SDcols，即列子集。通过设置.SDcols，分组将会只针对这些列进行。如果不进行设置，则可以用参数.SD代表针对所有列。如果要对多个变量进行相同处理，使用.SDcols能够使代码更为简洁：

```
# 分组统计汇总
green_2018_dt[passenger_count > 1,
              .(mean_pa = mean(passenger_count),
                mean_dis = mean(trip_distance),
                mean_fare = mean(total_amount)),
              keyby = hour(pickup_datetime)]

##     hour  mean_pa mean_dis mean_fare
## 1:     0 3.237052 2.996542  14.57118
## 2:     1 3.241825 2.929307  14.27733
## 3:     2 3.267347 3.020712  14.53106
## 4:     3 3.269727 3.262879  15.26328
## 5:     4 3.191943 3.614888  16.37882
## 6:     5 3.270332 5.243410  21.22719
## 7:     6 3.422601 5.533838  22.05371
## 8:     7 3.504759 4.208162  19.16938
## 9:     8 3.526700 3.385999  16.84261
## 10:    9 3.525309 3.383766  16.58529
## 11:   10 3.468932 3.354182  16.42255
## 12:   11 3.394425 3.299438  16.05532
```

```
## 13:     12 3.358264 3.310328    16.07685
## 14:     13 3.327583 3.282824    15.99928
## 15:     14 3.360635 3.281416    16.33595
## 16:     15 3.378017 3.309018    16.74565
## 17:     16 3.334127 3.272896    17.33468
## 18:     17 3.304820 2.990492    16.37289
## 19:     18 3.299494 2.756361    15.08628
## 20:     19 3.284663 2.698971    14.43212
## 21:     20 3.261628 2.766104    14.18164
## 22:     21 3.227707 2.939847    14.71040
## 23:     22 3.200344 3.112851    15.27055
## 24:     23 3.229220 3.103113    15.15367
##     hour  mean_pa mean_dis mean_fare
```

```
# 使用.SDcol设定需要设定的列
green_2018_dt[passenger_count > 1,
        .SDcols = c("passenger_count", "trip_distance", "total_amount"),# 指定需要处理的列
        lapply(.SD, mean),                                      # 批量处理列
        keyby = .(hour(pickup_datetime))]
##     hour passenger_count trip_distance total_amount
##  1:    0        3.237052      2.996542     14.57118
##  2:    1        3.241825      2.929307     14.27733
##  3:    2        3.267347      3.020712     14.53106
##  4:    3        3.269727      3.262879     15.26328
##  5:    4        3.191943      3.614888     16.37882
##  6:    5        3.270332      5.243410     21.22719
##  7:    6        3.422601      5.533838     22.05371
##  8:    7        3.504759      4.208162     19.16938
##  9:    8        3.526700      3.385999     16.84261
## 10:    9        3.525309      3.383766     16.58529
## 11:   10        3.468932      3.354182     16.42255
## 12:   11        3.394425      3.299438     16.05532
## 13:   12        3.358264      3.310328     16.07685
## 14:   13        3.327583      3.282824     15.99928
## 15:   14        3.360635      3.281416     16.33595
## 16:   15        3.378017      3.309018     16.74565
## 17:   16        3.334127      3.272896     17.33468
## 18:   17        3.304820      2.990492     16.37289
## 19:   18        3.299494      2.756361     15.08628
## 20:   19        3.284663      2.698971     14.43212
## 21:   20        3.261628      2.766104     14.18164
## 22:   21        3.227707      2.939847     14.71040
## 23:   22        3.200344      3.112851     15.27055
## 24:   23        3.229220      3.103113     15.15367
##     hour passenger_count trip_distance total_amount
```

以下是.SD和.SDcols的一些其他使用方法：

```
# .SDcols的其他使用方法

# 判断各列格式
green_2018_dt[, sapply(.SD, is.numeric)]
```

```
##             VendorID    store_and_fwd_flag              RatecodeID
##                 TRUE                 FALSE                    TRUE
##         PULocationID          DOLocationID         passenger_count
##                 TRUE                  TRUE                    TRUE
##        trip_distance           fare_amount                   extra
##                 TRUE                  TRUE                    TRUE
##              mta_tax            tip_amount            tolls_amount
##                 TRUE                  TRUE                    TRUE
##            ehail_fee improvement_surcharge            total_amount
##                FALSE                  TRUE                    TRUE
##         payment_type             trip_type         pickup_datetime
##                 TRUE                  TRUE                   FALSE
##                 diff             max_total        payment_type_chr
##                FALSE                  TRUE                   FALSE
```

```
# 判断部分列的格式
green_2018_dt[, sapply(.SD, is.numeric), .SDcols = c("passenger_count", "trip_distance",
"total_amount")]
```

```
## passenger_count    trip_distance    total_amount
##            TRUE             TRUE            TRUE
```

```
# 选择部分列
green_2018_dt[, .SD, .SDcols = c("passenger_count", "trip_distance", "total_amount")][1:5]
```

```
##      passenger_count trip_distance total_amount
## 1:                 5          0.70          7.3
## 2:                 5          3.50         15.8
## 3:                 1          2.14         11.3
## 4:                 1          0.03         -4.3
## 5:                 1          0.03          4.3
```

```
# 返回符合条件的整条记录
green_2018_dt[, .SD[which.max(trip_distance)], keyby = PULocationID]
```

```
##    PULocationID VendorID store_and_fwd_flag RatecodeID DOLocationID
## 1:            1        1                  Y          5            1
## 2:            2        2                  N          1          257
## 3:            3        1                  N          1          201
```

```
## 4:               4        2                  N          1          47
## 5:               5        2                  N          1         173
##     passenger_count trip_distance fare_amount extra mta_tax tip_amount
## 1:               1         17.90        40.0   0.0     0.0      15.00
## 2:               2         19.31        63.0   0.0     0.5       0.00
## 3:               1         48.30       143.5   0.5     0.5      23.56
## 4:               1         12.88        46.0   0.0     0.5       0.00
## 5:               1         39.92       114.5   0.0     0.5       0.00
##     tolls_amount ehail_fee improvement_surcharge total_amount payment_type
## 1:          0.00        NA                   0.0        55.00            1
## 2:          0.00        NA                   0.3        63.80            1
## 3:         12.24        NA                   0.3       180.60            1
## 4:          0.00        NA                   0.3        46.80            1
## 5:         11.52        NA                   0.3       126.82            1
##     trip_type       pickup_datetime       diff max_total payment_type_chr
## 1:         2 2018-08-26 08:33:50   0.40 mins        NA      Credit card
## 2:         1 2018-05-23 15:10:16  63.68 mins      63.8      Credit card
## 3:         1 2018-07-07 23:51:18 135.83 mins        NA      Credit card
## 4:         1 2018-05-10 13:01:14  54.80 mins        NA      Credit card
## 5:         1 2018-11-18 15:06:39 115.42 mins        NA      Credit card

# 返回单个变量
green_2018_dt[, which.max(trip_distance), keyby = PULocationID][1:5]

##     PULocationID   V1
## 1:             1   72
## 2:             2    1
## 3:             3 3008
## 4:             4    4
## 5:             5   28
```

　　data.table在处理大型数据集方面的优势还有很多,这里不可能全部列举。目前,越来越多新开发的第三方库也以data.table作为后端,或者支持data.table类型的数据。

　　不过,data.table的一个弊端在于,它拥有一套相对独立的语法,与另一个R领域非常流行的生态系统tidyverse的语法风格有比较大的差异,导致习惯使用tidyverse的用户有些不适应data.table。因此,有开发者尝试将这两者的优势结合,这就促成了dtplyr库。

2.4　dtplyr:data.table和dplyr的结合

　　针对data.table数据处理效率高但是语法相对独立的问题,R社区的资深开发者Hadley Wickham专门开发了dtplyr库,该库也已归入tidyverse生态系统中。dtplyr为dplyr提供了一个data.table的后端,其开发目标是使用户可以撰写dplyr风格的代码,并将其自动转换为更快的data.table代码,以充分发挥data.table的性能优势。根据该库开发者的说明,最新版本的dtplyr已经完全重写,聚焦于lazy_dt函数的"惰性"(lazy)触发机制,在调用as.data.table()、as.data.frame()和as_tibble()之前,不会进行任何实际的计算,这与该库的旧版本相比是个很大的转变,使得dtplyr对data.table的语法翻译性能大大提高。

要使用dtplyr,至少需要导入dtplyr和dplyr两个库。

```
# 载入相关库
library(dplyr)
library(dtplyr)
library(data.table)
library(readr)
library(pryr)
library(microbenchmark)
```

为了说明dtplyr的特性,我们先利用readr库的read_csv()将green_2018.csv读入为一个tibble对象:

```
# 数据读入
path <- "D:/K/DATA EXERCISE/big data/TLC Trip Record Data"
green_file <- "green_2018.csv"
path_green_file <- file.path(path, green_file)
green_2018_tb <- read_csv(path_green_file)


# 查看结果
green_2018_tb

## # A tibble: 8,807,303 x 19
##    VendorID lpep_pickup_dateti~ lpep_dropoff_datet~ store_and_fwd_f~ RatecodeID
##       <dbl> <dttm>              <dttm>              <chr>                 <dbl>
##  1        2 2018-01-01 00:18:50 2018-01-01 00:24:39 N                         1
##  2        2 2018-01-01 00:30:26 2018-01-01 00:46:42 N                         1
##  3        2 2018-01-01 00:07:25 2018-01-01 00:19:45 N                         1
##  4        2 2018-01-01 00:32:40 2018-01-01 00:33:41 N                         1
##  5        2 2018-01-01 00:32:40 2018-01-01 00:33:41 N                         1
##  6        2 2018-01-01 00:38:35 2018-01-01 01:08:50 N                         1
##  7        2 2018-01-01 00:18:41 2018-01-01 00:28:22 N                         1
##  8        2 2018-01-01 00:38:02 2018-01-01 00:55:02 N                         1
##  9        2 2018-01-01 00:05:02 2018-01-01 00:18:35 N                         1
## 10        2 2018-01-01 00:35:23 2018-01-01 00:42:07 N                         1
## # ... with 8,807,293 more rows, and 14 more variables: PULocationID <dbl>,
## #   DOLocationID <dbl>, passenger_count <dbl>, trip_distance <dbl>,
## #   fare_amount <dbl>, extra <dbl>, mta_tax <dbl>, tip_amount <dbl>,
## #   tolls_amount <dbl>, ehail_fee <lgl>, improvement_surcharge <dbl>,
## #   total_amount <dbl>, payment_type <dbl>, trip_type <dbl>
```

然后使用lazy_dt()对green_2018进行转换。使用lazy_dt()对原数据(data.frame、tibble、data.table等)进行转换后,会得到一个具有dtplyr_step_first和dtplyr_step属性的数据对象,该对象只会显示

前几行。另外会得到一个提醒，告诉我们要使用as.data.table()、as.data.frame()或as_tibble()，才能获得实际的结果，这也是"惰性"机制的特点——最大限度地节省计算资源。我们也可以看到，该dtplyr对象和原tibble占用的内存空间大小是相同的：

```
# 将tibble转换为lazy_dt
green_2018_tb_lazy <- lazy_dt(green_2018_tb)
green_2018_tb_lazy

## Source: local data table [8,807,303 x 19]
## Call:   `_DT1`
##
##   VendorID lpep_pickup_dateti~ lpep_dropoff_datet~ store_and_fwd_f~ RatecodeID
##      <dbl> <dttm>              <dttm>              <chr>                 <dbl>
## 1        2 2018-01-01 00:18:50 2018-01-01 00:24:39 N                         1
## 2        2 2018-01-01 00:30:26 2018-01-01 00:46:42 N                         1
## 3        2 2018-01-01 00:07:25 2018-01-01 00:19:45 N                         1
## 4        2 2018-01-01 00:32:40 2018-01-01 00:33:41 N                         1
## 5        2 2018-01-01 00:32:40 2018-01-01 00:33:41 N                         1
## 6        2 2018-01-01 00:38:35 2018-01-01 01:08:50 N                         1
## # ... with 14 more variables: PULocationID <dbl>, DOLocationID <dbl>,
## #   passenger_count <dbl>, trip_distance <dbl>, fare_amount <dbl>, extra <dbl>,
## #   mta_tax <dbl>, tip_amount <dbl>, tolls_amount <dbl>, ehail_fee <lgl>,
## #   improvement_surcharge <dbl>, total_amount <dbl>, payment_type <dbl>,
## #   trip_type <dbl>
##
## # Use as.data.table()/as.data.frame()/as_tibble() to access results

# 对象类型查看
class(green_2018_tb_lazy)

## [1] "dtplyr_step_first" "dtplyr_step"

# 对象占用大小
object_size(green_2018_tb)

## 1.3 GB

object_size(green_2018_tb_lazy)

## 1.3 GB
```

如果我们直接对该对象进行筛选、汇总等操作，只会得到前几行结果，只有加上上述几个以as开头的函数，才能获得全部结果。另外可以看到，程序返回的结果中含有Call信息，这是将dplyr语法翻译为data.table语法的结果：

```
# 对dtplyr对象进行操作
green_2018_tb_lazy %>%
```

```
  filter(payment_type == 1) %>%
  group_by(PULocationID) %>%
  summarise(max_distance = max(trip_distance))

## Source: local data table [?? x 2]
## Call:   `_DT1`[payment_type == 1][, .(max_distance = max(trip_distance)),
##      keyby = .(PULocationID)]
##
##    PULocationID max_distance
##           <dbl>        <dbl>
## 1             1         17.9
## 2             2         19.3
## 3             3         48.3
## 4             4         12.9
## 5             5         39.9
## 6             6         41.5
##
## # Use as.data.table()/as.data.frame()/as_tibble() to access results

# 获取处理结果
green_2018_tb_lazy %>%
  filter(payment_type == 1) %>%
  group_by(PULocationID) %>%
  summarise(max_distance = max(trip_distance)) %>%
  arrange(-max_distance) %>%
  as_tibble()

## # A tibble: 260 x 2
##    PULocationID max_distance
##           <dbl>        <dbl>
## 1            82        8006.
## 2           265         143.
## 3           130         114.
## 4            69         105.
## 5            76          96.0
## 6           244          93.4
## 7            61          86.6
## 8           213          76.7
## 9           119          76.7
## 10          260          76.0
## # ... with 250 more rows
```

　　dtplyr库的核心功能实际上是对dplyr语法进行了与data.table语法相对应的翻译。若在使用dplyr语法后调用show_query()函数，则可以看到处理过程对应的data.table语法翻译结果，即Call后面显示的内容。dtplyr的这项语法翻译功能，特别适用于习惯使用tibble对象和dplyr语法、想利用data.table处理较大数据集、希望进一步学习data.table语法，或者只想短暂使用data.table而不希望专门记忆语法的用户。

查看翻译结果的操作如下：

```
# 查看语法翻译结果
green_2018_tb_lazy %>%
  filter(payment_type == 1) %>%
  group_by(PULocationID) %>%
  summarise(max_distance = max(trip_distance)) %>%
  arrange(-max_distance) %>%
  show_query()

## `_DT1`[payment_type == 1][, .(max_distance = max(trip_distance)),
##     keyby = .(PULocationID)][order(-max_distance)]
```

以下是一个模拟的使用场景。一个习惯使用dplyr语法的用户希望使用data.table进行大型数据集处理，由于不熟悉或不想专门学习data.table语法，他先将数据读入为data.table：

```
# 将数据读入为data.table
green_2018_dt <- fread(path_green_file)
```

然后，他使用lazy_dt()将读入的data.table转换为dtplyr对象，并使用自己熟悉的dplyr语法执行相关的操作：

```
# 使用dplyr语法操作dtplyr对象
green_2018_dt_lazy <- lazy_dt(green_2018_dt)
green_2018_dt_lazy %>%
  filter(payment_type == 1 | payment_type == 2) %>%
  group_by(PULocationID, DOLocationID) %>%
  summarise(
    mean_distance = mean(trip_distance),
    max_distance = max(trip_distance),
    mean_passenger = mean(passenger_count),
    max_passenger = max(passenger_count),
    mean_amount = mean(total_amount),
    max_amount = max(total_amount)) %>%
  arrange(-mean_distance, -mean_passenger, -mean_amount) %>%
  select(PULocationID, DOLocationID, mean_distance, max_distance, mean_passenger, max_p
assenger, mean_amount, max_amount) %>%
  show_query()

## `_DT2`[payment_type == 1 | payment_type == 2][, .(mean_distance = mean(trip_distance),
##     max_distance = max(trip_distance), mean_passenger = mean(passenger_count),
##     max_passenger = max(passenger_count), mean_amount = mean(total_amount),
##     max_amount = max(total_amount)), keyby = .(PULocationID,
##     DOLocationID)][order(-mean_distance, -mean_passenger, -mean_amount)][,
##     .(PULocationID, DOLocationID, mean_distance, max_distance,
##         mean_passenger, max_passenger, mean_amount, max_amount)]
```

最后，他使用翻译的结果，直接在最初的data.table对象上进行操作，得到希望的结果：

```
# 根据翻译的结果操作data.table
green_2018_dt[payment_type == 1 | payment_type == 2][, .(mean_distance = mean(trip_distance),
    max_distance = max(trip_distance), mean_passenger = mean(passenger_count),
    max_passenger = max(passenger_count), mean_amount = mean(total_amount),
    max_amount = max(total_amount)), keyby = .(PULocationID,
    DOLocationID)][order(-mean_distance, -mean_passenger, -mean_amount)][,
    .(PULocationID, DOLocationID, mean_distance, max_distance,
        mean_passenger, max_passenger, mean_amount, max_amount)]
```

```
##        PULocationID DOLocationID mean_distance max_distance mean_passenger
##     1:          101          168         94.37        94.37          5.000
##     2:          194           64         72.98        72.98          1.000
##     3:          223           23         69.03        69.03          2.000
##     4:          187          265         56.13        56.13          1.000
##     5:          259           64         54.67        54.67          1.000
##    ---
## 41726:          262          264          0.00         0.00          1.000
## 41727:          264          201          0.00         0.00          1.000
## 41728:           16          264          0.00         0.00          1.000
## 41729:          258          264          0.00         0.00          1.000
## 41730:           26          264          0.00         0.00          0.875
##        max_passenger  mean_amount max_amount
##     1:             5       7.3000       7.30
##     2:             1     100.0000     100.00
##     3:             2      50.0000      50.00
##     4:             1     155.0000     155.00
##     5:             1     150.0600     150.06
##    ---
## 41726:             1       3.3000       3.30
## 41727:             1       3.3000       3.30
## 41728:             1       2.4000       4.80
## 41729:             1       1.6500       3.30
## 41730:             1      10.3625      26.30
```

要达到上述目的，其实还有两种解决方案：一是直接在data.table上使用dplyr的语法进行处理，实际上只要载入dplyr库（或直接载入实现管道操作的magrittr库），就能够直接使用dplyr的语法操作data.table，不过这样做会产生提示信息，告知用户这样处理效率比较低；二是使用dtplyr对象，以dplyr语法进行处理后，再如上文所述使用as.data.table()将最终结果转换为data.table。

通过对上述操作的基准测试可以看到，3种方法的处理速度大体上处于相同的量级。以运行时间的中位数为标准，使用data.table的处理速度最快，dtplyr次之，dplyr最慢。当然，使用dtplyr方案需要花费额外的内存存储dtplyr对象。因此整体而言，直接使用data.table的处理方法是最优的，dtplyr更多是提供了一种dplyr和data.table间的友好过渡方案，对于特别喜欢和习惯使用dplyr的用户来说，dtplyr不失为一个好选择：

```
# 速度比较
dtplyr_compare <- microbenchmark(

  # 方法1: 使用dplyr语法操作data.table
  dplyr_way = green_2018_dt %>%
    filter(payment_type == 1 | payment_type == 2) %>%
    group_by(PULocationID, DOLocationID) %>%
    summarise(
      mean_distance = mean(trip_distance),
      max_distance = max(trip_distance),
      mean_passenger = mean(passenger_count),
      max_passenger = max(passenger_count),
      mean_amount = mean(total_amount),
      max_amount = max(total_amount)) %>%
    arrange(-mean_distance, -mean_passenger, -mean_amount) %>%
    select(PULocationID, DOLocationID, mean_distance, max_distance, mean_passenger, max
_passenger, mean_amount, max_amount),

  # 方法2: 使用dtplyr对象，再转换回data.table
  dtplyr_way = {
    green_2018_dt_lazy <- lazy_dt(green_2018_dt)
    green_2018_dt_lazy %>%
    filter(payment_type == 1 | payment_type == 2) %>%
    group_by(PULocationID, DOLocationID) %>%
    summarise(
    mean_distance = mean(trip_distance),
    max_distance = max(trip_distance),
    mean_passenger = mean(passenger_count),
    max_passenger = max(passenger_count),
    mean_amount = mean(total_amount),
    max_amount = max(total_amount)) %>%
    arrange(-mean_distance, -mean_passenger, -mean_amount) %>%
    select(PULocationID, DOLocationID, mean_distance, max_distance, mean_passenger, max
_passenger, mean_amount, max_amount) %>%
    as.data.table()},

  # 方法3: 使用data.talbe的原生方法
  dt_way = green_2018_dt[payment_type == 1 | payment_type == 2][, .(mean_distance = mean
(trip_distance),
    max_distance = max(trip_distance), mean_passenger = mean(passenger_count),
    max_passenger = max(passenger_count), mean_amount = mean(total_amount),
    max_amount = max(total_amount)), keyby = .(PULocationID,
    DOLocationID)][order(-mean_distance, -mean_passenger, -mean_amount)][,
```

```
    .(PULocationID, DOLocationID, mean_distance, max_distance, mean_passenger, max_
passenger, mean_amount, max_amount)],
  times = 10,
  unit = "s"
)

# 查看比较结果
dtplyr_compare

## Unit: seconds
##         expr      min       lq      mean    median       uq      max neval
##    dplyr_way 2.323303 2.989387 3.274832 3.107544 3.818938 4.253551    10
##   dtplyr_way 1.942314 2.023469 2.289878 2.254351 2.306235 3.214779    10
##       dt_way 1.248174 1.262138 1.840666 1.652803 2.180818 3.642563    10
```

另外，dtplyr库的开发者列举了如下可能会导致dtplyr比data.table慢的原因。

- ❑ 每个dplyr语句都要进行一些工作去将dplyr的语法转换为data.table的语法。当输入的代码复杂程度增高（不是数据增大），程序的运行时间也会随之成比例地增加，不过基准测试显示，这种时间增加是微不足道的，不论数据集的大小。

- ❑ 一些data.table的表达式没有直接对等的dplyr表达式。

- ❑ dplyr中的语法（如mutate()）并不能实现"就地"修改数据。这意味着大部分包含mutate()的操作必须要将数据复制一遍，而使用data.table则不需要。一般来说，dtplyr的操作会避免改动原数据，但在使用mutate()语句时就会将数据复制一次，从而导致某些场景中的效率降低。对此，可以使用lazy_dt()中的immutable = FALSE避免复制，在使用mutate()语句时，充分发挥data.table本身"就地修改"机制的优势。

 还有一个将data.table和dplyr相结合的尝试是近年开发的tidyfst库。有兴趣的读者可以访问该库官网，或阅读黄天元（该库开发者）的《文本数据挖掘：基于R语言》一书了解相关使用方法。

2.5 本章小结

data.table作为基础R中data.frame的升级版本，经历多年的开发，已经进入非常成熟的阶段，俨然成为R处理单机内存级别数据集的代表性工具。R的很多新第三方库也以data.table作为后端引擎，以提升数据处理的效率。使用R处理大型数据集，data.table是不能绕过的技术，也是用户应当熟悉的一个"快工具"。不过，当我们面对的数据集超过了单机内存的规模时，data.table就不能满足需求了，这时就需要借助一些内存外处理策略。在第3章中，我们将详细讨论这类策略。

第**3**章

逐块击破
——数据分块处理

现在你有一个很大的数据集，它的规模接近或者超过单机内存所能容纳的极限。你不能使用第1章或第2章的方法将它整个读入R再进行处理，但你知道，其实只需要使用它的一部分就能达到你的分析挖掘目标。

截至目前，我们讨论过的所有方案都是将大型数据集看成一个整体去处理。也就是说，我们假定计算机内存能够一次过容纳整个数据集，可以将其载入后再进行各种行列筛选、抽样、统计汇总等操作。那么，当数据集无法一下子全部放入内存的时候，该如何解决呢？对于这种场景，一种解决思路是使用分而治之的策略，将一个大的数据集分为若干块，使每个数据块都能够为内存所容纳，按照数据块进行顺序或并行处理，最终汇总处理结果，而这个结果也能为单机内存所容纳。

R的iotools库就是贯彻这种策略的一个代表。另外，readr库也提供了类似的解决方案。在本章中，我们主要围绕这两个工具探讨以下内容：

❑ 使用iotools库实现数据分块处理；
❑ 使用readr库实现分块处理。

3.1　使用iotools库实现分块处理

R的iotools库是一个连接并读取硬盘二进制数据的工具，它的复制—读取执行模式与基础R对象类似。但与read.csv()不同，它提供了快速的数据输入输出，因此是一个具有潜力的强大工具。一般来说，在R中导入数据包含两个过程：一是将原始数据从磁盘中取出，二是将原始数据转化为R对象。在iotools库中，数据以"块"（chunks）的形式进行处理，这种处理模式能够适用于"分割—计算—合并"的数据处理流程，同时也能用并行的方法实现。利用iotools进行数据导入时，载入数据和将数据转换为R对象这两个过程是分开的，这样能提高数据读入的灵活性和性能。

在iotools中，一些常用的函数如下。

- □ readAsRaw()：将整个数据转换为原始向量；
- □ mstrsplit()：将原始数据转换为矩阵；
- □ dstrsplit()：将原始数据转换为数据框；
- □ read.delim.raw()、read.csv.raw()：等同于"readAsRaw() + dstrsplit()"；
- □ read.chunk()：将数据以数据块的形式读取为原始向量，通常配合chunk.reader()一起使用。

单台计算机处理大型数据集的一个性能瓶颈出现在数据从硬盘到编程环境的转换过程。bigmemory、ff等第三方库（第4章中将详细探讨）具有独特的二进制数据结构，以内存映射文件的方式存储数据。这些独特的数据结构不是R的原生对象，在大多数情况下无法跟大量其他第三方库无缝整合。iotools库针对不同来源的数据提供了适当的流式处理解决方案，用户可以将文本和二进制数据导入R，以及将大型数据集处理为数据块，从而与R的原生工具相比将速度提升几个数量级。另外该库提供将大型数据集处理为连续不断的数据块的通用工具，并提供了提升分布式计算速度的基础框架，包括Hadoop和Spark。

我们下面将看看iotools的常见使用方式。先载入所需的第三方库：

```
# 载入相关库
library(iotools)
library(pryr)
library(microbenchmark)
library(tictoc)
```

readAsRaw()可以将整个数据集以二进制向量的形式读入。使用readAsRaw()函数，将数据green_2018.csv读入并保存在green_2018_raw对象中。可以看到，该对象以一种二进制数据的形式呈现，其类型为raw：

```
# 载入数据，生成raw对象
path <- "D:/K/DATA EXERCISE/big data/TLC Trip Record Data"
green_file <- "green_2018.csv"
path_green_file <- file.path(path, green_file)
green_2018_raw <- readAsRaw(path_green_file)

# 查看结果
green_2018_raw[1:100]

##    [1] 56 65 6e 64 6f 72 49 44 2c 6c 70 65 70 5f 70 69 63 6b 75 70 5f 64 61 74 65
## [26] 74 69 6d 65 2c 6c 70 65 70 5f 64 72 6f 70 6f 66 66 5f 64 61 74 65 74 69 6d
## [51] 65 2c 73 74 6f 72 65 5f 61 6e 64 5f 66 77 64 5f 66 6c 61 67 2c 52 61 74 65
## [76] 63 6f 64 65 49 44 2c 50 55 4c 6f 63 61 74 69 6f 6e 49 44 2c 44 4f 4c 6f 63
```

```
# 查看数据类型
class(green_2018_raw)
```

```
## [1] "raw"
```

dstrsplit()可以将raw对象转换为data.frame对象。但需要注意的是，dstrsplit()并不像其他数据读取函数那样能比较智能地识别数据的第一行作为列名，因此需要使用skip参数，在读取数据时跳过第一行，读取数据后再统一补充列名，也可以通过其他方法处理，如剔除一些异常的行。另外，该函数也要求必须通过col_types参数显式指定列类型：

```
# 列名
columns <- c("VendorID", "lpep_pickup_datetime", "lpep_dropoff_datetime", "store_and_fwd_
flag", "RatecodeID", "PULocationID", "DOLocationID", "passenger_count", "trip_distance",
 "fare_amount", "extra", "mta_tax", "tip_amount", "tolls_amount", "ehail_fee", "improve
ment_surcharge", "total_amount", "payment_type", "trip_type")
```

```
# 列类型
col_types <- c("integer", "character", "character", "character", "integer", "integer",
 "integer", "integer", "double", "double", "double", "double", "double", "double", "lo
gical", "double", "double", "integer", "double")
```

```
# 将整个raw文件转为dataframe
green_2018_raw_df <- dstrsplit(green_2018_raw, sep = ",", col_types = col_types)
colnames(green_2018_raw_df) <- columns
green_2018_raw_df <- green_2018_raw_df[!is.na(green_2018_raw_df$VendorID),]
```

```
# 查看结果
head(green_2018_raw_df)
```

```
##   VendorID lpep_pickup_datetime lpep_dropoff_datetime store_and_fwd_flag
## 2        2  2018-01-01 00:18:50   2018-01-01 00:24:39                  N
## 3        2  2018-01-01 00:30:26   2018-01-01 00:46:42                  N
## 4        2  2018-01-01 00:07:25   2018-01-01 00:19:45                  N
## 5        2  2018-01-01 00:32:40   2018-01-01 00:33:41                  N
## 6        2  2018-01-01 00:32:40   2018-01-01 00:33:41                  N
## 7        2  2018-01-01 00:38:35   2018-01-01 01:08:50                  N
##   RatecodeID PULocationID DOLocationID passenger_count trip_distance
## 2          1          236          236               5          0.70
## 3          1           43           42               5          3.50
## 4          1           74          152               1          2.14
## 5          1          255          255               1          0.03
## 6          1          255          255               1          0.03
## 7          1          255          161               1          5.63
##   fare_amount extra mta_tax tip_amount tolls_amount ehail_fee
## 2         6.0   0.5     0.5          0            0        NA
```

```
## 3      14.5    0.5      0.5          0              0         NA
## 4      10.0    0.5      0.5          0              0         NA
## 5      -3.0   -0.5     -0.5          0              0         NA
## 6       3.0    0.5      0.5          0              0         NA
## 7      21.0    0.5      0.5          0              0         NA
##    improvement_surcharge total_amount payment_type trip_type
## 2                    0.3          7.3            2         1
## 3                    0.3         15.8            2         1
## 4                    0.3         11.3            2         1
## 5                   -0.3         -4.3            3         1
## 6                    0.3          4.3            2         1
## 7                    0.3         22.3            2         1
```

```
# 查看数据类型
class(green_2018_raw_df)
```

```
## [1] "data.frame"
```

```
# 查看占用空间
object_size(green_2018_raw_df)
```

```
## 2.14 GB
```

使用read.csv.raw()则等同于将readAsRaw()和dstrsplit()组合在一起使用。但是更实用的是，read.csv.raw()具有识别列名的header参数，数据读入功能相对更完善：

```
# 读入数据
green_2018_raw_df_2 <- read.csv.raw(path_green_file, sep = ",", colClasses = col_types,
 header = TRUE)
```

```
# 查看结果
head(green_2018_raw_df_2)
```

```
##   VendorID lpep_pickup_datetime lpep_dropoff_datetime store_and_fwd_flag
## 1        2  2018-01-01 00:18:50   2018-01-01 00:24:39                  N
## 2        2  2018-01-01 00:30:26   2018-01-01 00:46:42                  N
## 3        2  2018-01-01 00:07:25   2018-01-01 00:19:45                  N
## 4        2  2018-01-01 00:32:40   2018-01-01 00:33:41                  N
## 5        2  2018-01-01 00:32:40   2018-01-01 00:33:41                  N
## 6        2  2018-01-01 00:38:35   2018-01-01 01:08:50                  N
##   RatecodeID PULocationID DOLocationID passenger_count trip_distance
## 1          1          236          236               5          0.70
## 2          1           43           42               5          3.50
## 3          1           74          152               1          2.14
## 4          1          255          255               1          0.03
## 5          1          255          255               1          0.03
```

```
## 6           1         255         161            1        5.63
##    fare_amount extra mta_tax tip_amount tolls_amount ehail_fee
## 1          6.0   0.5     0.5          0            0        NA
## 2         14.5   0.5     0.5          0            0        NA
## 3         10.0   0.5     0.5          0            0        NA
## 4         -3.0  -0.5    -0.5          0            0        NA
## 5          3.0   0.5     0.5          0            0        NA
## 6         21.0   0.5     0.5          0            0        NA
##    improvement_surcharge total_amount payment_type trip_type
## 1                    0.3          7.3            2         1
## 2                    0.3         15.8            2         1
## 3                    0.3         11.3            2         1
## 4                   -0.3         -4.3            3         1
## 5                    0.3          4.3            2         1
## 6                    0.3         22.3            2         1
```

数据读入的速度基准测试比较显示,使用read.csv.raw()或者readAsRaw()和dstrsplit()相结合的方法,平均速度大概是使用read.csv()的二分之一左右,优势非常明显:

```
# 读入速度比较
speed_compare <- microbenchmark(
  read_csv = read.csv(path_green_file, header = TRUE, sep = ",", colClasses = col_types),
  read_csv_raw_1 = dstrsplit(readAsRaw(path_green_file), sep = ",", col_types = col_types),
  read_csv_raw_2 = read.csv.raw(path_green_file, sep = ",", colClasses = col_types),
  times = 3,
  unit = "s")

# 查看结果
speed_compare

## Unit: seconds
##            expr      min       lq     mean   median       uq      max neval
##        read_csv 56.04942 56.61303 59.19187 57.17665 60.76310 64.34956     3
##   read_csv_raw_1 28.68381 29.44631 30.69611 30.20882 31.70227 33.19571     3
##   read_csv_raw_2 28.45708 29.29467 29.60303 30.13226 30.17600 30.21975     3
```

以上单独介绍的几个工具实际上只是一个小铺垫,iotools读取大型数据集的强大工具是chunk.reader()、read.chunk()和dstrsplit()的组合。

首先,使用chunk.reader()将数据集转换为一个ChunkReader类型的迭代器:

```
# 将数据读取为ChunkReader迭代器
green_2018_reader <- chunk.reader(path_green_file)

# 查看结果
green_2018_reader

## <pointer: 0x000000009df30080>
```

```
## attr(,"class")
## [1] "ChunkReader"
```

　　然后，使用read.chunk()从ChunkReader迭代器中以串行的方式每次将一个数据块（chunk）读取为二进制向量数据，即与readAsRaw()的读入结果相同。默认情况下，每个数据块的大小为32 MB，可以通过max.size参数进行自定义。对迭代器执行read.chunk()函数会不断生成不同的结果。具体操作如下：

```
# 在迭代器中每次读取一个数据块，并形成二进制向量数据
green_2018_chunk_raw <- read.chunk(green_2018_reader)

# 查看结果
green_2018_chunk_raw[1:100]

##   [1] 56 65 6e 64 6f 72 49 44 2c 6c 70 65 70 5f 70 69 63 6b 75 70 5f 64 61 74 65
##  [26] 74 69 6d 65 2c 6c 70 65 70 5f 64 72 6f 70 6f 66 66 5f 64 61 74 65 74 69 6d
##  [51] 65 2c 73 74 6f 72 65 5f 61 6e 64 5f 66 77 64 5f 66 6c 61 67 2c 52 61 74 65
##  [76] 63 6f 64 65 49 44 2c 50 55 4c 6f 63 61 74 69 6f 6e 49 44 2c 44 4f 4c 6f 63

# 查看对象类型
class(green_2018_chunk_raw)

## [1] "raw"

# 查看对象大小
object_size(green_2018_chunk_raw)

## 33.6 MB

# 再次执行会读入下一个chunk
green_2018_chunk_raw_next <- read.chunk(green_2018_reader)

# 查看结果，和green_2018_chunks_raw已经不一样
green_2018_chunk_raw_next[1:100]

##   [1] 32 2c 32 30 31 38 2d 30 31 2d 31 34 20 32 31 3a 33 38 3a 35 32 2c 32 30 31
##  [26] 38 2d 30 31 2d 31 34 20 32 31 3a 35 32 3a 31 31 2c 4e 2c 31 2c 36 35 2c 32
##  [51] 32 35 2c 31 2c 32 2e 36 34 2c 31 31 2e 35 2c 30 2e 35 2c 30 2e 35 2c 30 2e
##  [76] 30 2c 30 2e 30 2c 2c 30 2e 33 2c 31 32 2e 38 2c 32 2c 31 2e 30 0d 0a 31 2c
```

　　进而，可以使用dstrsplit()将上一步的数据块转化为数据框，并根据分析需要进一步处理：

```
# 转换为数据框
green_2018_chunk_df <- dstrsplit(green_2018_chunk_raw, sep = ",", skip = 1, col_types =
 col_types)
colnames(green_2018_chunk_df) <- columns
```

```
# 查看结果
head(green_2018_chunk_df)
```

```
##   VendorID lpep_pickup_datetime lpep_dropoff_datetime store_and_fwd_flag
## 1        2  2018-01-01 00:18:50   2018-01-01 00:24:39                  N
## 2        2  2018-01-01 00:30:26   2018-01-01 00:46:42                  N
## 3        2  2018-01-01 00:07:25   2018-01-01 00:19:45                  N
## 4        2  2018-01-01 00:32:40   2018-01-01 00:33:41                  N
## 5        2  2018-01-01 00:32:40   2018-01-01 00:33:41                  N
## 6        2  2018-01-01 00:38:35   2018-01-01 01:08:50                  N
##   RatecodeID PULocationID DOLocationID passenger_count trip_distance
## 1          1          236          236               5          0.70
## 2          1           43           42               5          3.50
## 3          1           74          152               1          2.14
## 4          1          255          255               1          0.03
## 5          1          255          255               1          0.03
## 6          1          255          161               1          5.63
##   fare_amount extra mta_tax tip_amount tolls_amount ehail_fee
## 1         6.0   0.5     0.5          0            0        NA
## 2        14.5   0.5     0.5          0            0        NA
## 3        10.0   0.5     0.5          0            0        NA
## 4        -3.0  -0.5    -0.5          0            0        NA
## 5         3.0   0.5     0.5          0            0        NA
## 6        21.0   0.5     0.5          0            0        NA
##   improvement_surcharge total_amount payment_type trip_type
## 1                   0.3          7.3            2         1
## 2                   0.3         15.8            2         1
## 3                   0.3         11.3            2         1
## 4                  -0.3         -4.3            3         1
## 5                   0.3          4.3            2         1
## 6                   0.3         22.3            2         1
```

　　这个操作特别适用于这样的场景：我们有一个不能一次全部载入内存的大型数据集，但其实不需要其中的全部数据，只需要它的一个符合某些条件的子集或一个随机样本，而这个子集或样本是可以载入内存的。通过使用上面介绍的工具组合，我们可以每次读入一个可以为内存所容纳的数据块，然后对数据块进行处理，如按条件筛选子集或者抽取样本等，处理完成后再读入下一个数据块进行相同的处理，直到处理完全部数据块，再将所有处理后的数据块组合在一起，得到我们想要的结果。下面是实现这个过程的一个示例，假设green_2018.csv的完整大小超过计算机内存限制，但我们只需要其中一个符合条件的子集：

```
# 生成ChunkReader迭代器
green_2018_reader <- chunk.reader(path_green_file)

# 生成一个空数据集
```

```
green_2018_df_filter <- data.frame()

# 读入数据块
tic()
chunk_raw_temp <- read.chunk(green_2018_reader)
while(length(chunk_raw_temp) > 0) {              # 当数据块读完时，结果长度=0
  chunk_df_temp <- dstrsplit(chunk_raw_temp, sep = ",", col_types = col_types)
  colnames(chunk_df_temp) <- columns
  chunk_df_temp <- chunk_df_temp[!is.na(chunk_df_temp$VendorID) & chunk_df_temp$passenger_
count > 1 & chunk_df_temp$payment_type == 2,]
  green_2018_df_filter <- rbind(green_2018_df_filter, chunk_df_temp) # 将数据块逐个堆叠在一起
  chunk_raw_temp <- read.chunk(green_2018_reader)
  }
toc()

## 26.78 sec elapsed

# 查看结果
head(green_2018_df_filter)

##    VendorID lpep_pickup_datetime lpep_dropoff_datetime store_and_fwd_flag
## 2         2  2018-01-01 00:18:50   2018-01-01 00:24:39                  N
## 3         2  2018-01-01 00:30:26   2018-01-01 00:46:42                  N
## 8         2  2018-01-01 00:18:41   2018-01-01 00:28:22                  N
## 12        2  2018-01-01 00:21:00   2018-01-01 00:39:04                  N
## 13        2  2018-01-01 00:56:29   2018-01-01 01:04:44                  N
## 52        1  2018-01-01 00:35:36   2018-01-01 01:04:21                  N
##    RatecodeID PULocationID DOLocationID passenger_count trip_distance
## 2           1          236          236               5          0.70
## 3           1           43           42               5          3.50
## 8           1          189           65               5          1.71
## 12          1          145          129               2          4.12
## 13          1            7          223               2          1.22
## 52          5          136          243               4          4.80
##    fare_amount extra mta_tax tip_amount tolls_amount ehail_fee
## 2          6.0   0.5     0.5          0            0        NA
## 3         14.5   0.5     0.5          0            0        NA
## 8          8.5   0.5     0.5          0            0        NA
## 12        16.5   0.5     0.5          0            0        NA
## 13         7.0   0.5     0.5          0            0        NA
## 52         0.0   0.0     0.0          0            0        NA
##    improvement_surcharge total_amount payment_type trip_type
## 2                    0.3          7.3            2         1
## 3                    0.3         15.8            2         1
## 8                    0.3          9.8            2         1
```

```
## 12              0.3          17.8          2         1
## 13              0.3           8.3          2         1
## 52              0.0           0.0          2         2
```

```
# 查看结果行数
nrow(green_2018_df_filter)
```

```
## [1] 586617
```

上面的过程看起来还是很烦琐。其实，iotools库还有一个实用的工具chunk.apply()，能实现类似的效果。chunk.apply()基于这样一种思路：先将数据读取为不同的数据块，再在每个数据块上套用相关的计算函数。这个处理方式虽然看上去有些曲折，但有一个非常明显的优势，就是不保存读入的数据，只保存最终的计算结果。这样极大地节约了所占用的内存空间。

在下面的例子中，我们希望在一个大型数据集中分别计算两个数值列的总和。假如这个数据集不能一下子全部放入内存，我们就可以使用chunk.apply()达到这个目标，chunk.apply()将该数据划分为若干个数据块，数据块的大小可以通过CH.MAX.SIZE参数自行设定，分别在每个数据块中计算目标列的总和。计算结果默认的呈现形式为rbind，即按行堆叠在一起，类似一个数据框。可以通过设置CH.MERGE参数，根据需要将输出结果以列表或向量的形式汇总在一起。将数据分为N个数据块，就会得到N个计算结果。将N个结果再次汇总，得出最终总结果。具体操作过程如下：

```
# 定义列求和函数
chunk_colsum_fun <- function(chunk){
  chunk_df <- dstrsplit(chunk, sep = ",", col_types = col_types)
  colnames(chunk_df) <- columns
  colSums(chunk_df[, c("passenger_count", "total_amount")], na.rm = TRUE)
  }
```

```
# 分块处理数据
chunks_col_sums <- chunk.apply(path_green_file, FUN = chunk_colsum_fun, CH.MERGE = rbind)
```

```
# 每个chunk的结果
chunks_col_sums
##         passenger_count   total_amount
## [1,]            470188        4805395
## [2,]            470557        4848467
## [3,]            473175        4915185
## [4,]            477323        4995497
## [5,]            480521        5051984
## [6,]            479424        5273007
## [7,]            477941        5286456
## [8,]            470676        5275270
## [9,]            469217        5445326
```

```
## [10,]          475036          5622698
## [11,]          478726          5656837
## [12,]          477437          5699373
## [13,]          477397          5761054
## [14,]          475708          5469802
## [15,]          466565          5549616
## [16,]          471455          5604745
## [17,]          471639          5664648
## [18,]          469235          5819794
## [19,]          461144          5699622
## [20,]          459829          5746466
## [21,]          457874          5762549
## [22,]          460689          5769757
## [23,]          459266          5714637
## [24,]          455465          5753321
## [25,]          453097          5673819
## [26,]          155376          1857436
```

```
# 分块结果汇总
colSums(chunks_col_sums)
```

```
## passenger_count     total_amount
##       11894960        138722763
```

 chunk.apply()带有parallel参数，用于实现并行运算，但是目前parallel参数只适用于UNIX系统，因此在Windows系统上设置不同的parallel参数并无效果上的差异。

　　根据使用chunk.apply()的思路，我们同样可以实现上面的数据子集筛选示例，并得到相同的结果，而且所耗费的时间非常接近。相比之下，使用chunk.apply()的代码显得更加简洁：

```
# 定义筛选函数
chunk_filter_fun <- function(chunk){
  chunk_df <- dstrsplit(chunk, sep = ",", col_types = col_types)
  colnames(chunk_df) <- columns
  chunk_df <- chunk_df[!is.na(chunk_df$VendorID) & chunk_df$passenger_count > 1 & chunk
_df$payment_type == 2,]
}

# 分块处理数据并按行堆叠
tic()
green_2018_df_filter_apply <- chunk.apply(path_green_file, FUN = chunk_filter_fun, CH.MERGE =
rbind)
toc()
```

```
## 25.27 sec elapsed
```

```
# 查看结果
head(green_2018_df_filter_apply)
##    VendorID lpep_pickup_datetime lpep_dropoff_datetime store_and_fwd_flag
## 2         2  2018-01-01 00:18:50   2018-01-01 00:24:39                  N
## 3         2  2018-01-01 00:30:26   2018-01-01 00:46:42                  N
## 8         2  2018-01-01 00:18:41   2018-01-01 00:28:22                  N
## 12        2  2018-01-01 00:21:00   2018-01-01 00:39:04                  N
## 13        2  2018-01-01 00:56:29   2018-01-01 01:04:44                  N
## 52        1  2018-01-01 00:35:36   2018-01-01 01:04:21                  N
##    RatecodeID PULocationID DOLocationID passenger_count trip_distance
## 2           1          236          236               5          0.70
## 3           1           43           42               5          3.50
## 8           1          189           65               5          1.71
## 12          1          145          129               2          4.12
## 13          1            7          223               2          1.22
## 52          5          136          243               4          4.80
##    fare_amount extra mta_tax tip_amount tolls_amount ehail_fee
## 2          6.0   0.5     0.5          0            0        NA
## 3         14.5   0.5     0.5          0            0        NA
## 8          8.5   0.5     0.5          0            0        NA
## 12        16.5   0.5     0.5          0            0        NA
## 13         7.0   0.5     0.5          0            0        NA
## 52         0.0   0.0     0.0          0            0        NA
##    improvement_surcharge total_amount payment_type trip_type
## 2                    0.3          7.3            2         1
## 3                    0.3         15.8            2         1
## 8                    0.3          9.8            2         1
## 12                   0.3         17.8            2         1
## 13                   0.3          8.3            2         1
## 52                   0.0          0.0            2         2

# 查看结果行数
nrow(green_2018_df_filter_apply)

## [1] 586617
```

3.2 使用readr库实现分块处理

再来看看readr库，作为tidyverse生态系统的一个重要成员，readr库实际上并不针对大型数据集的导入和处理而设计，不过它提供了包括read_delim_chunked()在内的一套按照数据块为单位进行数据导入和处理的方法，和iotools库的chunk.apply()函数有异曲同工之妙，主要是用于有选择性地读取数据，尤其适用于第1章中提到的场景。在某些时候，我们可能只想载入符合特定条件的某部分样本，或者抽取一个有代表性的样本，但这一次，数据集太大而不能全部放入内存中处理，我们就可以在数据导入的时候就将整个数据划分为内存能容纳得下的数据块，并进一步在这些数据块中按条件提取我们需要的样本，再将各个数据块的筛选结果再组合在一起，成为我们需要的数据。在这种处理逻辑下，数据的载入过程可以消耗更小的内存。

这里提供两个示例。

第一个示例假定数据集yellow_2018.csv不能被计算机内存容纳或者其大小处于内存限制的边缘，但根据后续分析需要，我们只需要研究支付类型（payment_type）为2且乘客数量（passenger_count）大于等于3的数据。我们可以先自定义一个数据筛选函数，并将其放入read_csv_chunked的callback参数。需要注意的是，read_csv_chunked()函数包含了read_csv()函数的所有参数，例如分块规模、字段格式的显式指定等，可以根据计算机的实际情况，通过chunk_size参数设定每个数据块的行数，保证每个数据块能够读入内存：

```
# 载入相关库
library(readr)
library(dplyr)

# 设定文件路径
path <- "D:/K/DATA EXERCISE/big data/TLC Trip Record Data"
yellow_file <- "yellow_2018.csv"
path_yellow_file <- file.path(path, yellow_file)

# 设定自定义筛选函数
filter_fun <- function(x, pos) filter(x, payment_type == 2 & passenger_count >= 3)

# 分块筛选
yellow_2018_s <- read_csv_chunked(
  file = path_yellow_file,
  callback = DataFrameCallback$new(filter_fun),
  chunk_size = 1000000
  )

# 查看结果
yellow_2018_s

## # A tibble: 4,430,671 x 17
##    VendorID tpep_pickup_dateti~ tpep_dropoff_datet~ passenger_count
##       <dbl> <dttm>              <dttm>                        <dbl>
## 1         1 2018-01-01 00:29:29 2018-01-01 00:32:48               3
## 2         2 2018-01-01 00:15:42 2018-01-01 00:21:38               5
## 3         2 2018-01-01 00:25:19 2018-01-01 00:45:02               5
## 4         2 2018-01-01 00:51:36 2018-01-01 01:04:13               5
## 5         2 2018-01-01 00:17:15 2018-01-01 00:21:49               5
```

```
## 6         2 2018-01-01 00:32:59 2018-01-01 00:43:19                4
## 7         2 2018-01-01 00:08:50 2018-01-01 00:12:03                6
## 8         1 2018-01-01 00:08:10 2018-01-01 00:12:53                4
## 9         1 2018-01-01 00:58:07 2018-01-01 01:08:41                3
## 10        1 2018-01-01 00:45:05 2018-01-01 00:51:23                3
## # ... with 4,430,661 more rows, and 13 more variables: trip_distance <dbl>,
## #   RatecodeID <dbl>, store_and_fwd_flag <chr>, PULocationID <dbl>,
## #   DOLocationID <dbl>, payment_type <dbl>, fare_amount <dbl>, extra <dbl>,
## #   mta_tax <dbl>, tip_amount <dbl>, tolls_amount <dbl>,
## #   improvement_surcharge <dbl>, total_amount <dbl>
```

　　第二个示例是对数据分块进行抽样，主要针对不能将整个数据集导入后再进行抽样的场景。假设需要抽取原数据集中0.1%的数据作为样本，则先设定一个抽样函数，然后在每个数据块中抽取0.1%的样本，最后将所有随机样本组合在一起，构成最终抽样结果。这里将每个数据块规模设置为1000000：

```
# 设定自定义抽样函数
sample_fun <- function(size){
  function(x, pos){
    set.seed(100)
    sample_frac(x, size = size)
    }
}


# 分块抽取样本
yellow_2018_sample <- read_csv_chunked(
  file = path_yellow_file,
  DataFrameCallback$new(sample_fun(size = 0.001)),
  chunk_size = 1000000
  )


# 查看结果
yellow_2018_sample

## # A tibble: 102,804 x 17
##    VendorID tpep_pickup_dateti~ tpep_dropoff_datet~ passenger_count
##       <dbl> <dttm>              <dttm>                        <dbl>
## 1         1 2018-01-03 14:31:13 2018-01-03 14:36:43               1
## 2         2 2018-01-02 13:25:19 2018-01-02 13:34:03               6
## 3         2 2018-01-01 16:18:04 2018-01-01 16:30:20               1
## 4         1 2018-01-03 15:03:36 2018-01-03 15:35:09               1
## 5         2 2018-01-03 22:14:55 2018-01-03 22:19:33               1
## 6         2 2018-01-02 14:14:23 2018-01-02 14:19:09               5
## 7         1 2018-01-02 20:10:02 2018-01-02 20:27:41               1
## 8         2 2018-01-01 09:09:33 2018-01-01 09:15:25               1
```

```
## 9          2 2018-01-02 20:36:07 2018-01-02 20:55:51          1
## 10         2 2018-01-03 20:14:15 2018-01-03 20:18:39          1
## # ... with 102,794 more rows, and 13 more variables: trip_distance <dbl>,
## #   RatecodeID <dbl>, store_and_fwd_flag <chr>, PULocationID <dbl>,
## #   DOLocationID <dbl>, payment_type <dbl>, fare_amount <dbl>, extra <dbl>,
## #   mta_tax <dbl>, tip_amount <dbl>, tolls_amount <dbl>,
## #   improvement_surcharge <dbl>, total_amount <dbl>
```

 Python的pandas库也提供了非常简便的数据分块读入功能。

3.3   本章小结

iotools和readr中的数据分块处理模式为解决单机大型数据集的导入和处理问题提供了一种有效的思路。对于熟悉tidyverse生态系统的用户而言，readr提供的策略无疑更容易上手也相对更简洁。不过，iotools的ChunkReader迭代器工具也提供了一种流式数据处理思路，在某些情况下可能更实用。两种方法的优缺点比较可见表3-1。

表3-1   本章各策略优缺点比较

策略	优点	缺点
iotools	主要就是为数据快速输入输出以及分块处理而设计的，提供了大量工具	编程风格主要基于基础R，和目前R主流的数据处理工具没有天然的协作
readr	对于熟悉tidyverse生态系统的用户比较友好，容易上手	分块处理是readr的一个"附属品"，不如iotools有针对性

然而，这类解决方案也会遇到瓶颈。例如即使通过分块处理，汇总后的数据大小依然超出计算机内存限制。这时候，我们就要寻找更有效的方法了。是否有可能令载入R中处理的数据对象，即使不经过任何处理，也能远远小于原数据，或仅仅占用极少的计算机内存？第4章中，我们将面对这种场景继续探讨R中一些可供选择的策略。

第 4 章

突破内存限制
——利用硬盘资源

你有一个规模超过单机内存限制的数据集，但你的分析挖掘任务必须用到整个数据集。或者尽管你只需要用到数据集的一部分，但即使使用第3章使用的分块策略，最终汇总的结果依然超过单机内存限制。

在第3章中，我们讨论了其中一种内存外数据处理策略，即将大型数据集拆分为数据块处理后再汇总，这样的思路多少有点"头痛医头，脚痛医脚"的意味，实质上仍未完全脱离单机内存的局限。而在本章中，我们将关注点从单机的内存资源转换到硬盘资源上，看看是否可以逐渐摆脱对内存资源的依赖，而充分利用单机硬盘资源。实际上，R社区很久以前就已经开始着力解决这种需求，到目前为止提供了多种工具供用户选择。在本章中，我们将讨论以下工具和策略：

- ❑ 实现R与关系型数据库管理系统协作；
- ❑ 使用bigmemory体系处理大型矩阵；
- ❑ 使用ff体系处理大型数据框；
- ❑ 使用disk.frame处理大型数据框。

4.1 实现R与关系型数据库管理系统协作

大多数R的用户可能更喜欢使用R的数据结构直接在R中进行数据处理，这也是R本身学习路线的特点：用R将以txt、csv等格式为代表的数据文件作为处理对象。但如果只使用R处理数据，就需要将所有数据都放入R。另外，在实际工作中，我们面临的数据往往是不断变化和更新的，处理以文件形式保存的数据在某些情况下效率会比较低。

面对这样的问题，实现R与关系型数据库管理系统（Relational DataBase Management System，RDBMS）的协作是一种值得考虑的内存外处理策略。与第3章提到的iotools和readr的策略的将数据以txt、csv等格式的文件存在硬盘中不同，使用RDBMS实质上是以一种更加便于统一管理的形式将数据存在硬盘中。将数据保存在RDBMS的优势是：

- 用户可以使用RDBMS提供的高效查询语法，而不是R自带的分块处理语法，这对于熟悉数据库语法的数据工程师而言无疑是个更快捷有效的方式；
- 数据的处理过程基本在数据库中完成，只将最后的处理结果载入R，节省了数据处理过程中的内存占用；
- 如果数据是随日常生产不断变化更新的，与RDBMS协作效率会更高。实际上，很多企业生产的环境都以数据库来存储生产数据。

　　一些R的第三方库提供了RDBMS的接口，包括sqldf、RDBI、RSQLite、RMySQL、RMariaDB等。这里以R和MySQL的协作为例。在本机预先建立MySQL的服务器，载入第三方库RMariaDB（或者RMySQL）：

```
# 载入相关库
library(RMariaDB)
library(dplyr)
```

　　RMariaDB是MySQL的驱动程序库，载入RMariaDB的同时会自动载入DBI库。DBI库是访问数据库的统一框架，提供了通用接口与驱动程序包的类集，下文涉及的dbReadTable()等函数都来源于该库。

　　然后使用dbConnect()函数，建立R和MySQL数据库之间的连接，输入主机名称（host）、用户名（user）、密码（password）、数据库名（dbname）等信息（在连接时需要确保数据库服务器处于已开启的状态），得到一个属性为RMariaDB的对象。我们可以进一步使用dbListTables()函数查看该数据库下所有的表名，例如taxi数据库对象中包含green_2018、yellow_2018和fhv_2018等数据表：

```
# 建立与数据库的连接
taxi_connect <- dbConnect(
  drv = MariaDB(),
  host = "localhost",      # 主机名称
  user = "root",           # 用户名称
  password = "liuyifei",   # 密码
  dbname = "taxi"          # 数据库名
  )

# 查看对象类型
class(taxi_connect)

## [1] "MariaDBConnection"
## attr(,"package")
## [1] "RMariaDB"

# 查看数据库下所有表
dbListTables(taxi_connect)
```

```
## [1] "fhv_2018"    "green_2018"  "sample"      "yellow_2018"
```

建立数据库对象后，可以进一步使用dbReadTable()函数，将数据库中的数据表读入R。这里将taxi数据库中的green_2018整个导入，读入结果以data.frame的格式保存在R中：

```
# 读取数据表
green_2018_db <- dbReadTable(conn = taxi_connect, name = "green_2018")

# 查看结果
head(green_2018_db)

##   VendorID lpep_pickup_datetime lpep_dropoff_datetime store_and_fwd_flag
## 1        2  2018-01-01 00:18:50   2018-01-01 00:24:39                  N
## 2        2  2018-01-01 00:30:26   2018-01-01 00:46:42                  N
## 3        2  2018-01-01 00:07:25   2018-01-01 00:19:45                  N
## 4        2  2018-01-01 00:32:40   2018-01-01 00:33:41                  N
## 5        2  2018-01-01 00:32:40   2018-01-01 00:33:41                  N
## 6        2  2018-01-01 00:38:35   2018-01-01 01:08:50                  N
##   RatecodeID PULocationID DOLocationID passenger_count trip_distance
## 1          1          236          236               5             1
## 2          1           43           42               5             3
## 3          1           74          152               1             2
## 4          1          255          255               1             0
## 5          1          255          255               1             0
## 6          1          255          161               1             6
##   fare_amount extra mta_tax tip_amount tolls_amount ehail_fee
## 1           6     0       0          0            0        NA
## 2          14     0       0          0            0        NA
## 3          10     0       0          0            0        NA
## 4          -3    -1      -1          0            0        NA
## 5           3     0       0          0            0        NA
## 6          21     0       0          0            0        NA
##   improvement_surcharge total_amount payment_type trip_type
## 1                     0            7            2          1
## 2                     0           16            2          1
## 3                     0           11            2          1
## 4                     0           -4            3          1
## 5                     0            4            2          1
## 6                     0           22            2          1

# 查看对象类型
class(green_2018_db)

## [1] "data.frame"
```

当然，更有可能出现的情景是用户根据分析挖掘的需求，将数据表的一部分导入R，这时就需要结合MySQL的查询语句实现，方法也很简单。

在以下例子中，我们希望在taxi数据库的yellow_2018表中，抽取支付类型（payment_type）为2且乘客数量（passenger_count）大于等于3的行车记录进行分析。另外，在数据库中进行随机抽样并不是特别方便，我们希望借助R简单高效的抽样函数，对提取的结果按比例随机抽样，并将抽样结果写回数据库中存储。要达到这个目的，首先使用dbGetQuery()函数，输入数据库连接对象以及相应的查询语句，结果同样以data.frame的形式保存在R中：

```
# 使用SQL语句进行数据提取
query <- "select * from yellow_2018 where payment_type = 2 and passenger_count >= 3"
yellow_2018_db_s <- dbGetQuery(conn = taxi_connect, statement = query)

# 查看结果
head(yellow_2018_db_s)

##   VendorID tpep_pickup_datetime tpep_dropoff_datetime passenger_count
## 1        1  2018-01-01 00:29:29   2018-01-01 00:32:48               3
## 2        2  2018-01-01 00:15:42   2018-01-01 00:21:38               5
## 3        2  2018-01-01 00:25:19   2018-01-01 00:45:02               5
## 4        2  2018-01-01 00:51:36   2018-01-01 01:04:13               5
## 5        2  2018-01-01 00:17:15   2018-01-01 00:21:49               5
## 6        2  2018-01-01 00:32:59   2018-01-01 00:43:19               4
##   trip_distance RatecodeID store_and_fwd_flag PULocationID DOLocationID
## 1             0          1                  N          143          143
## 2             1          1                  N          236           75
## 3             3          1                  N          263          143
## 4             2          1                  N          239           24
## 5             0          1                  N          234          234
## 6             2          1                  N           13          148
##   payment_type fare_amount extra mta_tax tip_amount tolls_amount
## 1            2           4     0       0          0            0
## 2            2           6     0       0          0            0
## 3            2          13     0       0          0            0
## 4            2           9     0       0          0            0
## 5            2           4     0       0          0            0
## 6            2           8     0       0          0            0
##   improvement_surcharge total_amount
## 1                     0            6
## 2                     0            7
## 3                     0           14
## 4                     0           11
## 5                     0            6
## 6                     0           10

# 查看对象类型
```

```
class(yellow_2018_db_s)
```

```
## [1] "data.frame"
```

然后，使用dplyr库的sample_frac()函数按比例随机抽样：

```
# 按比例抽样

# 设定随机种子
set.seed(100)

# 抽取样本
yellow_2018_db_s_sample <- sample_frac(yellow_2018_db_s, size = 0.01)

# 查看结果
head(yellow_2018_db_s_sample)
```

```
##   VendorID tpep_pickup_datetime tpep_dropoff_datetime passenger_count
## 1        2  2018-01-01 02:12:02   2018-01-01 02:13:54               6
## 2        2  2018-01-02 15:37:17   2018-01-02 15:49:57               5
## 3        2  2018-01-08 18:56:34   2018-01-08 19:07:50               6
## 4        2  2018-01-03 14:24:15   2018-01-03 14:49:58               5
## 5        2  2018-01-09 05:58:46   2018-01-09 06:05:12               5
## 6        2  2018-01-04 01:23:40   2018-01-04 01:53:58               6
##   trip_distance RatecodeID store_and_fwd_flag PULocationID DOLocationID
## 1             0          1                  N           48          230
## 2             1          1                  N          239          238
## 3             2          1                  N          164          237
## 4             2          1                  N          186           48
## 5             1          1                  N          100          143
## 6             8          1                  N          113           82
##   payment_type fare_amount extra mta_tax tip_amount tolls_amount
## 1            2           3     0       0          0            0
## 2            2           9     0       0          0            0
## 3            2           9     0       0          0            0
## 4            2          16     0       0          0            0
## 5            2           7     0       0          0            0
## 6            2          26     0       0          0            0
##   improvement_surcharge total_amount
## 1                     0            5
## 2                     0           10
## 3                     0           10
## 4                     0           17
## 5                     0            8
## 6                     0           27
```

最后，我们使用dbWriteTable()函数，将R处理后的数据重新写回数据库。其中，可使用conn参数指定连接对象名称，使用name参数指定在数据库中需要保存结果的表名，使用value参数指定经R处理后的对象，还可以指定写入的动作为覆盖结果（overwrite = TRUE）或追加结果（append = TRUE），若不指定写入动作，当数据库中存在同名称的数据表时会报错：

```
# 将抽样结果导入数据库
dbWriteTable(
  conn = taxi_connect,              # 连接名称
  name = "sample",                  # 需要写入的数据表名称
  value = yellow_2018_db_s_sample,  # 在R中完成处理的数据对象
  overwrite = TRUE                  # 覆盖原结果
)
```

但是，对于使用单台计算机进行数据处理分析的情况，将R与数据库系统进行协作并非常见策略，因为在企业中数据库的服务器和客户端往往是相互分离的，分析人员使用以作为客户端的计算机远程连接数据库服务器进行数据提取和分析，并不需要在本机上自行搭建和维护数据库服务器。另外，用作数据库服务器的计算机一般配置也比较高。因此，假如只是使用单台计算机进行数据分析挖掘，我们更希望使用不需要额外维护一套数据库的解决方案。

截至目前讨论的3种内存外处理策略都有一个共同点：尽管数据占用的主要空间及数据处理的过程在内存外，但数据载入R后还是会占用一定的内存空间，不论其载入后的形式是data.frame、tibble还是data.table。使用这些策略的效果比直接将全部数据导入R中稍微好一点，但随着数据量的增大，这些处理方法也会很快遇到内存的瓶颈。因此，目前的3种策略更多是一种尝试脱离单机内存依赖的"过渡性"策略。

是否存在主要利用硬盘存放数据且可以尽量减少在R中处理数据的资源占用的方法呢？bigmemory生态系统、ff生态系统及disk.frame等就可以满足这种需求。在这些解决方案中，我们只需要在R中处理一个比原始数据集占用内存少得多的对象。

4.2　使用bigmemory体系处理大型矩阵

当一个数据集中各个字段都有相同类型，特别是都是数值型字段时，使用矩阵（matrix）形式进行存储和计算的效率要高于使用数据框。我们面对一个大型的矩阵数据时，一种专门的解决方案就要大放异彩了，这就是使用R的bigmemory库。

根据官方文档的描述，bigmemory库主要用于创建、存储和处理大型的矩阵数据。使用该库生成的矩阵类型为big.matrix。在bigmemory库的基础上，biganalytics、bigtabulate、synchronicity，以及bigalgebra等第三方库为大型矩阵数据的一般处理和分析挖掘提供了更丰富的工具，形成了一个以bigmemory为核心的生态系统。这些库支持并行计算环境，能提升计算速度和内存使用效率。bigmemory库的2.0版本支持double、integer、short和character等格式的数据构成的矩阵。bigmemory主要通过read.big.matrix()函数读入数据并生成big.matrix对象，同时保存内存映射文件，且内存映

射文件会在进程结束之前一直存在。这个操作使得R不需要将数据放入内存中。很多针对big.matrix对象的统计方法都由biganalytics库提供。特别是biglm.big.matrix()和bigglm.big.matrix()函数都提供了EMA线性回归模型的建立方法[①]。

bigmemory的开发者根据数据规模将R能够处理的数据分为以下三类。

第一类是小型数据集。R的数据框和矩阵格式是为大小远小于计算机内存限制的小型数据集设计的，灵活易用，可使大部分R的用户在数据操作上与R的自带函数和第三方库无缝衔接。

第二类是大小超出计算机内存限制的数据。DBI、RJDBC、RMySQL、RODBC、ROracle、TSMySQL、filehashSQLite、TSSQLite、pgUtils、Rdbi等第三方库让R的用户可以使用SQL语句从传统的数据库中提取数据子集，而另一些第三方库，如filehash、R.huge、BufferedMatrix、ff等，提供了一个类似数据框的接口，将数据存储在文件中。这些工具能够管理大型数据集，但一般需要用户等待硬盘访问，而且并不适合并行编程。

第三类则是bigmemory库所针对的数据，主要是大小不超过计算机内存限制，却达到GB级别的数据集。在某些情况下，常规的数据框或者矩阵可以存储这些数据，但没有足够的内存对它们进行进一步的处理。big.matrix的创建就是为了应对这样的情况，使得这些数据可以在内存中进行分析和实现多线程计算。

在实操之前，先载入相关第三方库：

```
# 载入相关库
library(bigmemory)
library(bigtabulate) # 同时载入biganalytics和biglm
library(pryr)
library(tictoc)
```

bigmemory库的主要数据导入函数read.big.matrix()会将数据读取为big.matrix格式。在读取数据时，需要指定数据中各字段格式（见type参数），如果不指定格式，则会根据第一行数据来确定各字段格式。数据读取只调用单线程，因此虽然可以用它来读取大型矩阵数据集，但读取速度并不是特别快。在我的笔记本电脑上，读取一个830 MB左右的csv文件，大概需要70秒。需要注意的是，如果直接读取有混合格式字段的数据，那么其中的字符串格式字段将会读取失败：

```
# 读取数据
path <- "D:/K/DATA EXERCISE/big data/TLC Trip Record Data"
green_file <- "green_2018.csv"
path_green_file <- file.path(path, green_file)
tic()
green_2018_bm <- read.big.matrix(
  path_green_file,
  header = TRUE,
  sep = ",",
  backingfile = "green_2018_bm.bin",
```

```
    descriptorfile = "green_2018_bm.desc",
    shared = TRUE)
toc()

## 74.21 sec elapsed

# 查看对象
green_2018_bm

## An object of class "big.matrix"
## Slot "address":
## <pointer: 0x00000000143e7a50>
```

　　read.big.matrix()有两个重要的参数：backingfile和descriptorfile。backingfile是保存读入硬盘的数据，descriptorfile则是指定数据本身的元信息。我们读入一个大小约为830 MB的csv格式数据greeen_2018.csv，在硬盘中生成约1.30 GB的bin文件和一个不足1 KB的desc文件，而导入工作空间的数据对象green_2018_bm所占用的内存大小仅为696 B。

　　可以通过describe()函数，展示所导入数据的基本信息。该数据集共有8807303行19列，但其中一些列为字符串格式，导入后并未保留其原有格式：

```
# big matrix对象描述
describe(green_2018_bm)

## An object of class "big.matrix.descriptor"
## Slot "description":
## $sharedType
## [1] "FileBacked"
##
## $filename
## [1] "green_2018_bm.bin"
##
## $dirname
## [1] "D:/K/DATA EXERCISE/big data/R/chapter 4/"
##
## $totalRows
## [1] 8807303
##
## $totalCols
## [1] 19
##
## $rowOffset
## [1]   0 8807303
##
## $colOffset
## [1]   0 19
```

```
##
## $nrow
## [1] 8807303
##
## $ncol
## [1] 19
##
## $rowNames
## NULL
##
## $colNames
##  [1] "VendorID"              "lpep_pickup_datetime"  "lpep_dropoff_datetime"
##  [4] "store_and_fwd_flag"    "RatecodeID"            "PULocationID"
##  [7] "DOLocationID"          "passenger_count"       "trip_distance"
## [10] "fare_amount"           "extra"                 "mta_tax"
## [13] "tip_amount"            "tolls_amount"          "ehail_fee"
## [16] "improvement_surcharge" "total_amount"          "payment_type"
## [19] "trip_type"
##
## $type
## [1] "double"
##
## $separated
## [1] FALSE

# 对象类型
class(green_2018_bm)

## [1] "big.matrix"
## attr(,"package")
## [1] "bigmemory"

# 对象大小
object_size(green_2018_bm)

## 696 B
```

big.matrix的数据子集选择语法与一般的data.frame基本相通，以下是几个简单例子：

```
# 查看前几行
head(green_2018_bm)

##      VendorID lpep_pickup_datetime lpep_dropoff_datetime store_and_fwd_flag
## [1,]        2                 2018                  2018                 NA
## [2,]        2                 2018                  2018                 NA
## [3,]        2                 2018                  2018                 NA
```

```
## [4,]         2               2018           2018        NA
## [5,]         2               2018           2018        NA
## [6,]         2               2018           2018        NA
##      RatecodeID PULocationID DOLocationID passenger_count trip_distance
## [1,]          1          236          236               5          0.70
## [2,]          1           43           42               5          3.50
## [3,]          1           74          152               1          2.14
## [4,]          1          255          255               1          0.03
## [5,]          1          255          255               1          0.03
## [6,]          1          255          161               1          5.63
##      fare_amount extra mta_tax tip_amount tolls_amount ehail_fee
## [1,]         6.0   0.5     0.5          0            0        NA
## [2,]        14.5   0.5     0.5          0            0        NA
## [3,]        10.0   0.5     0.5          0            0        NA
## [4,]        -3.0  -0.5    -0.5          0            0        NA
## [5,]         3.0   0.5     0.5          0            0        NA
## [6,]        21.0   0.5     0.5          0            0        NA
##      improvement_surcharge total_amount payment_type trip_type
## [1,]                   0.3          7.3            2         1
## [2,]                   0.3         15.8            2         1
## [3,]                   0.3         11.3            2         1
## [4,]                  -0.3         -4.3            3         1
## [5,]                   0.3          4.3            2         1
## [6,]                   0.3         22.3            2         1
```

```
# 数据子集
green_2018_bm[1:10, c("passenger_count", "trip_distance")]
```

```
##       passenger_count trip_distance
##  [1,]               5          0.70
##  [2,]               5          3.50
##  [3,]               1          2.14
##  [4,]               1          0.03
##  [5,]               1          0.03
##  [6,]               1          5.63
##  [7,]               5          1.71
##  [8,]               5          3.45
##  [9,]               1          1.61
## [10,]               1          1.87
```

以下是一些对big.matrix对象进行基本统计描述的操作示例：

```
# 单变量频数表
bigtable(green_2018_bm, c("passenger_count"))
```

```
##       0       1      2       3      4       5       6     7     8    9
##   12371 7464079 681674 142169  51407  298715  156586   141   129   32
```

```
# 交互频数表
bigtable(green_2018_bm, c("passenger_count", "payment_type"),)
```

```
##           1       2     3      4    5
## 0      6747    5115   353    154    2
## 1 4262708 3148644 35324  17084  319
## 2  372447  304954  3100   1138   35
## 3   74969   66284   631    270   15
## 4   24778   26236   274    115    4
## 5  173793  123888   765    269    0
## 6   91137   65153   239     57    0
## 7      96      42     1      2    0
## 8      77      51     1      0    0
## 9      23       9     0      0    0
```

```
# 数值变量统计摘要
summary(green_2018_bm [, c("total_amount", "passenger_count")])
```

```
##    total_amount       passenger_count
##   Min.   : -500.00   Min.   :0.000
##   1st Qu.:    8.30   1st Qu.:1.000
##   Median :   11.80   Median :1.000
##   Mean   :   15.75   Mean   :1.351
##   3rd Qu.:   18.80   3rd Qu.:1.000
##   Max.   :10528.75   Max.   :9.000
```

利用biganalytics库中的bigglm.big.matrix()函数，可以建立big.matrix数据的广义线性回归模型。其输入的参数包括公式、数据和指定作为因子的变量，这与基础R的线性回归函数lm()非常类似，但拟合速度更快：

```
# 建立回归模型
tic()
glm_model <- bigglm.big.matrix(total_amount ~ passenger_count + trip_distance + payment_type,
                      data = green_2018_bm,
                      fc = c("payment_type"))
toc()
```

```
## 19.66 sec elapsed
```

```
# 查看模型摘要
summary(glm_model)
```

```
## Large data regression model: bigglm(formula = formula, data = getNextDataFrame,
chunksize = chunksize,
##      ...)
## Sample size =  8807303
##                    Coef      (95%        CI)      SE p
## (Intercept)     11.1115   11.0980   11.1251 0.0068 0
## passenger_count  0.0402    0.0338    0.0466 0.0032 0
## trip_distance    1.9895    1.9880    1.9910 0.0007 0
## payment_type2   -3.9586   -3.9721   -3.9450 0.0068 0
## payment_type3  -10.4166  -10.5140  -10.3191 0.0487 0
## payment_type4   -9.5187   -9.6606   -9.3767 0.0710 0
## payment_type5   -6.1430   -7.1533   -5.1326 0.5052 0
```

另外，biganalytics库的bigkmeans()函数则支持big.matrix数据的k均值聚类算法。聚类算法的实现如下：

```
# k均值聚类分析
big_kmeans_3 <- bigkmeans(green_2018_bm[, c(1, 2, 6)], centers = 3)

# 查看结果

# 类中心点
big_kmeans_3$centers

##            [,1]       [,2]        [,3]
## [1,] 1.841679  2018.000   33.39355
## [2,] 1.835785  2018.000   92.28556
## [3,] 1.839707  2017.999  211.09154

# 各类组内误差平方和
big_kmeans_3$withinss

## [1]   588363980 2140229550 3343948764

# 各类样本数
big_kmeans_3$size

## [1] 2476741 3733331 2597231

# 各个样本点所属类别；内容太多，暂不输出
# big_kmeans_3$cluster
```

可见，bigmemory及其关联的几个核心库全方位支持各种常见的数据分析模型。

bigmemory库功能强大，如果用户需要处理一个很大的数值矩阵，这个工具非常实用，但在实践中，很少遇到所有变量格式都相同的数据（如数据仅由数值型变量组成）。4.3节提到的ff体系，在很大程度上弥补了bigmemory支持对象单一的缺陷。

4.3 使用ff体系处理大型数据框

当我们希望使用类似big.memory体系的解决策略，但面对的却不是单一类型变量的大型数据集时，就需要使用另外一套解决方案：以ff库和ffbase库为核心，将大型数据集存储在计算机硬盘中。ff体系是相对较早诞生的用于处理大型数据集的解决方案，将R本身的基于内存的存储机制转化为基于硬盘的存储机制。

ff库提供了一种特别的数据结构，它存储在硬盘中，但把一部分数据映射到内存中，因此在处理数据的时候和在内存中处理数据很相似。与bigmemory不同，ff库支持R的所有数据类型，不只局限于数值型数据。与只能处理数值矩阵的big.matrix对象不同，ff库的ffdf对象支持数据框的处理。

ff支持R的标准数据类型double、logical、raw、integer，非标准化的数据类型boolean、quad、nibble、byte、ubyte、short、ushort、single，也支持factor、ordered、POSIXct、Date等格式，以及向量、矩阵、数组和自定义类型，但暂不支持character格式的数据。默认情况下，ff会将导入的字符型变量自动转换为因子型变量。

在使用ff体系进行操作前，先载入本节需要的库：

```
# 载入相关库
library(ff)
library(ffbase)
library(readr)
library(data.table)
library(microbenchmark)
library(pryr)
```

4.3.1 ff体系基本数据操作

用ff方法导入数据之前，需要先指定一个文件夹用于存放硬盘上的二进制数据文件。默认的存放路径可以通过getOption()函数获取：

```
# 默认二进制数据文件存放位置
# getOption("fftempdir")

# 创建一个新的文件夹
system("mkdir ffdf")

## [1] 1

# 存放ff二进制数据文件数据
options(fftempdir = "./ffdf/")
```

比较数据集导入的速度可以发现，ff体系的解决方案在导入速度上不具有优势。基准测试结果显示，该方法导入数据的平均耗时远远长于基础R、readr库和data.table库：

```
# 文件路径创建
path <- "D:/K/DATA EXERCISE/big data/TLC Trip Record Data"
green_file <- "green_2018.csv"
path_green_file <- file.path(path, green_file)

# 不同方式读入速度比较
read_data_com <- microbenchmark(
  green_2018_ff = read.csv.ffdf(file = path_green_file, header = TRUE),
  green_2018_df = read.csv(file = path_green_file, header = TRUE),
  green_2018_tb = read_csv(file = path_green_file, col_names = TRUE),
  green_2018_dt = fread(file = path_green_file, header = TRUE),
  times = 3,
  unit = "s"
  )

# 查看结果
read_data_com

## Unit: seconds
##          expr        min          lq       mean    median         uq        max
##  green_2018_ff 363.217390 372.139056 375.75689 381.06072 382.02664 382.99255
##  green_2018_df  91.426428  91.945191  94.19254  92.46395  95.57560  98.68725
##  green_2018_tb  17.060377  17.230277  18.61201  17.40018  19.38783  21.37548
##  green_2018_dt   5.376697   8.986739  24.16471  12.59678  33.55871  54.52064
##  neval
##      3
##      3
##      3
##      3
```

　　然而，若使用pryr库的object_size()函数去计算导入数据集后每个对象占用内存的大小，就会发现，对于原始大小约为830 MB的数据集，ffdf格式的数据在当前的工作空间中占据了最小的空间。这有点像"塞翁失马"的故事。数据集导入后，会在指定的文件夹中生成合计大小约为909 MB的二进制数据文件。对于ffdf数据，每一列都会产生一个二进制文件，原数据共有19列，因此一共会生成19个二进制文件。但是，如果反复读取同一个数据集，则会在该文件夹中不断生成不同的二进制文件，从而不断消耗硬盘空间。

　　要实现使用ffdf数据节省空间的目标，设置合适的字段类型非常重要。不同字段类型的设置会使得最终导入的ffdf对象占用内存大小差异非常大，特别是不同取值数量特别多的非数值型变量。以green_2018.csv数据集为例，若不对字段类型进行设置，仅保持默认类型，读入后的green_2018_ffdf对象占用内存大小高达1.13 GB，虽然也小于data.frame、tibble、data.table等对象的大小，但显然没有达到节省资源的目标。经过分析，主要原因是以因子（factor）形式读入

lpep_pickup_datetime（起步时间）和lpep_dropoff_datetime（结束时间）字段占用了大量空间。这两个字段都是精确到秒的时间数据，几乎没有重复取值。如果在数据导入环节中将上述两个字段的类型显式指定为时间类型POSIXct，最终的green_2018_ffdf对象仅会占用17 KB，节省了大量的内存空间：

```
# 数据读入
green_2018_df <- read.csv(file = path_green_file, header = TRUE)        # 基础R
green_2018_tb <- read_csv(file = path_green_file, col_names = TRUE)   # readr
green_2018_dt <- fread(file = path_green_file, header = TRUE)            # data.table

# 对象大小
object_size(green_2018_df)

## 2.11 GB

object_size(green_2018_tb)

## 1.3 GB

object_size(green_2018_dt)

## 2.11 GB

# 读入为ffdf格式数据
green_2018_ff <- read.csv.ffdf(
  file = path_green_file,
  header = TRUE,
  colClasses = c(lpep_pickup_datetime = "POSIXct", lpep_dropoff_datetime = "POSIXct"),
  next.rows = 500000,
  VERBOSE = TRUE
  )

## read.table.ffdf 1..500000 (500000)  csv-read=29.63sec ffdf-write=0.25sec
## read.table.ffdf 500001..1000000 (500000)  csv-read=29.65sec ffdf-write=0.25sec
## read.table.ffdf 1000001..1500000 (500000)   csv-read=29.39sec ffdf-write=0.21sec
## read.table.ffdf 1500001..2000000 (500000)   csv-read=28.86sec ffdf-write=0.2sec
## read.table.ffdf 2000001..2500000 (500000)   csv-read=29.7sec ffdf-write=0.22sec
## read.table.ffdf 2500001..3000000 (500000)   csv-read=29sec ffdf-write=0.19sec
## read.table.ffdf 3000001..3500000 (500000)   csv-read=31.06sec ffdf-write=0.21sec
## read.table.ffdf 3500001..4000000 (500000)   csv-read=29.04sec ffdf-write=0.19sec
## read.table.ffdf 4000001..4500000 (500000)   csv-read=29.06sec ffdf-write=0.21sec
## read.table.ffdf 4500001..5000000 (500000)   csv-read=29.2sec ffdf-write=0.19sec
## read.table.ffdf 5000001..5500000 (500000)   csv-read=29.29sec ffdf-write=0.17sec
## read.table.ffdf 5500001..6000000 (500000)   csv-read=29.69sec ffdf-write=0.22sec
```

```
## read.table.ffdf 6000001..6500000 (500000)   csv-read=29.22sec ffdf-write=0.19sec
## read.table.ffdf 6500001..7000000 (500000)   csv-read=29.5sec ffdf-write=0.22sec
## read.table.ffdf 7000001..7500000 (500000)   csv-read=29.68sec ffdf-write=0.18sec
## read.table.ffdf 7500001..8000000 (500000)   csv-read=29.98sec ffdf-write=0.19sec
## read.table.ffdf 8000001..8500000 (500000)   csv-read=29.36sec ffdf-write=0.18sec
## read.table.ffdf 8500001..8807303 (307303)   csv-read=18.05sec ffdf-write=0.14sec
##  csv-read=519.36sec  ffdf-write=3.61sec  TOTAL=522.97sec

# 查看对象大小
object_size(green_2018_ff)

## 17 kB
```

若在R中直接输入ffdf对象的名称，会得到列举该对象各个字段属性的数据框，而不是数据本身。检查ffdf数据信息的基本操作和基础R的data.frame基本一致，可使用dim()、dimname()、name()等函数。通过str()函数可知，ffdf对象的数据结构比一般的data.frame要更复杂一些，除了会呈现类似data.frame的整体特征描述之外，还会呈现每一列的详细信息，例如其对应的二进制文件保存位置等：

```
# 查看对象; 生成大量信息, 暂不输出
# green_2018_ff

# 查看对象类型
class(green_2018_ff)

## [1] "ffdf"

# 查看行列数
dim(green_2018_ff)

## [1] 8807303      19
# 查看列名
names(green_2018_ff)

##  [1] "VendorID"              "lpep_pickup_datetime"  "lpep_dropoff_datetime"
##  [4] "store_and_fwd_flag"    "RatecodeID"            "PULocationID"
##  [7] "DOLocationID"          "passenger_count"      "trip_distance"
## [10] "fare_amount"           "extra"                "mta_tax"
## [13] "tip_amount"            "tolls_amount"         "ehail_fee"
## [16] "improvement_surcharge" "total_amount"         "payment_type"
## [19] "trip_type"

# 查看对象结构; 包括3部分, 生成大量信息, 暂不输出
# str(green_2018_ff)
```

如果只使用head()函数，会显示前5列的全部数据，因为head()会作用在列索引上面。一个可行的方法是将输入变为data[,]的形式，以得到类似data.frame的显示效果，但此操作的速度会比较慢，因为过程中需要打开19个ff文件：

```
# 观察前几行记录
head(green_2018_ff)

##   VendorID lpep_pickup_datetime lpep_dropoff_datetime store_and_fwd_flag
## 1        2  2018-01-01 00:18:50   2018-01-01 00:24:39                  N
## 2        2  2018-01-01 00:30:26   2018-01-01 00:46:42                  N
## 3        2  2018-01-01 00:07:25   2018-01-01 00:19:45                  N
## 4        2  2018-01-01 00:32:40   2018-01-01 00:33:41                  N
## 5        2  2018-01-01 00:32:40   2018-01-01 00:33:41                  N
## 6        2  2018-01-01 00:38:35   2018-01-01 01:08:50                  N
##   RatecodeID PULocationID DOLocationID passenger_count trip_distance
## 1          1          236          236               5          0.70
## 2          1           43           42               5          3.50
## 3          1           74          152               1          2.14
## 4          1          255          255               1          0.03
## 5          1          255          255               1          0.03
## 6          1          255          161               1          5.63
##   fare_amount extra mta_tax tip_amount tolls_amount ehail_fee
## 1         6.0   0.5     0.5          0            0        NA
## 2        14.5   0.5     0.5          0            0        NA
## 3        10.0   0.5     0.5          0            0        NA
## 4        -3.0  -0.5    -0.5          0            0        NA
## 5         3.0   0.5     0.5          0            0        NA
## 6        21.0   0.5     0.5          0            0        NA
##   improvement_surcharge total_amount payment_type trip_type
## 1                   0.3          7.3            2         1
## 2                   0.3         15.8            2         1
## 3                   0.3         11.3            2         1
## 4                  -0.3         -4.3            3         1
## 5                   0.3          4.3            2         1
## 6                   0.3         22.3            2         1

# 观察某个变量的前几个记录

head(green_2018_ff[["total_amount"]])

## [1]  7.3 15.8 11.3 -4.3  4.3 22.3

# 查看去重值
unique(green_2018_ff$PULocationID)
```

```
## ff (open) integer length=260 (260)
##    [1]    [2]    [3]    [4]    [5]    [6]    [7]    [8]        [253] [254] [255] [256]
##      1      2      3      4      5      6      7      8    :   258   259   260   261
## [257] [258] [259] [260]
##   262   263   264   265

# 统计描述
min(green_2018_ff$total_amount)        # 最小值

## [1] -500

mean(green_2018_ff$total_amount)        # 均值

## [1] 15.75088

max(green_2018_ff$total_amount)        # 最大值

## [1] 10528.75

# 类别变量频数统计

table.ff(green_2018_ff$payment_type, exclude = NA)

##
##       1         2         3         4         5
## 5006775 3740376    40688     19089       375
```

在基本的数据处理上，使用基础 R 的数据框操作会生成 data.frame 对象，与我们希望使用 ffdf 数据节省内存的初衷相悖。在这种情况下，可使用 ffbase 库的相关函数，使生成的结果依然为 ffdf 格式数据，例如在选取特定的列时，可以使用 subset.ffdf() 函数。两种操作占用的内存大小差距也很明显：

```
# 列选择
keep_col <- c("lpep_pickup_datetime", "lpep_dropoff_datetime", "passenger_count", "trip
_distance",  "PULocationID", "DOLocationID", "payment_type", "total_amount")
green_2018_df_s <- green_2018_ff[, keep_col]                    # 会转化为data.frame
green_2018_ff_s <- subset.ffdf(green_2018_ff, select = keep_col)  # 依然为ffdf

# 查看对象类型
class(green_2018_df_s)

## [1] "data.frame"

class(green_2018_ff_s)
```

```
## [1] "ffdf"

# 大小比较
object_size(green_2018_df_s)

## 423 MB

object_size(green_2018_ff_s)

## 8.74 kB
```

对于数据之间的合并操作，基础R使用merge()函数，相对地，ffbase中使用merge.ffdf()函数，其使用方法和merge()基本相同：

```
# 读入区域数据
zone <- read.csv.ffdf(file = "../../TLC Trip Record Data/taxi+_zone_lookup.csv", header =
TRUE, VERBOSE = TRUE)

## read.table.ffdf 1..265 (265)  csv-read=0sec ffdf-write=0.03sec
##  csv-read=0sec  ffdf-write=0.03sec  TOTAL=0.03sec

# 数据合并
green_2018_ff_zone <- merge.ffdf(green_2018_ff, zone, by.x = "PULocationID", by.y =
"LocationID")
green_2018_ff_zone <- merge.ffdf(green_2018_ff_zone, zone, by.x = "DOLocationID", by.y =
"LocationID")

# 查看数据前几行
head(green_2018_ff_zone)

##   VendorID lpep_pickup_datetime lpep_dropoff_datetime store_and_fwd_flag
## 1        2  2018-01-01 00:18:50   2018-01-01 00:24:39                  N
## 2        2  2018-01-01 00:30:26   2018-01-01 00:46:42                  N
## 3        2  2018-01-01 00:07:25   2018-01-01 00:19:45                  N
## 4        2  2018-01-01 00:32:40   2018-01-01 00:33:41                  N
## 5        2  2018-01-01 00:32:40   2018-01-01 00:33:41                  N
## 6        2  2018-01-01 00:38:35   2018-01-01 01:08:50                  N
##   RatecodeID PULocationID DOLocationID passenger_count trip_distance
## 1          1          236          236               5          0.70
## 2          1           43           42               5          3.50
## 3          1           74          152               1          2.14
## 4          1          255          255               1          0.03
## 5          1          255          255               1          0.03
## 6          1          255          161               1          5.63
```

```
##    fare_amount extra mta_tax tip_amount tolls_amount ehail_fee
## 1          6.0   0.5     0.5          0            0        NA
## 2         14.5   0.5     0.5          0            0        NA
## 3         10.0   0.5     0.5          0            0        NA
## 4         -3.0  -0.5    -0.5          0            0        NA
## 5          3.0   0.5     0.5          0            0        NA
## 6         21.0   0.5     0.5          0            0        NA
##    improvement_surcharge total_amount payment_type trip_type Borough.x
## 1                    0.3          7.3            2         1 Manhattan
## 2                    0.3         15.8            2         1 Manhattan
## 3                    0.3         11.3            2         1 Manhattan
## 4                   -0.3         -4.3            3         1  Brooklyn
## 5                    0.3          4.3            2         1  Brooklyn
## 6                    0.3         22.3            2         1  Brooklyn
##                      Zone.x service_zone.x Borough.y                   Zone.y
## 1      Upper East Side North    Yellow Zone Manhattan    Upper East Side North
## 2              Central Park    Yellow Zone Manhattan     Central Harlem North
## 3          East Harlem North      Boro Zone Manhattan           Manhattanville
## 4 Williamsburg (North Side)      Boro Zone  Brooklyn Williamsburg (North Side)
## 5 Williamsburg (North Side)      Boro Zone  Brooklyn Williamsburg (North Side)
## 6 Williamsburg (North Side)      Boro Zone Manhattan           Midtown Center
##    service_zone.y
## 1     Yellow Zone
## 2       Boro Zone
## 3       Boro Zone
## 4       Boro Zone
## 5       Boro Zone
## 6     Yellow Zone

# 查看对象大小
object_size(green_2018_ff_s)

## 8.74 kB
```

可以通过 as.ffdf() 函数将 data.frame 转化为 ffdf 格式。因此，节省内存的另一个策略是导入一个大的 data.frame 后将其转换为 ffdf 格式，并删除原本的 data.frame 对象：

```
# data.frame和ffdf之间的相互转化
green_2018_df_ff_s <- as.ffdf(green_2018_df_s)

# 查看对象类型
class(green_2018_df_ff_s)

## [1] "ffdf"
# 查看对象大小
object_size(green_2018_df_s)
```

```
## 423 MB

object_size(green_2018_df_ff_s)

## 9.22 kB

# 删除data.frame对象节省资源
# rm(green_2018_df_s)
```

4.3.2　ff体系与关系型数据库管理系统协作

这里需要单独介绍一下ETLUtils库。ETLUtils库是ff生态系统的一个重要构成部分，为在SQL类数据库（如Oracle、MySQL、PostgreSQL、Hive等）中读取大型数据集、将数据转换为ffdf类型，以及使用ff库的功能提供了非常便利的方法，同时，也可以使用该库将ffdf数据写进数据库。ETLUtils库也包含了一些基本的函数，可以实现数据的快速连接、数据的因子化、向量的再编码等操作。可以说，ETLUtils库的实质就是关系型数据库系统协作策略和ff策略的有机结合。

在这里，我们尝试将本地MySQL数据库中的数据以ff的形式读入R。首先同时载入ETLUtils和RMySQL库：

```
# 载入相关库
library(ETLUtils)
library(RMySQL)
```

后续的操作和使用R连接MySQL数据库读取数据的操作非常相似。我们先创建一个路径存放ff文件，并把数据库登录信息，包括主机名（host）、用户名（user）、密码（password）、数据库（dbname）等保存在一个列表对象中：

```
# 创建一个新的文件夹
system("mkdir ETLUtils")

## [1] 1

# 设定存储ff文件的位置
options(fftempdir = "./ETLUtils/")

# 设置登录信息
login <- list()
login$host <- "localhost"
login$user <- "root"
login$password <- "liuyifei"
login$dbname <- "taxi"
login
## $host
```

```
## [1] "localhost"
##
## $user
## [1] "root"
##
## $password
## [1] "liuyifei"
##
## $dbname
## [1] "taxi"
```

　　在这里，我们假设根据后续分析需要，将符合条件的yellow_2018表子集导入R。数据的读取主要使用read.dbi.ffdf()函数，可以看到读入结果的对象类型为ffdf：

```
# SQL语句
query <- "select passenger_count, trip_distance, payment_type, total_amount, PULocationID,
DOLocationID from yellow_2018 where payment_type = 2 and passenger_count >= 3"

# 将数据库中的数据读入为ffdf对象
yellow_2018_db_ffdf <- read.dbi.ffdf(
  query = query,
  dbConnect.args = list(drv = dbDriver("MySQL"),
                     host = login$host,
                     user = login$user,
                     password = login$password,
                     dbname = login$dbname),
  VERBOSE = TRUE
  )

## read.dbi.ffdf 1..1000 (1000)  dbi-read=0.07sec ffdf-write=0.61sec
## read.dbi.ffdf 1001..4430671 (4429671)  dbi-read=65.35sec ffdf-write=0.26sec
##  dbi-read=65.42sec  ffdf-write=0.87sec  TOTAL=66.29sec

# 对象类型
class(yellow_2018_db_ffdf)

## [1] "ffdf"

# 查看前几行
head(yellow_2018_db_ffdf)

##   passenger_count trip_distance payment_type total_amount PULocationID
## 1               3             0            2            6          143
## 2               5             1            2            7          236
## 3               5             3            2           14          263
## 4               5             2            2           11          239
```

```
## 5                   5             0             2             6            234
## 6                   4             2             2            10             13
##    DOLocationID
## 1           143
## 2            75
## 3           143
## 4            24
## 5           234
## 6           148

# 查看对象大小
object_size(yellow_2018_db_ffdf)

## 7.04 kB
```

 read.dbi.ffdf()和read.table.ffdf()的很多参数都是相同的，例如可以通过colClasses显式指定各列的类型，以达到优化内存使用的目的。

看过ff体系的基本使用方法后，不得不说，ff体系的最大短板是它自成体系的语法。ff体系的语法与当前主流的R数据处理语法（如data.table、dplyr等）的区别非常大，相对难以学习和使用。

ff与ffbase包开发于约10年前，在数据处理的风格上与当时的基础R更为接近，但与后来在R社区中广泛流行的dplyr风格并不兼容。这可能导致了ff与ffbase库的流行程度比不上dplyr和能与dplyr无缝协作的data.table。使用R处理数据的主流思路还是以内存处理为主。近几年，有开发者试图融合ff和dplyr的风格，从而促成了ffbase2库，这种尝试有点类似融合data.table和dplyr的dtplyr库。不过，ffbase2库的说明文档并不十分完善，该库也缺少持续性的更新和维护，因此，ffbase2库在R社区中没有引发广泛的讨论和使用风潮，本书也不对ffbase2进行详细探讨。直到2018年，与ff体系目标相同，但对data.table和dplyr兼容性更好的disk.frame库应运而生，我们将会对disk.frame库进行更详细的讨论。

4.4 新一代工具disk.frame

disk.frame是一个较新的第三方库，提供了一种高效处理大小超过计算机内存限制的结构数据的框架。disk.frame的设计思路和ff库非常类似：使R从只能处理可以放入内存的数据发展为能处理可被硬盘容纳的数据。disk.frame的开发者认为，基础R的data.frame是一种基于内存的数据结构，使用data.frame意味着R必须将数据放入内存，也意味着只有内存能容纳的数据才能被data.frame处理，这对于R来说是一种限制。与data.frame不同，disk.frame提供了一个在硬盘上存储和处理数据的框架。它每次将一个小的数据块导入内存，处理这个数据块，输出结果，然后在下一个数据块中重复这个过程。这种数据块处理策略已经被广泛应用于其他处理大型数据的第三方库（如iotools等），这在第3章中也有所提及。此外，data.frame的行数上限为2^{31}行，超过此规模的数据就需要采用其他策略处理。disk.frame的数据块处理机制提供了突破此类限制的渠道。

我们已经知道，R实际上已经有很多处理大型数据集的解决方案，如ff和bigmemory等。不过，这些体系对数据的字段格式往往有限制，例如仅支持双精度（double）格式、不支持字符串和因子格式等。与此不同的是，disk.frame借用了data.frame和data.table，因此支持上述数据格式，这是个重大的改进。此外，disk.frame还具有如下优点：

- ❑ 提供了和data.frame相似的接口，也支持很多dplyr的语法；
- ❑ 使用future库支持并行数据处理机制，发挥多核CPU的优势；
- ❑ 使用较先进的数据存储技术（如fst库的快速数据压缩、行列随机访问等功能）提高数据处理的速度。

disk.frame将大型数据集划分为小的数据块，并将数据块以fst格式存储在硬盘中，这有点类似ff库以二进制文件的形式将数据存储在硬盘的方式，每个数据块都是一个包含data.frame或者data.table的fst文件。我们可以将所有数据块重新合并成原始的大型数据集读入内存，或者按行合并成一个大的data.frame，但这在实践中并不是每次都能实现。通常我们将数据存储为多个小的独立数据块。disk.frame能使用dplyr的函数和语法简化数据块的操作，因此支持和data.frame、tibble相同的数据处理风格。

从开发者的角度看，disk.frame主要对标Spark、Python的Dask库，以及Julia的JuliaDB.jl库等，但主要着眼于单台计算机的数据操作，还不支持将数据分布在计算机集群上。这是disk.frame的不足之处，但disk.frame有着自身的优势：在R中可以通过SparkR和sparklyr等库调用Spark，但这需要建立一个Spark集群，而disk.frame并不需要进行类似的工作，只需像安装其他第三方库那样安装即可；Spark只能够调用在Spark上能够执行的函数，而disk.frame可以使用R的所有函数，包括用户自定义的函数。针对"单机"数据处理的环境，disk.frame将R的大型数据集处理效率提升到新的高度，而且实现成本较低。

我们先载入本部分相关的第三方库：

```
# 载入相关库
library(disk.frame)
library(fst)
library(pryr)
library(microbenchmark)
library(future)
```

disk.frame的一个特性是支持多线程数据块处理，可以在处理数据前调用setup_disk.frame(workers = n)设置线程数。此外，可以设置options(future.globals.maxSize = Inf)使得数据可以在不同的线程之间传输：

```
# 设置线程数
setup_disk.frame(workers = 12)
```

```
# 查看线程数
nbrOfWorkers()

## [1] 12

# 使数据（不限大小）可以在不同的线程之间传输
options(future.globals.maxSize = Inf)
```

csv_to_disk.frame()是disk.frame库读入csv格式数据最基本的函数，支持读入单个或直接读入多个csv文件。读入数据时，需要指定存放fst文件的路径（outdir），可以设定生成的fst数据块数（nchunks）、每个数据块的行数（in_chunk_size）等信息。该函数除了自带参数外，还支持data.table库fread()函数的各类参数，如跳过空白行（blank.lines.skip）、设定列类型（colClasses）等。

可以看到，读入后的green_2018_disk对象的类型有两个：disk.frame和disk.frame.folder。通过object_size()可以看到，green_2018_disk占用的内存大小仅为9.07 kB：

```
# 获取数据路径
path <- "D:/K/DATA EXERCISE/big data/TLC Trip Record Data"
green_file <- "green_2018.csv"
path_green_file <- file.path(path, green_file)

# 读入数据
green_2018_disk <- csv_to_disk.frame(
  infile = path_green_file,        # 读入文件路径
  outdir = "green_2018_disk_fst",  # 设置fst数据块存放的文件夹
  nchunks = 50                     # 数据块数量
  )

# 查看对象类型
class(green_2018_disk)

## [1] "disk.frame"        "disk.frame.folder"

# 查看对象大小
object_size(green_2018_disk)

## 9.07 kB
```

直接输入disk.frame对象名称可以得到该对象的基本信息，包括相应fst文件的文件夹名称、数据块数量，以及数据的行列数，但不包括数据本身。disk.frame对象支持使用dplyr的操作方式进行数据处理。我们可以使用head()来观察数据的基本情况：

```
# 查看结果
green_2018_disk %>% head()

##   VendorID lpep_pickup_datetime lpep_dropoff_datetime store_and_fwd_flag
## 1:       2  2018-01-01 00:18:50   2018-01-01 00:24:39                  N
```

```
## 2:       2  2018-01-01 00:30:26   2018-01-01 00:46:42                    N
## 3:       2  2018-01-01 00:07:25   2018-01-01 00:19:45                    N
## 4:       2  2018-01-01 00:32:40   2018-01-01 00:33:41                    N
## 5:       2  2018-01-01 00:32:40   2018-01-01 00:33:41                    N
## 6:       2  2018-01-01 00:38:35   2018-01-01 01:08:50                    N
##     RatecodeID PULocationID DOLocationID passenger_count trip_distance
## 1:         1          236          236               5          0.70
## 2:         1           43           42               5          3.50
## 3:         1           74          152               1          2.14
## 4:         1          255          255               1          0.03
## 5:         1          255          255               1          0.03
## 6:         1          255          161               1          5.63
##     fare_amount extra mta_tax tip_amount tolls_amount ehail_fee
## 1:         6.0   0.5     0.5          0            0        NA
## 2:        14.5   0.5     0.5          0            0        NA
## 3:        10.0   0.5     0.5          0            0        NA
## 4:        -3.0  -0.5    -0.5          0            0        NA
## 5:         3.0   0.5     0.5          0            0        NA
## 6:        21.0   0.5     0.5          0            0        NA
##     improvement_surcharge total_amount payment_type trip_type
## 1:                   0.3          7.3            2         1
## 2:                   0.3         15.8            2         1
## 3:                   0.3         11.3            2         1
## 4:                  -0.3         -4.3            3         1
## 5:                   0.3          4.3            2         1
## 6:                   0.3         22.3            2         1
```

在输出fst文件时，可以使用compress参数对文件进行压缩。参数取值范围为0～100，数值越大，压缩比例越高，数据读取的时间也会越长。适当地选择该参数值能有效地节省硬盘空间。在以下例子中，我们将compress参数设置为100，生成的50个fst文件共占据硬盘空间约为150 MB，不设定compress参数的情况下，生成的fst文件总大小约为350 MB，可见compress参数所节省的硬盘空间是非常可观的：

```
# 对输出文件进行压缩
green_2018_disk_compress <- csv_to_disk.frame(
  infile = path_green_file,
  outdir = "green_2018_disk_compress_fst",      #设置fst数据块存放文件夹
  nchunks = 50,                                 #数据块数量
  compress = 100                                #对输出文件进行压缩
  )
```

再者，csv_to_disk.frame()可以一次读入多个csv文件，只要将输入路径参数infile设定为数据列表：

```
# 获取文件名称列表
green_files <- list.files(path, pattern = "^green_tripdata.+csv$") #获取文件名
```

```
path_green_files <- file.path(path, green_files)
path_green_files

## [1]"D:/K/DATA EXERCISE/big data/TLC Trip Record Data/green_tripdata_2018-01.csv"
## [2]"D:/K/DATA EXERCISE/big data/TLC Trip Record Data/green_tripdata_2018-02.csv"
## [3]"D:/K/DATA EXERCISE/big data/TLC Trip Record Data/green_tripdata_2018-03.csv"
## [4]"D:/K/DATA EXERCISE/big data/TLC Trip Record Data/green_tripdata_2018-04.csv"
## [5]"D:/K/DATA EXERCISE/big data/TLC Trip Record Data/green_tripdata_2018-05.csv"
## [6]"D:/K/DATA EXERCISE/big data/TLC Trip Record Data/green_tripdata_2018-06.csv"
## [7]"D:/K/DATA EXERCISE/big data/TLC Trip Record Data/green_tripdata_2018-07.csv"
## [8]"D:/K/DATA EXERCISE/big data/TLC Trip Record Data/green_tripdata_2018-08.csv"
## [9]"D:/K/DATA EXERCISE/big data/TLC Trip Record Data/green_tripdata_2018-09.csv"
## [10]"D:/K/DATA EXERCISE/big data/TLC Trip Record Data/green_tripdata_2018-10.csv"
## [11]"D:/K/DATA EXERCISE/big data/TLC Trip Record Data/green_tripdata_2018-11.csv"
## [12]"D:/K/DATA EXERCISE/big data/TLC Trip Record Data/green_tripdata_2018-12.csv"

# 一次读入多个数据
green_2018_files_disk <- csv_to_disk.frame(
  infile = path_green_files,
  outdir = "green_2018_files_disk_fst",
  nchunks = 50,
  blank.lines.skip = TRUE     # 支持输入fread的相关参数
  )
```

　　除了可以直接读取csv文件，disk.frame的zip_to_disk.frame()函数也提供了读取zip格式压缩文件并返回disk.frame列表的功能。如果压缩文件中有多个数据文件，则会对每个数据文件执行相同的读取设置，返回的列表中包含多个disk.frame。进一步地，可以使用rbindlist.disk.frame()函数将返回的disk.frame列表合并为一个disk.frame。同样可以通过设置compress参数使rbindlist.disk.frame()函数对fst文件进行压缩：

```
# 读取有多个数据集的压缩文件
green_2018_zip_disk_list <- zip_to_disk.frame(
  zipfile = file.path(path, "green_2018_files.zip"), # green_2018_files.zip含多个csv
  outdir = "green_2018_zip_disk_list_fst",
  blank.lines.skip = TRUE,
  nchunks = 50
  )

# 查看结果类型
class(green_2018_zip_disk_list)

## [1] "list"

# disk.frame列表合并
green_2018_zip_df <- rbindlist.disk.frame(
```

```
df_list = green_2018_zip_disk_list,
outdir = "green_2018_zip_disk_fst",
compress = 100
)

# 查看结果
green_2018_zip_df %>% head()

##    VendorID lpep_pickup_datetime lpep_dropoff_datetime store_and_fwd_flag
## 1:        2  2018-12-01 00:23:25   2018-12-01 00:24:47                  N
## 2:        2  2018-11-30 23:58:31   2018-12-01 00:21:53                  N
## 3:        2  2018-12-01 00:21:03   2018-12-01 00:30:15                  N
## 4:        2  2018-12-01 00:15:56   2018-12-01 00:23:26                  N
## 5:        2  2018-12-01 00:28:32   2018-12-01 00:30:33                  N
## 6:        2  2018-12-01 00:50:07   2018-12-01 00:55:51                  N
##    RatecodeID PULocationID DOLocationID passenger_count trip_distance
## 1:          1          193          193               1          0.00
## 2:          1           80           82               2          5.75
## 3:          1          225          225               1          1.55
## 4:          1           75          236               2          1.32
## 5:          1           75           75               2          0.68
## 6:          1           75          263               2          0.97
##    fare_amount extra mta_tax tip_amount tolls_amount ehail_fee
## 1:           3   0.5     0.5       0.00            0        NA
## 2:          21   0.5     0.5       0.00            0        NA
## 3:           8   0.5     0.5       1.86            0        NA
## 4:           7   0.5     0.5       0.00            0        NA
## 5:           4   0.5     0.5       1.06            0        NA
## 6:           6   0.5     0.5       1.00            0        NA
##    improvement_surcharge total_amount payment_type trip_type
## 1:                   0.3         4.30            2         1
## 2:                   0.3        22.30            2         1
## 3:                   0.3        11.16            1         1
## 4:                   0.3         8.30            1         1
## 5:                   0.3         6.36            1         1
## 6:                   0.3         8.30            1         1
```

实际上，disk.frame没有自己的csv文件读取器，它依赖data.table和readr等引擎实现csv等格式文件的读取。一般而言，使用默认的data.table引擎效率会更高。当然，可以根据需要选择适当的引擎，如想对日期时间类字段进行更好的操作时，可以选择使用readr读取引擎。从对我们的数据的读取效率来看，使用data.table引擎明显更具有优势：

```
# 数据读取引擎比较
backend_compare <- microbenchmark(
  backend_dt = csv_to_disk.frame(infile = path_green_file, outdir = "backend_dt_fst",
backend = "data.table"),
```

```
 backend_tib = csv_to_disk.frame(infile = path_green_file, outdir = "backend_tib_fst",
 backend = "readr"),
 unit = "s",
 times = 3
)

# 查看结果
backend_compare

## Unit: seconds
##          expr      min       lq     mean   median       uq      max neval
##    backend_dt 12.15089 12.55623 12.79525 12.96158 13.11744 13.27330     3
##   backend_tib 17.01521 18.54180 23.38418 20.06838 26.56866 33.06894     3
```

上述关于csv_to_disk_frame()的介绍中，我们通过nchunks来设置数据块的数量，每个数据块都会以fst格式存储，而fst库提供了实现数据框序列化的快速、易用、灵活的方法。fst格式的设计目的是挖掘硬盘读写的潜力。以fst存储的数据框，不论行还是列，都支持完全随机访问，读取一个子集的时候，不需要接触全部数据：

```
# 数据快读取
chunk1 <- read.fst("green_2018_disk_fst/1.fst", as.data.table = TRUE)

# 查看结果
chunk1

##          VendorID lpep_pickup_datetime lpep_dropoff_datetime store_and_fwd_flag
##     1:          2  2018-01-01 00:18:50   2018-01-01 00:24:39                  N
##     2:          2  2018-01-01 00:30:26   2018-01-01 00:46:42                  N
##     3:          2  2018-01-01 00:07:25   2018-01-01 00:19:45                  N
##     4:          2  2018-01-01 00:32:40   2018-01-01 00:33:41                  N
##     5:          2  2018-01-01 00:32:40   2018-01-01 00:33:41                  N
##    ---
## 176143:          2  2018-01-08 19:39:07   2018-01-08 19:48:07                  N
## 176144:          2  2018-01-08 19:53:10   2018-01-08 20:05:48                  N
## 176145:          2  2018-01-08 19:02:38   2018-01-08 19:05:57                  N
## 176146:          2  2018-01-08 19:47:19   2018-01-08 20:01:53                  N
## 176147:          2  2018-01-08 19:27:18   2018-01-08 19:38:49                  N
##          RatecodeID PULocationID DOLocationID passenger_count trip_distance
##     1:            1          236          236               5          0.70
##     2:            1           43           42               5          3.50
##     3:            1           74          152               1          2.14
##     4:            1          255          255               1          0.03
##     5:            1          255          255               1          0.03
##    ---
## 176143:            1          223          223               2          1.39
```

```
## 176144:            1             223            129                    2          2.87
## 176145:            1              74             74                    1          0.63
## 176146:            1              83            157                    1          2.30
## 176147:            1              33            181                    1          1.86
##          fare_amount extra mta_tax tip_amount tolls_amount ehail_fee
##      1:          6.0   0.5     0.5       0.00            0        NA
##      2:         14.5   0.5     0.5       0.00            0        NA
##      3:         10.0   0.5     0.5       0.00            0        NA
##      4:         -3.0  -0.5    -0.5       0.00            0        NA
##      5:          3.0   0.5     0.5       0.00            0        NA
##     ---
## 176143:          8.0   1.0     0.5       2.94            0        NA
## 176144:         11.5   1.0     0.5       0.00            0        NA
## 176145:          4.5   1.0     0.5       0.00            0        NA
## 176146:         11.5   1.0     0.5       2.66            0        NA
## 176147:          9.5   1.0     0.5       2.82            0        NA
##          improvement_surcharge total_amount payment_type trip_type
##      1:                    0.3         7.30            2         1
##      2:                    0.3        15.80            2         1
##      3:                    0.3        11.30            2         1
##      4:                   -0.3        -4.30            3         1
##      5:                    0.3         4.30            2         1
##     ---
## 176143:                    0.3        12.74            1         1
## 176144:                    0.3        13.30            2         1
## 176145:                    0.3         6.30            2         1
## 176146:                    0.3        15.96            1         1
## 176147:                    0.3        14.12            1         1
```

```
# 查看结果类型
class(chunk1)
```

```
## [1] "data.table" "data.frame"
```

使用disk.frame()函数，可以直接读取一个文件夹下所有的fst文件，无论文件是否已压缩：

```
# 直接读取一个文件夹下所有的fst文件
green_2018_disk_2 <- disk.frame("green_2018_disk_fst")
```

```
# 查看结果
green_2018_disk_2 %>% head()
```

```
##    VendorID lpep_pickup_datetime lpep_dropoff_datetime store_and_fwd_flag
## 1:        2  2018-01-01 00:18:50   2018-01-01 00:24:39                  N
## 2:        2  2018-01-01 00:30:26   2018-01-01 00:46:42                  N
## 3:        2  2018-01-01 00:07:25   2018-01-01 00:19:45                  N
```

```
## 4:         2  2018-01-01 00:32:40  2018-01-01 00:33:41              N
## 5:         2  2018-01-01 00:32:40  2018-01-01 00:33:41              N
## 6:         2  2018-01-01 00:38:35  2018-01-01 01:08:50              N
##     RatecodeID PULocationID DOLocationID passenger_count trip_distance
## 1:           1          236          236               5          0.70
## 2:           1           43           42               5          3.50
## 3:           1           74          152               1          2.14
## 4:           1          255          255               1          0.03
## 5:           1          255          255               1          0.03
## 6:           1          255          161               1          5.63
##     fare_amount extra mta_tax tip_amount tolls_amount ehail_fee
## 1:          6.0   0.5     0.5          0            0        NA
## 2:         14.5   0.5     0.5          0            0        NA
## 3:         10.0   0.5     0.5          0            0        NA
## 4:         -3.0  -0.5    -0.5          0            0        NA
## 5:          3.0   0.5     0.5          0            0        NA
## 6:         21.0   0.5     0.5          0            0        NA
##     improvement_surcharge total_amount payment_type trip_type
## 1:                    0.3          7.3            2         1
## 2:                    0.3         15.8            2         1
## 3:                    0.3         11.3            2         1
## 4:                   -0.3         -4.3            3         1
## 5:                    0.3          4.3            2         1
## 6:                    0.3         22.3            2         1
```

和其他主流数据处理库一样，disk.frame库提供了write_disk.frame()函数实现将数据导出并存储在硬盘中的功能，导出的文件同样为fst格式：

```
# 数据导出
write_disk.frame(
  df = green_2018_disk,
  outdir = "green_2018_disk_out",
  overwrite = TRUE
)
```

disk.frame的运作机制是"惰性"的，这意味着它并不会马上对数据执行操作，直到调用collect()函数。但disk.frame并不支持所有dplyr语法，例如arrange()函数只能在每个数据块内部排序而无法全局排序，summarise()函数也只能在每个数据块内部进行汇总。

 这种"惰性"机制和使用Python的Dask库时运行compute()的情况非常类似。

在下面的例子中，以PUlocationID作为分组字段进行频数统计。可以看到，在调用collect()函数之前，该处理流程不会进行实质性的操作；在调用collect()之后，结果才会以数据对象（data.frame或tibble）的形式保存下来：

```
# 利用dplyr的语法做简单统计
```

```
green_2018_disk %>%
  group_by(PULocationID) %>%
  summarise(n = n()) -> sum_exp

# 查看结果类型
class(sum_exp)

## [1] "summarized_disk.frame" "disk.frame"

# 获取结果
sum_exp %>% collect() -> sum_exp_collect

# 查看结果类型
class(sum_exp_collect)

## [1] "tbl_df"    "tbl"        "data.frame"
```

disk.frame的srckeep()函数能够保存每个数据块读入内存的列，加快数据的处理速度。基准测试显示，srckeep()的速度明显比使用整个数据集处理或使用select方法选取列的速度更快：

```
# 列选择方式比较
col_select_compare <- microbenchmark(
  no_select = green_2018_disk %>% group_by(passenger_count) %>% summarise(mean = mean
(total_amount)) %>% collect(),
  use_select = green_2018_disk %>% select(passenger_count, total_amount) %>% group_by
(passenger_count) %>% summarise(mean = mean(total_amount)) %>% collect(),
  use_srckeep = green_2018_disk %>% srckeep(c("passenger_count", "total_amount")) %>%
summarise(mean = mean(total_amount)) %>%  collect(),
  unit = "s",
  times = 3
)

# 查看结果
col_select_compare

## Unit: seconds
##          expr       min        lq       mean     median        uq      max neval
##     no_select 3.0608193 3.190681 3.2374884 3.3205418 3.3258230 3.331104      3
##    use_select 2.4240812 2.427258 2.4962759 2.4304357 2.5323733 2.634311      3
##   use_srckeep 0.7149958 0.755828 0.8048557 0.7966602 0.8497856 0.902911      3
```

整体而言，disk.frame库作为一个比较新的R数据处理库，在一定程度上继承了类似ff和bigmemory体系的内存外处理思路，也弥补了这些体系语法相对独立的缺点，和dplyr、data.table等主流数据处理体系有非常良好的整合，对于习惯了基于内存进行数据处理的用户来说更容易上手。目前disk.frame库依然在发展，有理由预见，disk.frame将成为R中内存外数据处理的主流解决方案。但目前的disk.frame解决方案仅限于大型数据集的存储和处理，不像big.memory体系那样具有大量配套的算法工具。

4.5　本章小结

　　本章主要介绍了突破单机内存限制的数据处理策略。充分调用硬盘资源，就是不把全部数据放入内存中，而借助硬盘来存储需要处理的数据，然后用内存处理索引或映射，这样一来，R能处理的数据上限就不再由内存大小决定，而是由硬盘空间决定。本章提到的各种策略的优缺点如表4-1所示，供读者根据自身对不同方法的熟悉程度和相应的场景选择。

表4-1　各策略优缺点比较

策略	优点	缺点
数据库协作	比较符合现实中企业生产的环境，且对于熟悉数据库操作的工程师来说是非常简单直接的方案	需要使用者具备一定的数据库知识，需要额外维护一套数据库工具，在单机环境中略显复杂；最终在R中处理的对象依然可能占用大量内存
bigmemory体系	处理数据的元信息对象，非常节省内存；提供了从数据处理到分析挖掘一体化的工具	只能处理矩阵型数据，适用的范围可能比较少（尤其对于社会科学的研究场景）
ff体系	处理数据的映射对象，非常节省内存；能处理不同变量类型的数据框，适用范围比bigmemory体系广	具有自己的一套独立的函数，和当前的主流数据处理工具协作性相对较弱
disk.frame	吸收了bigmemory体系和ff体系的优势，非常节省内存；和当前主流数据处理工具的协作性强；吸纳了很多新技术	比较新，很多功能正在完善，尚未形成"体系"

第 **5** 章

友好的可视化工具
——trelliscope

通过前几章的方法，你已经成功把数据读入R，并准备通过一些可视化的方式对数据进行探索分析。数据中有一些取值非常多的类别变量，但是你希望以这些变量作为分组依据，比较不同分组的情况。例如你想比较一年365天中每天每时的出租车运营情况。

众所周知，R的一个为人称道之处是它的可视化工具体系，以ggplot为代表的可视化语法自诞生之日起在数据科学领域流行至今。不过，ggplot主要专长于建立静态的可视化效果，可交互性略显不足。对于取值较多的类别变量，尽管使用ggplot中的分面语法facet_wrap或facet_grid也能呈现结果，但可以想象这样的结果会缺乏可读性，因为屏幕上会呈现大量分面图，让人眼花缭乱。实际上，本章开篇就描述了一个大型数据集可视化的典型场景，在探索性分析时需要使用大量的分面去呈现结果，这是当前ggplot语法未能很好解决的问题。对此，trelliscope应运而生。可视化是数据处理和探索的重要一环，在本章中，我们将简要介绍trelliscope的基本使用方法。

5.1 实现交互式大型分面可视化

trelliscope是一种基于"化整为零"思路和网格显示方法的可视化技术，数据被分割成多组，每组生成一个图，排列在网格中。这种方法非常简洁，被认为是展示大取值范围数据的优秀解决方案。trelliscope通过基于统计汇总的、具有交互性的筛选器，将数据展示变得非常生动。

trelliscope的可视化技术通过R的trelliscopejs库实现[①]。trelliscopejs库能创建网格展示并很好地整合传统的可视化、分析工作流，如可以使用ggplot2或者tidyverse的工作流创建网格可视化图像。trelliscopejs库的核心是一个名为trelliscopejs-lib的JavaScript库，提供了交互操作的界面。另外，该库由htmlwidget整合，可以很容易地将结果嵌入R Markdown、R Notebook等环境中，或者简单

---

① 更详细的介绍可参见trelliscopejs库的官方网站。

地将结果的html文件共享给其他人或发送到web上。

　　trelliscope交互式的可视化模式特别适合用于探索多个类别下不同变量的关系。为此，一个常用的函数是facet_trelliscope()。facet_trelliscope()与facet_wrap()类似，但会以一个更友好的交互界面呈现分析结果。

　　让我们看一个简单的例子。现在我们希望观察2018年中每天每时（0时～23时）green类别出租车的载客量变化情况。先载入本章需要的第三方库：

```
# 载入相关库
library(trelliscopejs)
library(ggplot2)
library(lubridate)
library(readr)
library(pryr)
library(dplyr)
```

　　我们先通过dplyr的语法生成相关的变量date（日期）和hour（时点），对每天的每个时点的载客量进行汇总，然后，利用ggplot进行可视化，但不同的是，为了获取trelliscope的交互分面可视化结果，我们使用facet_trelliscope()代替ggplot原有的facet_wrap()，并以date作为分面的依据：

```
# 读取数据
path <- "D:/K/DATA EXERCISE/big data/TLC Trip Record Data"
green_file <- "green_2018.csv"
path_green_file <- file.path(path, green_file)
green_2018 <- read_csv(path_green_file)

# 每一天每小时载客记录总和
green_2018 %>%
  mutate(hour = hour(lpep_pickup_datetime),
         date = date(lpep_pickup_datetime)) %>%
  group_by(date, hour) %>%
  summarise(n = n()) %>%
  filter(year(date) == 2018) %>%
  ggplot(aes(hour, n)) +
  geom_point() +
  geom_line() +
  facet_trelliscope(~ date, scales = "free_y")
```

　　在RStudio中，可以单击Zoom将Viewer菜单中的可视化结果显示在一个独立的窗口中，更有利于观察结果。窗口的右侧是可视化的结果，左侧是菜单栏，右上角主要是翻页的操作按钮。菜单栏包括以下选项。

　　❑ Grid：设置交互界面中每一页图像的行列数和排列方式（分面的行列数也可以在代码中设置）。如图5-1所示，为了方便观看，我们将可视化部分手动设置为2行×4列，且根据日期

（date）按行从左至右排列。

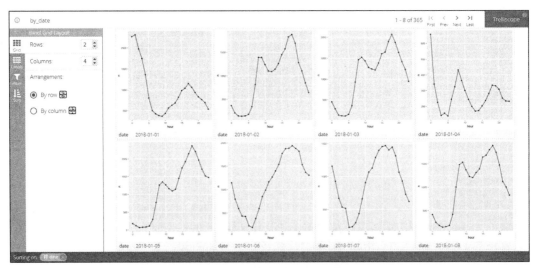

图5-1　trelliscope结果呈现的行列设定

❑ Labels：在交互界面的每个分面图中显示各个变量的基本统计量，包括最小值、最大值、均值、中位数和方差。如图5-2所示，我们在每个分面图下方加入当天载客量的最大值、中位数和最小值数据标签。

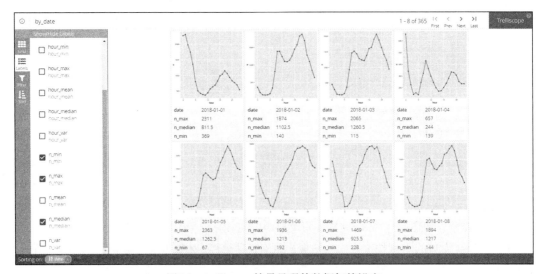

图5-2　trelliscope结果呈现的数据标签设定

❑ Filter：使用不同的变量和范围筛选，根据分析需要，减少交互界面中呈现的分面图数量，例如只看某个时间段内的结果，或者当天最小载客量大于某个值的日期的载客情况。如

图5-3所示，我们筛选了2018年7月载客数据中载客数中位数位于500～1000的日期，可以看到符合条件的日期共有7个。

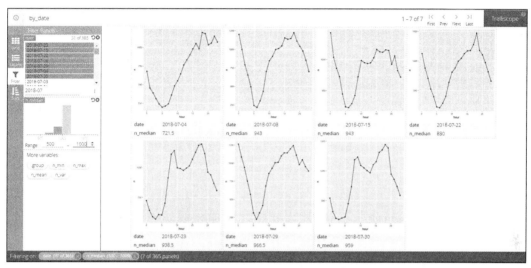

图5-3　trelliscope结果呈现的条件筛选

❑ Sort：根据不同的变量进行排序，重新组织所有分面图。如图5-4所示，我们根据每天的最大载客量来对日期进行排序，可以看到2018年2月2日当天的最大载客量是全年最高的，为2718人，其次为2018年1月26日，为2508人。

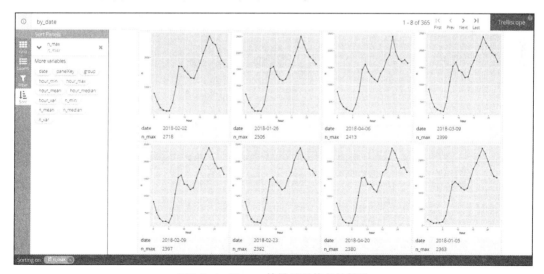

图5-4　trelliscope结果呈现的条件筛选

若已经安装另一个比较有名的交互可视化库plotly，则可以在trelliscope的基础上进一步使用

plotly的交互可视化功能，只需在facet_trelliscope()中设置as_plotly = TRUE：

```
# 每天每时载客记录总和: 结合plotly实现交互
green_2018 %>%
  mutate(hour = hour(lpep_pickup_datetime),
         date = date(lpep_pickup_datetime)) %>%
  group_by(date, hour) %>%
  summarise(n = n()) %>%
  filter(year(date) == 2018) %>%
  ggplot(aes(hour, n)) +
  geom_point() +
  geom_line() +
  facet_trelliscope(~ date, scales = "free_y", as_plotly = TRUE)
```

 需要先安装plotly库。

使用plotly可以支持更加精细的交互可视化操作，如图5-5所示，可以看到每个分面图上方多了一个plotly的工具栏。

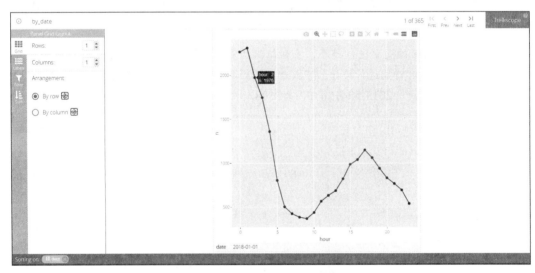

图5-5 trelliscope和plotly结合的结果呈现

以下例子中，我们分析每个区域在一年内每天乘客到达次数趋势。在这里我们加入auto_cog参数并将其设定为TRUE，这样在结果中会加入一系列的统计学指标，如相关系数（correlation）：

```
# 每个区域在一年内每天出车次数趋势
green_2018 %>%
  mutate(date = date(lpep_pickup_datetime)) %>%
  group_by(PULocationID, date) %>%
  summarise(n = n()) %>%
```

```
filter(year(date) == 2018) %>%
ggplot(aes(date, n)) +
geom_point() +
geom_line() +
facet_trelliscope(~ PULocationID, scales = "free_y", auto_cog = TRUE)
```

我们可以进一步按时间和载客记录数量的相关系数进行排序（如图5-6和图5-7所示），这样能够看出哪些区域在2018年内随着时间推移被越来越多人选择为目的地，这些地区很可能会有越来越多的居住人口或者发展得越来越快。相反地，越来越少人去的地区则可能面临发展速度变缓的挑战，逐渐变为缺乏人气的状态。

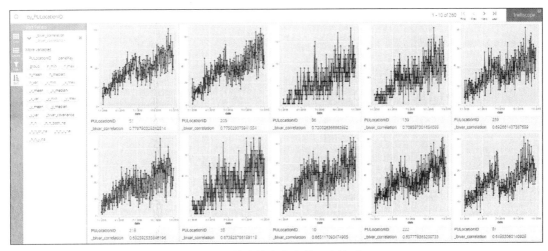

图5-6　越来越多人去的10个地区

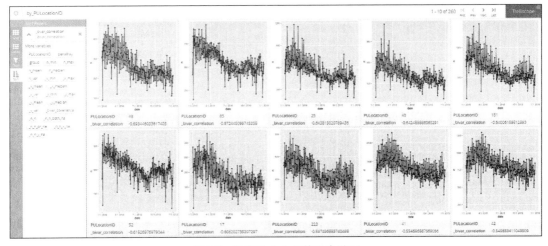

图5-7　越来越少人去的10个地区

5.2　本章小结

　　本章简单介绍trelliscope的基本使用方法，内容并不多。trelliscope和ggplot已经有非常好的整合，相信熟悉ggplot的用户都能很畅顺地上手trelliscope。不论是用于为他人进行数据分析后的结果报告还是自己在探索性数据分析中观察结果，trelliscope都能很好地满足需求。此外，trelliscope还能实现更多高层次的可视化效果。更重要的是，对于这类交互式的可视化工具，仅仅用文字和图片很难展现出它的强大能力，因此建议读者自己亲自动手实践一下。

第**6**章

让R更快——并行编程

你经常使用R的for循环语句、apply族等工具，不过随着要处理的数据集规模越来越大，你希望这些R的常用工具的处理速度能够加快。

从本章开始，我们将进入本书第二个主要部分，着眼于一些提升R数据处理和分析挖掘效能的策略，主要探讨当数据集比较大或者分析挖掘任务计算量比较大的时候，如何能通过比较简单的方式，不需要编写复杂的代码，就能充分利用单台计算机的资源和性能。要达到这样的目的，其中一个主要途径是并行编程，必须承认的是，计算机的并行配置和计算是计算机科学中一个非常专业的领域，一般来说，具有统计学或社会科学等学科背景的用户对这方面的专业知识会感到陌生，但这些用户却构成了R用户的重要部分。

不过，R提供了一系列便捷高效的工具，哪怕不是计算机科学的专家，也可以在R中通过并不复杂的代码，快速实现并行计算的方法，将时间和精力更多地投入到寻找问题的解决思路而不是编写代码上。本章内容如下：

❑ R并行编程技术概览；
❑ 介绍R与并行编程相关的常用第三方库；
❑ 通过一个网络文本抓取实例简单展示在R中如何简单实现并行编程。

 如果你希望更深入地了解并行计算的机理，实现更高级的应用，成为R的并行计算高手，建议阅读Simon R. Chapple等人的《R并行编程实战》、Q. Ethan McCallum等人的 *Parallel R*，以及其他计算机领域专业图书。

6.1 R并行编程技术概览

基础R的核心程序是单线程运作的，这曾经是很多用户诟病的地方，随着个人计算机的配置越来越强大，多核心配置已经成为主流，单线程的运作机制是对计算机资源的极大浪费。但其实在很早以前，已经有开发者开发了使R能实现并行数据处理的第三方库，其中具有代表性的有snow库（首次发布于2003年）、multicore库（首次发布于2009年）等，二者适应不同操作系统下的R。

从2.14.0版本开始，基础R在安装时内置了parallel库。该库整合了原本独立存在的snow和multicore库，使得R能够充分调用计算机资源，这无疑使得R在大型数据集的处理及一些可并行的机器学习工作环节上的性能提升至另一个层次。

此外，越来越多的第三方库也主动纳入并行计算的要素。这些库往往使用现有的并行计算库作为后端，使得相关的数据处理或计算不需要额外编程，或仅需简单地设置参数就能实现并行计算的效果，data.table、disk.frame等工具就属于这一类。

R提供了很多并行计算的框架，其中都包括了启动R进程和实现通信的工具。一般来说用户可以使用高层次的第三方库，不需要手动分配进程。一个R进程可以采用很多不同的方式启动，以下是一些常见的启动机制[1]。

❑ 分叉机制（fork）：操作系统复制当前的R进程。fork机制是UNIX和Linux系统中独有的，它将一个进程中的数据和指令进行复制。所有的fork进程通过只读模式指向相同的存储器。当进程需要修改数据时，数据会被复制。

❑ 系统调用（system call）：R开启了一个新的进程，称为spawn进程。区别于fork进程，spawn进程不会从父进程中获取数据和指令。

若有多个R进程正在运行，它们之间如何交换信息呢？以下是一些信息交换机制[2]。

❑ 套接字（socket）：想象每一个R进程都是网络中的一台独立的计算机，数据可以通过网络的接口传输。传输信息不需要将其格式化，接收者知道其格式如何。

❑ 并行虚拟机（Parallel Virtual Machine, PVM）：一种信息传输的协议和软件，由田纳西大学橡树岭实验室和埃默里大学开发，首次发布于1989年，在Windows和UNIX系统上运行，使得集群能够在这两种操作系统上运行。近年逐渐被信息传输接口取代。

❑ 信息传输接口（Message Passing Interface, MPI）：一种信息传输协议，已逐渐成为大型分布式集群信息传输协议的标准，特别适用于包含多种操作系统和硬件的计算集群。该协议有多种实现形式，包括OpenMPI、MPICH、Deino、LAM/MPI等。

❑ 网络空间（NetWorkSpaces, NWS）：一种信息传输协议，适用于master进程是一个网络空间服务器而不是R进程的情况。

根据并行的内容，可大体将并行性分为两种：数据并行性和任务并行性。数据并行性指将数据集分割成多个分区，将不同分区分发到多个处理器上，然后在每个数据分区上执行相同的任务。任务并行性指将任务分发到不同的处理器并行执行。每个处理器的任务可以相同，也可以不同；

---

[1] 本部分的术语解释主要整理自Jonathan D. Rosenblatt的R语言线上教程第16章 "Parallel Computing"。

[2] 来源同上。

处理的数据可以相同，也可以不同[①]。

然而，并行计算也不是万能的，以我们重点讨论的单机环境为例，它意味着同时使用计算机的多个CPU核心，这就很可能消耗更多的内存。因此并行机制实际上主要解决计算速度的问题，并不是一个突破内存瓶颈的好方法。内存问题要通过更有效的内存表现方式或者内存外分析机制来解决。

此外，多线程并行也不一定能提升计算效率，还有两大因素会阻碍计算效率的提升：信息传递带来的开销和负载均衡问题。

并行性能提升的障碍之一就是在不同进程之间复制和传递数据。对于数据量较小、运算逻辑较简单的任务，多线程并行运算所耗费的时间会比串行的时间更长，因为线程之间传递消息本身会造成一定的开销，某些情况下开销还会十分大。当执行小型计算任务时，消息传递的开销可能会超过并行运算带来的性能提升，得不偿失。阿姆达尔定律（Amdahl's law）能够估算代码从串行转化为并行时可获得的最大性能提升，并行执行任务所需的时间不少于：

$$T(n) = T(1) \times (P + (1 - P) / n)$$

$T(n)$是同时使用n个并行进程执行任务所需的时间，$T(1)$是串行执行任务所需的时间，P是严格串行的部分占整个任务的比例，基于上述公式，并行算法可能达到的最大加速比为：

$$S(n) = T(1) / T(n) = 1 / (P + (1 - P) / n)$$

阿姆达尔定律意味着：任何并行化算法的最短运行时间受限于算法中串行执行部分所需的时间。

另外，不同的进程读取同一个数据时会互相阻塞，访问同一个通信信道、同一个内存模块时会互相碰撞。

另一个障碍是非均衡计算的问题。对于大型的计算任务，有可能出现不同的worker工作量不一样的情况。完成工作的worker等待未完成工作的worker，整个任务的完成时间最终取决于最慢的那个worker，而其他worker有大量时间处于空闲状态，造成了资源的浪费。为了解决这样的问题，需要引入负载均衡（load balancing）的思路，即计算任务能在不同的worker之间协调，当某个worker处于空闲状态时，就给它分发任务，使得不同worker的工作量差距减少，提高自适应性。这样会增加worker之间消息交换的时间，所以在计算量较大的任务上，可以利用该思路，虽然牺牲一定的时间交换消息，但依然会使整体效率提高。相反，在小型计算任务上，这样的协助模式则会降低计算效率。

6.2 实现并行计算的第三方库

本节简单介绍几个与并行编程相关的第三方库，如snow、multicore、parallel、future、foreach等。

---

① 可参见Aloysius Lim等人所著《R高性能编程》一书。

6.2.1　snow库

snow代表"Simple Network of Workstations"。使用master/worker的结构，master发送任务给worker，worker执行任务并将结果返回给master。snow的一个重要特征是可以使用不同的传输机制在master和worker之间实现信息交换。这使得snow非常轻便，但仍然能够发挥高性能信息沟通机制的优势。

snow库的设计目标是使用socket、PVM、MPI和NWS等机制实现并行。socket传输不需要使用额外的第三方库，所以是最方便的。RMPI库支持MPI，rpvm支持PVM，nws支持NWS。socket传输方式在多核系统特别是Windows系统上很常用，MPI传输方式在Linux集群上很常用。本书使用Windows系统，因此后续示例中基本都是调用socket传输方式进行并行计算。用snow库启动的R进程不能实现分叉，因此它们不能看到master进程中的数据，需要将数据复制到worker进程中，但好的方面是，snow可以在Windows系统中启动R进程，以及在集群中的远程计算机启动。

snow特别适合蒙特卡洛模拟、自助抽样、交叉验证、集成机器学习算法、k-means聚类等。rsprng和rlecuyer库支持并行的随机数生成，这在实施模拟、自助抽样和机器学习上非常重要。

要使用snow进行并行计算，首先需要在本机建立一个集群对象，该对象用于与worker进行交互。可以建立不同类型的集群对象，这基于我们想使用的信息传递机制。基本的集群建立函数是makeCluster()，建立一个含有6个worker的socket集群方法如下：

```
# 建立一个本机socket集群
cl <- makeCluster(6, type="SOCK")
```

makeCluster()函数创建一个集群对象。单台计算机上的创建过程非常简单，但在计算机集群上，则需要指定每台计算机的IP地址等信息。创建集群的时候，worker使用网络套接字与master通信。worker进程加载相关的包并进行初始化，数据分区被序列化，然后发给每个worker。这些开销可能很大，特别是有些并行算法需要将大量数据传送到worker进程。

集群类型可以是SOCK（即socket）、MPI、PVM或NWS，因此也可以直接使用函数makeSOCKcluster()、makeMPIcluster()、makePVMcluster()、makeNWScluster()创建特定类型的集群。实际上，makeCluster()函数正是这几个函数的封装。

要关闭任何一类的集群，可以使用stopCluster()函数。虽然一些类型的集群会随着R对话的结束而自动关闭，但调用stopCluster()来结束是一个好的习惯，否则在集群类型改变的情况下有可能会泄露集群的worker。

6.2.2　multicore库

multicore库的设计目标是在Linux系统上使用fork机制实现并行。与snow库的使用方式不同，使用multicore库实现并行编程不需要建立集群对象，也不需要对worker进行初始化，这些worker

继承了master的函数、变量和环境，如每次调用mclapply()都会创建worker进程。snow并不会这样处理，因此在集群中启动worker经常会耗费很多时间。然而，multicore通过fork()建立分叉集群更快，因为它不需要复制进程数据，一种叫作"写时拷贝"（copy-on-write）的技术能够充分利用操作系统的虚拟内存系统，在这类集群中，新的worker进程从master进程中分叉出来，并复制数据。与socket的集群相比，初始化子进程更快，而且内存使用通常也较少。mclapply()会传递给每个worker一个master环境的虚拟副本，因此worker的数据和master是同步的，不需要在worker中重建master的数据和环境。但在计算机集群上执行并行代码，只有基于socket的集群可以在计算机集群上执行并行，因为进程不可能被分叉到另一台计算机上。

6.2.3　parallel库

由R核心开发团队维护的parallel库发布于2011年，整合了snow和multicore库，提供了和这些库相似的函数。其中，一些来源于multicore库的函数名带有"mc"前缀，常用函数mclapply()的参数进行了少许修改。这使得并行编程在R中能够更为普及。

parallel库的一个重要的特性是与新的L'Ecuyer-CMRG随机数生成器（Random Number Generator，RNG）实现整合。这个生成器使在并行计算中生成随机数变得更容易。它使用和rlecuyer库同样的概念，但使用全新的实现，使得parallel库不再对rlecuyer库产生依赖。

parallel库可以在基于POSIX的多核系统上使用mclapply()、mcparallel()等multicore库的函数，可以借助PSOCK集群在Windows系统和Linux系统上使用parLapply()、clusterApplyLB()等函数，也可以使用由snow库建立的集群对象，将MPI作为信息传递工具。换言之，parallel库具有snow和multicore库的所有功能。

如果运行Windows或者Linux集群，则不能使用源于multicore库的函数（如mclapply()、pvec()等），而只能使用源于snow库的函数（如parLapply()、clusterApplyLB()等）。这些函数的第一个参数是集群对象，在使用这些函数前，需要先建立集群对象。

parallel库有两个传输方式：PSOCK和FORK。其中PSOCK类似snow库的SOCK方式，但效率更高。它利用R脚本启动worker，并在master和worker之间使用socket传输方式连接沟通。可以使用makeCluster()函数建立集群对象，该函数type参数的默认值为PSOCK，无须显式指定即可建立一个PSOCK集群。建立一个包含6个worker的socket集群方法如下：

```
# 建立一个本机socket集群
cl <- makeCluster(6)
```

这和使用snow库建立socket集群的方法基本一致。PSOCK集群适用于所有类型的操作系统。

FORK传输方式使用mcfork()函数启动worker，并在master和worker之间使用socket连接进行沟通。要建立一个FORK集群，可以使用makeCluster()函数并设置type参数为FORK：

```
# 建立一个本机fork集群
cl <- makeCluster(6, type="FORK")
```

需要注意的是，不能在远程机器上使用FORK集群启动worker，因为mcfork()建立在fork系统之上，只能在本地计算机建立进程。另外，FORK集群只支持基于POSIX的系统，不支持Windows。FORK的一个有趣的特征是worker能够直接在master进程中继承数据和环境，这就如同worker自动通过mclapply()启动，而PSOCK集群则没有这种自动继承数据和环境的特性。在这方面，FORK要比PSOCK更为便捷。

默认情况下，makeCluster()使得worker进程在启动的时候加载methods包，这会花费大量的时间。如果任务运行并不需要methods包，可以为makeCluster()设置参数methods=FALSE来禁止包加载，减少时间开销。

可以通过getDoParWorkers()函数查看有多少worker参与了计算，也可以通过getDoParName()查看使用的并行机制。

parallel库中的很多函数都带有"LB"后缀（如parLapplyLB()），这些函数主要用于实现上文提到的负载均衡思路，在计算过程中动态分配不同worker的计算任务。

 parallel库提供了几乎所有apply族函数的并行版本及负载均衡并行版本。

6.2.4　future库

除了parallel等较经典的并行计算库外，还有一个近年流行起来的并行计算支持工具：future库。future库以"future对象"为核心概念，为在R中实现并行计算提供了轻量级的统一接口，适用于多种操作系统，同时也与当前R的主要并行计算后端有着良好的协作。使用future进行并行计算时，不需要再手动将各类函数、第三方库等导入各个进程，在一定程度上提高了编程效率。

future库通过plan()函数设置计算方案，以下是几种主要类型。

- ❏ sequential：串行计算，当并行结束时，可以通过plan(sequential)结束并行。这有点类似parallel中计算结束时调用的stopCluster()发挥的功能。
- ❏ multisession：并行计算，在后台建立多个新的R进程实现并行。
- ❏ multicore：并行计算，调用FORK集群。即将主进程分叉，得到多个子进程实现并行计算，不适用于Windows系统，也不适用于使用RStudio进行数据处理的情况[①]。
- ❏ cluster：并行计算，适用于利用多台计算机组成的集群实现并行计算的场景。

 近年发布的机器学习库mlr3就能以future作为后端实现机器学习工作流的并行计算，前文提到的disk.frame也是以future库作为并行数据处理的后端。

---

① 关于这方面的内容，可以阅读parallely库函数supportsMulticore()的帮助文档了解更多。

6.2.5　foreach库

和上面提到的几个库不同，foreach库本身并不提供并行计算的机制，与R原生的for循环结构相比，foreach库提供了一种新的循环结构，是一种可以支持并行计算的循环编程框架。foreach库目前支持以下并行后端。

- □ fork：调用doMC的后端。
- □ MPI、VPM、NWS：调用doSNOW或者doMPI的后端。
- □ parallel：调用doParallel后端。
- □ futures：调用doFuture的后端。
- □ redis：调用doRedis的后端。

使用foreach调用并行计算后端时，需要载入名称以do开始的库，如doParallel等，并调用registerDoParallel()函数，用于告知foreach并行集群的存在。若调用parallel后端，在Windows系统下会启用snow库的功能，在其他系统下会启用multicore库的功能。

foreach结构中的%do%和%dopar%指示符主要操作一个foreach对象和一个R表达式，表达式会在环境中被foreach对象执行多次。%dopar%指示符使循环用并行的方式实现，如果将其替换为%do%，则改用串行的方式，与for循环相同。结果默认以列表的方式返回，但也可以使用.combine参数进行调整，主要包括以下形式。

- □ c：将结果合并为一个向量。
- □ cbind、rbind：将结果按列、按行合并。
- □ +、*：处理数值型数据，将结果相加、相乘。

下面通过具体的案例进一步介绍foreach循环框架的具体使用方法。

6.3　网络数据抓取案例

单从理论上去解释或者仅使用模拟数据可能很难体现R并行编程的效果，在本小节中，我们将呈现一个简单的例子。在这个案例中，抓取的数据量并不大，数据抓取和处理环节的代码也可能并不是最优的。这个案例旨在呈现R并行编程的主要思路，展现6.1节和6.2节中一些工具的操作方法，比较串行与并行编程处理效率。

本案例抓取的数据源为当客网的球鞋库数据[①]，我们的目标是：

- □ 抓取每款球鞋的几个主要信息；

---

① 详见当客网装备专栏球鞋库（www.dunkhome.com/shoes）。执行网络数据抓取前，请先了解相关规定。截至本书完稿，根据该网站的robots.txt文件，本案例抓取的内容属非禁止内容。

❑ 对其中的文本信息进行分词及必要的清理，并形成整洁形式的数据框。

形成整洁数据后，读者可以根据自身的需求进行更为个性化的文本挖掘，本书不就文本挖掘部分展开详细讨论。

在网络数据采集领域，有许多不同层次的第三方库。对于一般的静态翻页网站的采集，使用与tidyverse生态系统有着良好整合的rvest库基本可以满足需求。根据对目标网站结构的初步分析结果，本案例主要使用rvest库。

 对于在R中实现更高层次的网络数据抓取，则需要结合RSelenium等库进行。对此有需求的读者可以进一步阅读Simon Munzert的《基于R语言的自动数据收集：网络抓取和文本挖掘实用指南》一书以了解RSelenium库的使用方法。

通过观察数据来源网页的信息呈现特征，可以发现网页由外页列表和内文信息构成，其中，外页列表标记各款球鞋的基本信息和图片等，内页通过外页列表中的统一资源定位符（Universal Resource Locator，URL）进入，主要呈现球鞋的详细信息。这种形式常见于很多网站。基于这种特点，我们制定的抓取思路如下：

1. 抓取单个外页所有球鞋信息页的URL；
2. 循环抓取全部外页的球鞋信息页URL；
3. 抓取单个内页中的球鞋信息；
4. 循环抓取全部球鞋信息，并将所有信息合并为一个数据框。

在抓取时，可以先对各个步骤进行分解测试，最后再将它们合并为一个整体函数。我们先载入需要用到的第三方库：

```
# 载入第三方库
library(rvest)
library(tidyverse)
library(doParallel)
library(doFuture)
library(foreach)
library(tictoc)
library(microbenchmark)
library(furrr)
```

6.3.1   利用foreach并行循环抓取

从我们制定的抓取思路出发，可以很自然地想到使用循环的方法实现。这时，6.2.5小节中介绍的foreach并行循环框架就可以派上用场了。

抓取球鞋信息页URL

抓取数据的第一步是抓取单个页面的所有球鞋信息页URL。首先利用当前页的页码，借助

str_glue()函数（或者paste()函数等）构建出本页的URL。

使用read_html()函数，输入本页的URL，将整个页面的全部内容读入R。正如上文提到，rvest库和整个tidyverse生态系统有着良好的整合，使得对抓取内容进行后续的处理非常简便。读入整个页面内容后，可以借助Google Chrome浏览器的插件SelectorGadget快捷地定位页面信息所在的位置。利用该工具找到球鞋信息页URL的结点位置，将其输入html_nodes()函数。由于球鞋信息页的URL信息位于该结点的属性href中，我们进一步利用html_attr()提取href属性信息。整个过程实现方式和结果如下：

```
# 抓取球鞋信息页URL

# 读入页面，输入页码，利用页码构建本页的URL
i <- 1
page_url <- str_glue("https://www.dunkhome.com/shoes?kind=0&page={i}")
page <- read_html(page_url)

# 提取每款球鞋的URL
in_url <- page %>%
  html_nodes(".g-compare-link+ a") %>%
  html_attr("href")
```

 SelectorGadget插件的使用方式可参见其官方网站。该工具与rvest配合使用非常高效，但不一定每次都能准确定位，有时需要一些CSS或XPATH的基础知识才能顺利使用。

通过上述测试步骤后，我们将单页球鞋信息页URL抓取的流程封装为函数in_url_scraping_fun()，该函数可根据输入的页码输出该页所有球鞋信息页URL（将在循环中使用）。在这里我们进一步设置时间间隔来控制抓取速度，以减轻目标网站的负担。建立过程如下：

```
# 球鞋信息页URL抓取函数：输入页码
in_url_scraping_fun <- function(i){

  # 设置时间间隔
  Sys.sleep(0.01)

  # 生成本页URL
  page_url <- str_glue("https://www.dunkhome.com/shoes?kind=0&page={i}")

  # 读取本页内容
  page <- read_html(page_url)

  # 抓取并筛选每页的球鞋信息页URL
  in_url <- page %>%
    html_nodes(".g-compare-link+ a") %>%
    html_attr("href")
```

```
# 返回结果
return(in_url)

}
```

多页球鞋信息页URL循环抓取

知道如何抓取单个页面的球鞋信息页URL之后，我们可以编写循环语句抓取所有页面的球鞋信息页URL。为了提高循环抓取效率，结合parallel库使用foreach循环结构。

第一步，通过对网站的观察发现，网站的翻页栏处并没有显示最后一页的页码，但我们希望自动识别出最后一页的页码，而不希望手动输入，以使整个抓取流程能够更加自动化。通过抓取网页上显示的球鞋总数及每页展示的球鞋数，可以估算最后一页页码大约为56（通过手动翻页检查后发现确实如此）：

```
# 自动估算网站中最后一页的页码

# 抓取球鞋总数
total_shoes <- page %>%
  html_nodes(".quantity") %>%
  html_text() %>%
  str_extract("\\d+") %>%
  as.integer()

# 计算总页数
last_page <- ceiling(total_shoes / 30)

# 查看结果
last_page

## [1] 56
```

第二步，对所有页面循环抓取球鞋信息页URL。我们建立一个并行循环流程：使用parallel库的makeCluster()函数建立一个本地的socket集群对象，使用detectCores()函数判断本机可调用的线程数量（在此调用本机的全部线程），然后使用registerDoParallel()函数注册该集群，使得foreach循环能够使用该集群作为后端实现并行计算。

> detectCores()默认的返回结果是计算机的超线程数而非真正的物理内核数。例如我的笔记本电脑有6个物理核心，每个物理核心模拟2个超线程，所以 detectCores()的返回值是12，若将logical的参数设置为FALSE，则可以使该函数返回实际的物理内核数，即6。

完成了并行计算的准备工作后，我们可以搭建一个简易的foreach循环流程，需要设置的内容如下。

❑ 页码范围：即从第1页到上面自动识别到的最后一页。

- □ 结果的合并方式：c表示将结果组合为一个向量，即最后抓取及处理的结果是包含了该网站中所有球鞋信息页URL的向量。
- □ 需要传输到worker的要素：在6.2节中已介绍过，snow集群的原理是将master中的对象传递到worker中处理，再将各个worker的处理结果返回到master中。master中的数据、函数、调用的库等在开始时并不在worker中，而每个worker中执行的单页球鞋信息页URL抓取函数需要用到tidyverse和rvest库，因此需要使用.export参数将上述两个库传递到worker中。
- □ 错误控制：参数.errorhandling的默认值为stop，即遇到错误时循环会停止执行。我们将其设置为remove，即遇到错误时会继续执行，且不将错误结果纳入最终结果。
- □ 执行方式：使用%dopar%执行循环，即告诉foreach函数调用上述设定好的本地集群实现并行计算。与之相对的是%do%，即执行一般的串行循环。

执行完成后，需要使用stopCluster()函数停止这个集群。我们一共抓取到1586个球鞋信息页的URL[①]。整个过程如下：

```
# 建立本地集群
cl <- makeCluster(detectCores())
registerDoParallel(cl)

# 建立foreach循环，循环抓取所有列表页的球鞋信息页URL
tic()
in_url_vec <- foreach(i = seq(1, last_page),
                      .combine = "c",
                      .packages = c("tidyverse", "rvest"),
                      .errorhandling = "remove") %dopar% in_url_scraping_fun(i)
toc()

## 6.61 sec elapsed

# 停止集群
stopCluster(cl)

# 对象长度
length(in_url_vec)

## [1] 1586
```

球鞋信息抓取

在这一步中，我们进入球鞋详细信息页面，以抓取更多信息。页面信息非常丰富，不妨假定需要抓取球鞋名称、点击数、点赞数、代言球星、价格、上市时间、评论等信息。

---

① 经过检查，部分球鞋缺少信息页URL，因此抓取结果数少于网站显示的球鞋总数。

首先使用read_html()函数输入球鞋信息页URL，将页面的全部内容读入R，使用html_nodes()函数并结合SelectorGadget工具，确定各个信息的相应结点位置，并进一步使用html_text()函数提取所需的文本内容（将参数trim设置为TRUE能够清除文本中的空格）。

对于抓取到的文本内容，可以进行一些处理，如把点击数和点赞数等转换为整数格式。另外，有些球鞋上市时间信息为空，会抓取到一个空的字符向量character(0)，并影响后续工作中的信息合并，在此我们将这种情况转换为缺失值NA。当然，有些处理步骤也可以在全部内容抓取完成后统一进行。

最后，将同一款鞋的所有信息组合为一个tibble数据框。

相关信息的抓取过程如下：

```
# 抓取球鞋信息

# 读入球鞋信息页URL
shoes <- read_html("http://www.dunkhome.com/shoes/16350-%E9%9F%A6%E5%BE%B7%E4%B9%8B%E9%81%93 ")

# 鞋名
name <- shoes %>% html_nodes("h1") %>% html_text(trim = TRUE)

# 点击数
hit <- shoes %>% html_nodes(".dh-icons-eye+ span") %>% html_text(trim = TRUE) %>% as.integer()

# 点赞数
vote <- shoes %>% html_nodes(".dh-icons-thumbs-up+ span") %>% html_text(trim = TRUE) %>% as.integer()

# 代言球星
star <- shoes %>% html_nodes(".set_bai i") %>% html_text(trim = TRUE)

# 价格
price <- shoes %>% html_nodes(".set_bai+ li i") %>% html_text(trim = TRUE) %>% as.integer()

# 上市时间
date <- shoes %>% html_nodes("span+ a") %>% html_text(trim = TRUE)
date <- ifelse(is_empty(date), NA_character_, date)

# 评论
comments <- shoes %>% html_nodes(".one-word-tips") %>% html_text(trim = TRUE)

# 合并为tibble
tibble(name, hit, vote, star, price, date, comments)

## # A tibble: 1 x 7
##   name          hit  vote star     price date    comments
##   <chr>       <int> <int> <chr>    <int> <chr>   <chr>
## 1 韦德之道    32980     3 德怀恩·~   849 2012年~ 从花尽心思为每个配色取名字、就~
```

同样地，我们也将上述过程封装为一个函数：

```
# 球鞋信息抓取函数
shoes_info_scraping_fun <- function(in_url){

  # 时间间隔
  Sys.sleep(0.01)

  # 读入球鞋信息页URL
  shoes <- read_html(in_url)

  # 鞋名
  name <- shoes %>% html_nodes("h1") %>% html_text(trim = TRUE)

  # 点击数
  hit <- shoes %>% html_nodes(".dh-icons-eye+ span") %>% html_text(trim = TRUE) %>% as.integer()

  # 点赞数
  vote <- shoes %>% html_nodes(".dh-icons-thumbs-up+ span") %>% html_text(trim = TRUE)
%>% as.integer()

  # 代言球星
  star <- shoes %>% html_nodes(".set_bai i") %>% html_text(trim = TRUE)

  # 价格
  price <- shoes %>% html_nodes(".set_bai+ li i") %>% html_text(trim = TRUE) %>% as.integer()

  # 上市时间
  date <- shoes %>% html_nodes("span+ a") %>% html_text(trim = TRUE)
  date <- ifelse(is_empty(date), NA_character_, date)

  # 评论
  comments <- shoes %>% html_nodes(".one-word-tips") %>% html_text(trim = TRUE)

  # 合并为tibble
  shoes_tib <- tibble(name, hit, vote, star, price, date, comments)

  # 返回结果
  return(shoes_tib)

}
```

循环抓取全部球鞋信息

完成单个页面的球鞋信息抓取过程的测试步骤后，我们针对所有球鞋信息页URL，同样通过并行的形式循环抓取信息，并将结果整合到一个数据框中。其中，将foreach的.combine参数设置为rbind表示将循环抓取的结果按行堆叠在一起。过程如下：

```
# 建立本地集群
cl <- makeCluster(detectCores())
registerDoParallel(cl)

# 建立foreach循环，循环抓取所有球鞋信息
tic()
shoes_result <- foreach(j = seq(1, length(in_url_vec)),
                        .combine = "rbind",
                        .packages = c("tidyverse", "rvest"),
                        .errorhandling = "remove") %dopar% shoes_info_scraping_fun(in_url_vec[j])
toc()

## 37.32 sec elapsed

# 停止集群
stopCluster(cl)

# 查看结果
shoes_result %>% arrange(name)

## # A tibble: 1,582 x 7
##    name                    hit  vote star        price date      comments
##    <chr>                 <int> <int> <chr>       <int> <chr>     <chr>
##  1 1/2 CENT               7371     0 无           1480 2009年01月 "2009年推~
##  2 3 SERIES 2013          3705     0 无            580 2013年01月 "想不通这~
##  3 80风                   7090     0 无            499 2012年01月 ""
##  4 937                    6135     1 无            439 2010年01月 ""
##  5 a3 Electrify           7598     0 蒂姆·邓肯      980 2012年01月 "阿迪达斯~
##  6 A3 SUPERSTAR ULTRA    10015     1 凯文·加内特    1180 2003年01月 "这鞋背景~
##  7 A3 The Garnett II      9612     3 凯文·加内特    1080 2005年01月 "成功的新~
##  8 A3 The Garnett III    16157     4 凯文·加内特    1080 2006年01月 "全掌A3 ST~
##  9 ADIDAS CRAZY 3         6228     0 科比·布莱恩特  1180 2007年01月 "对99年最~
## 10 Adidas Crazy Explosive 13002    0 安德鲁·威金斯     0 2016年06月 ""
## # ... with 1,572 more rows
```

抓取全流程整合

　　为了方便整个数据抓取流程的复用，我们将上述所有步骤封装为一个总函数。对于此函数，提出如下设想：

　　❑ 输入的参数为并行抓取需要调用的线程数；

　　❑ 输出的结果为抓取结果汇总后的数据框。

值得注意的是，这里把球鞋信息页URL抓取函数in_url_scraping_fun()和球鞋信息抓取函数shoes_info_scraping_fun()的定义过程也整合到总函数中。我们也可以把上述两个函数在总函数之外独立进行定义，相应地，在执行总函数的时候，就需要将这两个函数通过foreach的.export参数传递到所有worker中：

```
# 总函数: parallel版本
all_scraping_fun_parallel <- function(ncores = 12){

  # 球鞋信息页URL抓取函数
  in_url_scraping_fun <- function(i){
  # 时间间隔
    Sys.sleep(0.01)
    # 生成本页URL
    page_url <- str_glue("https://www.dunkhome.com/shoes?kind=0&page={i}")
    # 读取列表页内容
    page <- read_html(page_url)
    # 提取每页的球鞋信息页URL
    in_url <- page %>%
      html_nodes(".g-compare-link+ a") %>%
      html_attr("href")
    # 返回结果
    return(in_url)
  }

  # 球鞋信息抓取函数
  shoes_info_scraping_fun <- function(in_url){
    # 时间间隔
    Sys.sleep(0.01)
    # 读入球鞋url
    shoes <- read_html(in_url)
    # 鞋名
    name <- shoes %>% html_nodes("h1") %>% html_text(trim = TRUE)
    # 点击数
    hit <- shoes %>% html_nodes(".dh-icons-eye+ span") %>% html_text(trim = TRUE) %>% as.integer()
    # 点赞数
    vote <- shoes %>% html_nodes(".dh-icons-thumbs-up+ span") %>% html_text(trim = TRUE)
%>% as.integer()
    # 代言球星
    star <- shoes %>% html_nodes(".set_bai i") %>% html_text(trim = TRUE)
    # 价格
    price <- shoes %>% html_nodes(".set_bai+ li i") %>% html_text(trim = TRUE) %>% as.integer()
    # 上市时间
    date <- shoes %>% html_nodes("span+ a") %>% html_text(trim = TRUE)
    date <- ifelse(is_empty(date), NA_character_, date)
    # 评论
    comments <- shoes %>% html_nodes(".one-word-tips") %>% html_text(trim = TRUE)
```

```
  # 合并为tibble
  shoes_tib <- tibble(name, hit, vote, star, price, date, comments)
  # 返回结果
  return(shoes_tib)
}


  # 估算总页数
page <- read_html("https://www.dunkhome.com/shoes?kind=0&page=1")
total_shoes <- page %>%
  html_nodes(".quantity") %>%
  html_text() %>%
  str_extract("\\d+") %>%
  as.integer()
last_page <- ceiling(total_shoes / 30)

# 建立本地集群
cl <- makeCluster(ncores)
registerDoParallel(cl)

# 建立foreach循环，循环抓取所有球鞋信息页URL
in_url_vec <- foreach(i = seq(1, last_page),
                      .combine = "c",
                      .packages = c("tidyverse", "rvest"),
                      .errorhandling = "remove") %dopar% in_url_scraping_fun(i)

# 循环抓取所有球鞋信息
result <- foreach(j = seq(1, length(in_url_vec)),
                  .combine = "rbind",
                  .packages = c("tidyverse", "rvest"),
                  .errorhandling = "remove") %dopar% shoes_info_scraping_fun(in_url_vec[j])

#停止集群
stopCluster(cl)

#返回结果
return(result)

}
```

使用该总函数比较串行抓取和并行抓取的速度，基准测试的结果显示，并行方案的抓取效率明显高于串行方案，从平均水平来看，前者速度是后者的10倍左右。

通过并行编程执行这个抓取过程收益非常大。如果进一步优化部分代码，速度可能还会有进一步提升。

```
# 效率比较
seq_parallel_compare <- microbenchmark(
```

```
  seq = all_scraping_fun_parallel(1),
  parallel = all_scraping_fun_parallel(12),
  times = 3,
  unit = "s"
)

# 查看结果
seq_parallel_compare

## Unit: seconds
##      expr      min       lq      mean    median      uq      max neval
##       seq 420.51591 421.74929 430.40218 422.9827 435.34531 447.70795     3
##  parallel  42.01076  43.76218  46.99376  45.5136  49.48526  53.45693     3
```

6.3.2　结合tidyverse和future的数据抓取

　　6.3.1小节中的数据抓取流程是以foreach并行循环为核心实现的。如果我们更习惯将所有过程都限制在数据框中操作，有没有其他方案可供选择呢？

　　熟悉tidyverse的用户大概会了解，tidyverse的重要成员purrr库提供了map()映射函数族，可对目标元素套用相应的函数并生成计算结果，如对每个内文链接套用内文抓取函数完成内文的抓取，而且可以将操作整合到管道中，并直接在tibble数据框中完成。这使得整个过程比for循环或foreach循环更具可读性。

　　purrr的map()函数族具有可提高代码编写效率的优势，但它本身并不会明显提升计算速度。针对这样的情况，furrr库将purrr库map()函数族的计算性能提升到一个新的高度。furrr库提供了将map()函数族和future并行框架相结合的方案，使用户可以通过并行计算执行map()的映射操作，不但提升了代码编写效率，也使程序能够高速运算。

　Hadley Wickham的《R数据科学》一书中对purrr库map()函数族的具体使用方法有非常详细的介绍。

　　下面我们基于上述思路，改整个抓取过程。整个流程将以tidyverse风格实现。

　　首先创建页码列，页码范围为1至自动提取得到的最后一页（过程详见6.3.1小节），然后使用map()函数对该列每个对象套用球鞋信息页URL抓取函数in_url_scraping_fun()（创建过程详见6.3.1小节）。为使计算过程更顺利，先使用possibly()对in_url_scraping_fun()进行转化，以进行错误控制，避免遇到错误（例如遇到某个球鞋没有信息页URL）时map()不能顺利输出结果的情况发生。

　　结果显示，in_url列是一个list格式的嵌套列，每一行中均保存了从各页抓取的约30个球鞋信息页URL（部分页面不足30个URL）：

```
# 错误控制
in_url_scraping_fun_possibly <- possibly(in_url_scraping_fun, otherwise = "Something wrong")
```

```
# 抓取每页所有球鞋信息页URL
shoes_result_purrr <- tibble(page = 1:last_page) %>%
  mutate(in_url = map(page, in_url_scraping_fun_possibly))

# 查看结果
shoes_result_purrr

## # A tibble: 56 x 2
##      page in_url
##     <int> <list>
##  1     1 <chr [30]>
##  2     2 <chr [30]>
##  3     3 <chr [30]>
##  4     4 <chr [30]>
##  5     5 <chr [30]>
##  6     6 <chr [30]>
##  7     7 <chr [30]>
##  8     8 <chr [30]>
##  9     9 <chr [30]>
## 10    10 <chr [30]>
## # ... with 46 more rows
```

在针对每一个球鞋信息页URL抓取相关信息前，需要使用unnest()对in_url列"解除嵌套"，从而将整个数据拉长，使每个URL单独占一行：

```
# 抓取每页球鞋信息页URL解套
shoes_result_purrr <- shoes_result_purrr %>% unnest(in_url)

# 解套后总行数
shoes_result_purrr %>% nrow()

## [1] 1586
```

接下来，针对每个URL，使用map()为其套用球鞋详细信息抓取函数shoes_info_scraping_fun()（创建过程详见6.3.1小节）。需要注意的是，此过程同样需要预先使用possibly()进行错误控制转换：

```
# 错误控制
shoes_info_scraping_fun_possibly <- possibly(shoes_info_scraping_fun, otherwise = "Something wrong")

# 抓取球鞋信息
shoes_result_purrr <- shoes_result_purrr %>%
  mutate(shoes_tib = map(in_url, shoes_info_scraping_fun_possibly))

# 查看结果
shoes_result_purrr %>% select(page, shoes_tib)

## # A tibble: 1,586 x 2
##      page shoes_tib
##     <int> <list>
```

```
## 1      1 <tibble [1 x 7]>
## 2      1 <tibble [1 x 7]>
## 3      1 <tibble [1 x 7]>
## 4      1 <tibble [1 x 7]>
## 5      1 <tibble [1 x 7]>
## 6      1 <tibble [1 x 7]>
## 7      1 <tibble [1 x 7]>
## 8      1 <tibble [1 x 7]>
## 9      1 <tibble [1 x 7]>
## 10     1 <tibble [1 x 7]>
## # ... with 1,576 more rows
```

可以看到，生成的详细信息列shoes_tib同样为list格式，因此再次套用unnest()函数解套。可以看到，由于使用了错误控制，数据中有几行没有抓取到任何结果，而在shoes_tib列中，这些抓取失败的行会显示我们自定义的"Something wrong"信息（经检查，这几行的URL均已失效，因此没有抓取到任何信息），而其他行的对应该列则为缺失值。可以仅保留有效的行，并删掉shoes_tibs一列，最终过程和结果如下：

```
# 对球鞋信息进行解套
shoes_result_purrr <- shoes_result_purrr %>%
  select(shoes_tib) %>%
  unnest(shoes_tib) %>%
  # 保留有效信息
  filter(is.na(shoes_tib)) %>%
  select(-shoes_tib)

# 查看结果
shoes_result_purrr %>% arrange(name)

## # A tibble: 1,582 x 7
##    name                 hit  vote star       price date       comments
##    <chr>              <int> <int> <chr>      <int> <chr>      <chr>
##  1 1/2 CENT            7371     0 无          1480 2009年01月  "2009年推~
##  2 3 SERIES 2013       3705     0 无           580 2013年01月  "想不通这~
##  3 80风                7090     0 无           499 2012年01月  ""
##  4 937                 6135     1 无           439 2010年01月  ""
##  5 a3 Electrify        7598     0 蒂姆·邓肯     980 2012年01月  "阿迪达斯~
##  6 A3 SUPERSTAR ULTRA 10015     1 凯文·加内特   1180 2003年01月  "这鞋背景~
##  7 A3 The Garnett II   9612     3 凯文·加内特   1080 2005年01月  "成功的新~
##  8 A3 The Garnett III 16157     4 凯文·加内特   1080 2006年01月  "全掌A3 ST~
##  9 ADIDAS CRAZY 3      6228     0 科比·布莱恩特 1180 2007年01月  "对99年最~
## 10 Adidas Crazy Explosive 13002 0 安德鲁·威金斯   0 2016年06月  ""
## # ... with 1,572 more rows
```

以下是使用purrr库进行抓取的完整版本，与foreach循环相比，此过程对于习惯操作数据框的用户更加易懂。

```
# 全流程整合: purrr版本
# shoes_result_purrr <- tibble(page = 1:last_page) %>%
#   mutate(in_url = map(page, in_url_scraping_fun_possibly)) %>%
#   unnest(in_url) %>%
#   mutate(shoes_tib = map(in_url, shoes_info_scraping_fun_possibly)) %>%
#   select(shoes_tib) %>%
#   unnest(shoes_tib) %>%
#   filter(is.na(shoes_tib)) %>%
#   select(-shoes_tib)
```

完成流程整合后，我们尝试借助并行计算提升抓取的速度。这实际上非常简单，只需要载入 furrr 库，利用 future 库的方式（即使用 plan() 函数）建立本地并行计算集群，并把 map() 替换为 future_map()，其他过程保持不变：

```
# 全流程整合: furrr版本
# plan(multisession)
# shoes_result_furrr <- tibble(page = 1:last_page) %>%
#   mutate(in_url = future_map(page, in_url_scraping_fun_possibly)) %>%
#   unnest(in_url) %>%
#   mutate(shoes_tib = future_map(in_url, shoes_info_scraping_fun_possibly)) %>%
#   select(shoes_tib) %>%
#   unnest(shoes_tib) %>%
#   filter(is.na(shoes_tib)) %>%
#   select(-shoes_tib)
# plan(sequential)
```

接下来将整个抓取流程封装为一个总函数并进行基准测试。测试结果表明，该流程对效能的提升和 foreach 方法相近：调用本机全部线程的并行计算版本的计算速度约为串行版本（等同于使用 purrr 实现）的 10 倍。因此，可以根据个人喜好选择不同的编程风格实现类似的网络数据抓取流程。

```
# 总函数: furrr版本
all_scraping_fun_furrr <- function(workers = 12){

  # 球鞋信息页URL抓取函数
  in_url_scraping_fun <- function(i){
    # 时间间隔
    Sys.sleep(0.01)
    # 生成本页URL
    page_url <- str_glue("https://www.dunkhome.com/shoes?kind=0&page={i}")
    # 读取列表页内容
    page <- read_html(page_url)
    # 提取每页的球鞋信息页URL
    in_url <- page %>%
      html_nodes(".g-compare-link+ a") %>%
      html_attr("href")
    # 返回结果
    return(in_url)
  }
```

```
# 错误控制
in_url_scraping_fun_possibly <- possibly(in_url_scraping_fun, otherwise = "Something wrong")

# 球鞋信息抓取函数
shoes_info_scraping_fun <- function(in_url){
  # 时间间隔
  Sys.sleep(0.01)
  # 读入球鞋信息页URL
  shoes <- read_html(in_url)
  # 鞋名
  name <- shoes %>% html_nodes("h1") %>% html_text(trim = TRUE)
  # 点击数
  hit <- shoes %>% html_nodes(".dh-icons-eye+ span") %>% html_text(trim = TRUE) %>% as.integer()
  # 点赞数
  vote <- shoes %>% html_nodes(".dh-icons-thumbs-up+ span") %>% html_text(trim = TRUE)
%>% as.integer()
  # 代言球星
  star <- shoes %>% html_nodes(".set_bai i") %>% html_text(trim = TRUE)
  # 价格
  price <- shoes %>% html_nodes(".set_bai+ li i") %>% html_text(trim = TRUE) %>% as.integer()
  # 上市时间
  date <- shoes %>% html_nodes("span+ a") %>% html_text(trim = TRUE)
  date <- ifelse(is_empty(date), NA_character_, date)
  # 评论
  comments <- shoes %>% html_nodes(".one-word-tips") %>% html_text(trim = TRUE)
  # 合并为tibble
  shoes_tib <- tibble(name, hit, vote, star, price, date, comments)
  # 返回结果
  return(shoes_tib)
}
# 错误控制
shoes_info_scraping_fun_possibly <- possibly(shoes_info_scraping_fun, otherwise =
"Something wrong")

# 估算总页数
page <- read_html("https://www.dunkhome.com/shoes?kind=0&page=1")
total_shoes <- page %>%
  html_nodes(".quantity") %>%
  html_text() %>%
  str_extract("\\d+") %>%
  as.integer()
last_page <- ceiling(total_shoes / 30)

# 建立并行集群
plan(multisession, workers = workers)
```

```
# 球鞋信息抓取
result <- tibble(page = 1:last_page) %>%
  mutate(in_url = future_map(page, in_url_scraping_fun_possibly)) %>%
  unnest(in_url) %>%
  mutate(shoes_tib = future_map(in_url, shoes_info_scraping_fun_possibly)) %>%
  select(shoes_tib) %>%
  unnest(shoes_tib) %>%
  filter(is.na(shoes_tib)) %>%
  select(-shoes_tib)

# 停止并行
plan(sequential)

# 返回结果
return(result)

}
# 速度比较
seq_parallel_furrr_compare <- microbenchmark(
  seq = all_scraping_fun_furrr(1),
  parallel = all_scraping_fun_furrr(12),
  unit = "s",
  times = 3
  )

# 查看结果
seq_parallel_furrr_compare

## Unit: seconds
##       expr        min        lq       mean     median        uq       max neval
##        seq  430.63376  432.95487  435.42043  435.27598  437.81376  440.35154     3
##   parallel   42.82061   42.85203   44.44247   42.88345   45.25339   47.62334     3
```

6.3.3　文本分词及整洁化处理

完成数据的抓取工作后，我们将对球鞋的评论文本进行中文分词和整洁化处理，这部分主要用到两个核心工具：jiebaR和tidytext。jiebaR是当前主流的中文分词引擎"结巴"（jieba）在R中的实现，而tidytext主要提供了文本数据整洁化工具[1]，同样和tidyverse生态系统有着良好的整合。本书的重点并非文本挖掘，因此本小节中仅会涉及上述库的一些基本功能，主要包括分词和整洁化过程。

 jieba分词引擎的详细使用方法具体参见jiebaR库的官方文档。tidytext库的详细使用方法可见Julia Silge等的《文本挖掘：基于R语言的整洁工具》一书。

———————————
① 其名称中的tidy正是整洁之意。

载入本部分相关的第三方库：

```
# 载入第三方库
library(tidyverse)
library(tictoc)
library(microbenchmark)
library(tidytext)
library(jiebaR)
library(tmcn)
library(parallel)
```

为使代码更简洁，可以提前将数据抓取总函数及总函数需要的各个库统一保存在一个R脚本shoes scraping function.r中，并使用source()函数调用脚本执行，并保留数据中的鞋名和评论两列：

```
# 调用预设函数
source("shoes scraping function.r", encoding = "utf-8")

# 数据抓取
shoes_result <- all_scraping_fun_parallel()

# 保留需要的列并查看结果
shoes_comments <- shoes_result %>% select(name, comments) %>% arrange(name)
shoes_comments
```

可预先对文本中一些无用内容进行简单的预处理，例如使用str_remove_all()函数删除标点符号及数字等内容。

 什么内容无用因分析需求而异，有时候标点符号也有分析价值，这里仅出于示例需要删除这些内容。

```
# 简单预清理：剔除标点符号和数字等
shoes_comments <- shoes_comments %>%
  mutate(comments = str_remove_all(string = comments, pattern = "[\\W|\\d]"))
```

在对文本进行分析之前，我们对文本全文的处理策略可以分为以下两个主要步骤。

1．对中文文本实现分词。

2．将分词后的文本处理为整洁形式，即把一行长文本处理为每词一行的形式。这是使用R进行文本分析挖掘的一种流行的思路。

对抓取的评论内容进行预处理后，每条评论显示为一行完整的文本，首先我们使用jieba中文分词引擎进行分词处理。

使用worker()函数初始化分词引擎，将整段中文文本划分为不同的词语。在此我们直接借用tmcn库自带的中文停用词词典stopwordsCN.txt：

```
# 单个文本分词示例
text <- shoes_comments %>% slice(1) %>% select(comments) %>% pull()

# 初始化引擎，使用中文停用词，提前设定分词引擎速度会更快
```

```
jieba_worker <- worker(stop_word = "stopwordsCN.txt")

# 进行分词
tokens <- segment(text, jiebar = jieba_worker)

# 查看原文
text
## [1] "年推出的AIRPENNY前四代加FOAMPOSITEONE的杂交混血版代的龟裂大钩子标志代的外底纹路代的侧边水晶橡
胶外底和Centlogo代的鞋身车线天喷的foam材质可谓是一双鞋浓缩了便士哈达威职业生涯中最精彩绝伦的最美时光"

# 查看分词结果
tokens

## [1] "年"          "推出"        "AIRPENNY"        "前"
## [5] "四代"        "加"          "FOAMPOSITEONE"   "杂交"
## [9] "混血"        "版代"        "龟裂"            "大"
## [13] "钩子"       "标志"        "代"              "外底"
## [17] "纹路"       "代"          "侧边"            "水晶"
## [21] "橡胶"       "外底"        "Centlogo"        "代"
## [25] "鞋"         "身车线"      "天"              "喷"
## [29] "foam"       "材质"        "可谓"            "一双"
## [33] "鞋"         "浓缩"        "便士"            "哈达威"
## [37] "职业生涯"   "中"          "最"              "精彩绝伦"
## [41] "最美"       "时光"
```

 可以在分析过程中根据需要不断修订停用词词典以提高分词质量。

要实现文本整洁化，可以使用tidytext库的unnest_tokens()函数，其主要的参数如下。

❑ input：输入需要整洁化的列名，一般为需要分词的文本列。

❑ output：输出列名，即整洁化后的列名。

❑ token：文本划分模式，即划分文本的单位，默认的模式是words（词），即整洁化后每个词占一行。除words外，该参数还可以设置为characters（字）、ngrams（n元词组）、sentences（句子）、lines（行）、paragraphs（段落）等。这些模式主要适用于英文文本，而我们需要对jieba的中文分词结果进行整洁化，因此需要使用自定义标识单位函数。

在此，我们自定义标识函数，并使用jieba引擎进行分词，保留两个及以上汉字的分词结果：

```
# 自定义分词标识函数: 输入文本, 输出分词
jieba_tokenizer <- function(t) {

  # 初始化分词引擎
  jieba_worker <- worker(stop_word = "stopwordsCN.txt")
```

```
# 内层处理: 对每行文本执行如下分词
lapply(t, function(x) {

  # 执行分词
  tokens <- segment(x, jiebar = jieba_worker)

  # 筛选长度>1的词
  tokens <- tokens[str_length(tokens) >= 2]

  # 返回结果
  return(tokens)

})

}
```

经过分词及整洁化处理后，数据被"拉长"为约2万行，每行一个词：

```
# 分词处理
tic()
shoes_comments_tidy_jb <- shoes_comments %>%
  unnest_tokens(input = comments,
                output = word,
                token = jieba_tokenizer)
toc()

## 1.07 sec elapsed

# 查看结果
shoes_comments_tidy_jb

## # A tibble: 21,825 x 2
##    name    word
##    <chr>   <chr>
##  1 1/2 CENT 推出
##  2 1/2 CENT airpenny
##  3 1/2 CENT 四代
##  4 1/2 CENT foampositeone
##  5 1/2 CENT 杂交
##  6 1/2 CENT 混血
##  7 1/2 CENT 版代
##  8 1/2 CENT 龟裂
##  9 1/2 CENT 钩子
## 10 1/2 CENT 标志
## # ... with 21,815 more rows
```

 在实际应用中，还需要不断调整jieba引擎的分词参数，以完善中文分词的效果。

在分词示例中，同样可以使用并行计算的思路，调用多个线程同时对文本列进行分词，并最终将结果合并在一起。我们使用lapply()的并行版本parLapply()，主要思路如下：

1．使用makeCluster()建立一个socket集群；

2．使用clusterEvalQ()函数，将需要用到的库（此处为jiebaR和stringr）及初始化后的jieba分词引擎导入集群的各个worker；

3．使用parLapply()代替lapply()自定义分词标识函数，作为token参数的输入，parLapply()与lapply()的唯一区别是需要输入集群对象的名称：

```r
# 自定义分词标识函数: 并行版本
jieba_tokenizer_par <- function(t) {

  # 使用并行版本的parLapply, 需要输入集群对象, 其他一致
  parLapply(cl, t, function(x) {

    # 初始化分词引擎, 后续通过clusterEvalQ在worker中统一载入worker
    tokens <- segment(x, jiebar = jieba_worker)

    # 筛选长度 >= 2的词
    tokens <- tokens[str_length(tokens) >= 2]

    # 返回结果
    return(tokens)

  })

}

# 建立并行集群
cl <- makeCluster(detectCores())

# 在每个worker中载入相同的库和分词引擎
clusterEvalQ(cl, {
  library(jiebaR)
  library(stringr)
  jieba_worker <- worker(stop_word = "stopwordsCN.txt")
  })

# 运行clusterEvalQ()后会显示每个结点的信息, 信息较多, 在此暂不呈现

# 运行分词处理
tic()
shoes_comments_tidy_jb_par <- shoes_comments %>%
  unnest_tokens(input = comments,
                output = word,
```

```
                    token = jieba_tokenizer_par)
toc()
```

```
## 0.08 sec elapsed
```

```
# 停止集群
stopCluster(cl)
```

```
# 查看结果
shoes_comments_tidy_jb_par
```

```
## # A tibble: 21,825 x 2
##    name      word
##    <chr>     <chr>
##  1 1/2 CENT  推出
##  2 1/2 CENT  airpenny
##  3 1/2 CENT  四代
##  4 1/2 CENT  foampositeone
##  5 1/2 CENT  杂交
##  6 1/2 CENT  混血
##  7 1/2 CENT  版代
##  8 1/2 CENT  龟裂
##  9 1/2 CENT  钩子
## 10 1/2 CENT  标志
## # ... with 21,815 more rows
```

除了parLapply()函数之外,我们再建立一个以parLapplyLB()函数为核心的自定义分词标识函数,建立过程与parLapply()函数相同。6.2.3小节已经提及,parLapplyLB()与parLapply()的主要区别在于前者引入了负载均衡的思路,在并行过程中若不同结点的任务量差异较大,则能有效提高资源利用率,但同时这也可能增加任务分配过程中不同结点之间的通信开销:

```
# 自定义分词标识函数: 负载均衡并行版本
jieba_tokenizer_par_lb <- function(t) {

  # 使用parLapplyLB()
  parLapplyLB(cl, t, function(x) {

    # 初始化分词引擎, 后续通过clusterEvalQ在worker中统一载入worker
    tokens <- segment(x, jiebar = jieba_worker)

    # 筛选长度 >= 2的词
    tokens <- tokens[str_length(tokens) >= 2]

    # 返回结果
    return(tokens)
```

```
  })

}
```

　　至此，我们共设计3个自定义分词标识函数，第一个使用基础R内置的lapply()函数，第二个使用支持并行化计算的parLapply()函数，第三个使用支持负载均衡并行化计算的parLapplyLB()函数。3个自定义函数对原数据的分词效果是一样的。接下来对不同版本函数的速度进行比较。

　　基准测试的结果显示，在调用本机全部线程的条件下，并行方案的速度是非并行方案的10倍以上，其中速度最快的是使用parLapply()的并行方案。parLapplyLB()方案略慢于parLapply()方案，可能是线程数较多及各子任务量相对均衡导致的：

```
# 建立集群
cl <- makeCluster(detectCores())
clusterEvalQ(cl, {
  library(jiebaR)
  library(stringr)
  jieba_worker <- worker(stop_word = "stopwordsCN.txt")
  })

# 基准测试
jieba_token_compare <- microbenchmark(
  seq = shoes_comments %>% unnest_tokens(input = comments, output = word, token =
jieba_tokenizer),
  par = shoes_comments %>% unnest_tokens(input = comments, output = word, token =
jieba_tokenizer_par),
  par_lb = shoes_comments %>% unnest_tokens(input = comments, output = word, token =
jieba_tokenizer_par_lb),
  times = 3,
  unit = "s"
  )

# 接触多线程
stopCluster(cl)

# 查看结果
jieba_token_compare

## Unit: seconds
##     expr       min         lq       mean     median         uq       max neval
##      seq 1.0663213 1.07812020 1.1656404 1.0899191 1.2152999 1.3406807     3
##      par 0.0788078 0.08541855 0.1764612 0.0920293 0.2252879 0.3585466     3
##   par_lb 0.0823375 0.09389940 0.1882282 0.1054613 0.2411736 0.3768859     3
```

　　实际上，本示例中处理的文本数据量并不是很大，可以预见，若数据量更大，并行方案所带来的速度提升可能会更加可观。当然，相对于串行方案，并行方案需要一些额外的准备工作，有时显得比较麻烦。

 相应地，future.apply库也有future_lapply()等函数，能在future并行框架下实现与lapply()等函数类似的功能，有兴趣的读者可以自行测试。

实现了文本数据的整洁化之后，可以利用R的tidytext库及其他文本挖掘工具对文本进行多样化的分析挖掘工作，以下是一些可供参考的方向：

- ❑ 高频词分析；
- ❑ 关键词提取（如使用TF-IDF方法）；
- ❑ 情感分析；
- ❑ 特定词语出现趋势分析；
- ❑ 利用线性判别分析主题模型提取文本主题；
- ❑ n元词组分析。

 对文本挖掘有兴趣的读者可以进一步阅读Julia Silge等人的《文本挖掘：基于R语言的整洁工具》及黄天元的《文本数据挖掘：基于R语言》等书。

6.4 本章小结

实际上，R的开发者们很早就已经开始着力于突破其基于单线程计算的缺陷，从snow、multicore，到整合后的parallel，再到future，都是针对该缺陷的解决方案。循环计算方面，也有支持并行的foreach框架，甚至有开发者将foreach封装到一个名为pforeach的库中，进一步简化了foreach框架在并行计算后端设置环节的工作，使得foreach使用起来更简便。这些成果的共同点是使没有计算机科学背景知识的用户能快速熟悉并实现并行计算，而不需要过度关注一些底层的实现。

除了本章提到的这些工具，R社区还做出了大量效能优化的努力，遍及数据科学领域的各个方面，有兴趣的用户可以了解更多的信息，本章提供的内容只是沧海一粟。从第7章开始，我们会尝试将这些技术运用到机器学习工作流中，以提升相关环节的计算效率。

 关于pforeach的使用方法详见pforeach官方说明文档。关于R社区各种效能优化的工具可查看R官方网站的高性能计算（high performance computing）专题列表。

第 **7** 章

提升机器学习效能
——R的基础策略

你是一个数据挖掘工程师，需要经常训练、调试、评估一些机器学习模型，而且你的训练数据有一定规模（远超iris数据集的规模），你希望在R中更高效地实现这些环节。

从本章开始，我们将讨论在R中为机器学习模型训练、重抽样检验，以及超参数调优等常见环节提升效率的各种可行方案。一般来说，机器学习建模过程中有很多计算密集型环节，比较耗费计算资源和时间，特别是训练和检验一些集成算法的时候。在R中，相应的解决方案多种多样，具体可以分为两大类：第一类是使用基于R本身的解决方案，例如使用第三方库或统一的机器学习框架并结合并行计算等；第二类是借助一些其他高效机器学习工具，例如使用reticulate库与Python实现协作并使用scikit-learn，以及使用H2O机器学习框架等。本章至第9章主要着眼于第一类方案，即基于R的方案。在本章中，围绕开篇提到的场景，我们将探讨以下策略，对于R来说，这些策略可以认为是相对基础而直接的方法：

❏ 借助foreach自行实现并行循环；

❏ 使用特点算法优化后的第三方库；

❏ 使用caret框架结合并行计算。

本章及后续章节使用的数据来源为Stack Overflow 2019年度全球开发者调查数据[①]，但正如本书前言所述，本书并不是机器学习方面的专业书籍，因此并不会特别详细地介绍特征工程、算法原理、应用部署等内容。

为了简化问题，我们选择数据中的"正在使用的编程语言"（LanguageWorkedWith）变量作为自变量。该变量对应的调查问题为多选题，每个受访者所选的项存储在一列中并使用英文分号";"隔开。我们将数据处理为每个编程语言占一列的宽数据形式，该语言被选择则编码为1，否则编码为0。同时，处理"希望学习哪种语言"（LanguageDesireNextYear）这个变量，构造二分

---

① 数据详细信息、数据报告及数据下载地址详见Stack Overflow年度调查的官方网站。

变量"是否想学习R"，将肯定回答编码为"yes"，否定回答编码为"no"。将整个数据划分按照7∶3的比例划分为训练数据集和测试数据集。处理后，数据集的相关信息如下：

```
# 训练数据集
str(train)

## spec_tbl_df [62,219 x 29] (S3: spec_tbl_df/tbl_df/tbl/data.frame)
## $ assembly             : num [1:62219] 0 0 0 0 0 0 0 0 0 1 ...
## $ bash/shell/powershell: num [1:62219] 0 0 0 0 0 1 0 1 1 1 ...
## $ c                    : num [1:62219] 0 0 0 0 0 0 0 0 0 1 ...
## $ c#                   : num [1:62219] 0 0 0 0 0 1 1 0 0 0 ...
## $ c++                  : num [1:62219] 0 1 0 1 0 0 0 0 0 1 ...
## $ clojure              : num [1:62219] 0 0 0 0 0 0 0 0 0 0 ...
## $ dart                 : num [1:62219] 0 0 0 0 0 0 0 0 0 0 ...
## $ elixir               : num [1:62219] 0 0 0 0 0 0 0 0 0 0 ...
## $ erlang               : num [1:62219] 0 0 0 0 0 0 0 0 0 0 ...
## $ f#                   : num [1:62219] 0 0 0 0 0 0 0 0 0 0 ...
## $ go                   : num [1:62219] 0 0 0 0 0 1 0 0 0 0 ...
## $ html/css             : num [1:62219] 1 1 1 1 1 0 1 1 1 ...
## $ java                 : num [1:62219] 1 0 0 1 0 0 0 1 0 1 ...
## $ javascript           : num [1:62219] 1 0 0 1 1 1 1 0 1 1 ...
## $ kotlin               : num [1:62219] 0 0 0 0 0 0 0 0 0 0 ...
## $ objective-c          : num [1:62219] 0 0 0 0 0 0 0 0 0 0 ...
## $ other(s):            : num [1:62219] 0 0 0 0 0 1 0 0 0 0 ...
## $ php                  : num [1:62219] 0 0 0 0 0 0 0 0 1 1 ...
## $ python               : num [1:62219] 1 1 0 1 0 1 1 1 0 0 ...
## $ r                    : num [1:62219] 0 0 0 0 0 0 1 1 0 0 ...
## $ ruby                 : num [1:62219] 0 0 0 0 0 0 0 0 0 0 ...
## $ rust                 : num [1:62219] 0 0 0 0 0 0 0 0 0 0 ...
## $ scala                : num [1:62219] 0 0 0 0 0 0 0 0 0 0 ...
## $ sql                  : num [1:62219] 0 0 0 1 0 1 1 1 1 1 ...
## $ swift                : num [1:62219] 0 0 0 0 0 0 0 0 0 0 ...
## $ typescript           : num [1:62219] 0 0 0 0 0 1 0 0 1 0 ...
## $ vba                  : num [1:62219] 0 0 0 1 0 0 0 0 0 0 ...
## $ webassembly          : num [1:62219] 0 0 0 0 0 1 0 0 0 0 ...
## $ r_yn                 : chr [1:62219] "no" "no" "no" "no" ...

# 测试数据集
str(test)

## spec_tbl_df [26,664 x 29] (S3: spec_tbl_df/tbl_df/tbl/data.frame)
## $ assembly             : num [1:26664] 0 0 0 0 0 0 0 0 0 0 ...
## $ bash/shell/powershell: num [1:26664] 0 0 1 0 0 0 0 1 0 1 ...
## $ c                    : num [1:26664] 1 0 1 0 0 0 0 0 0 0 ...
## $ c#                   : num [1:26664] 1 0 0 0 0 0 0 0 0 0 ...
## $ c++                  : num [1:26664] 1 0 1 0 1 0 0 0 0 0 ...
```

```
##  $ clojure        : num [1:26664] 0 0 0 0 0 0 0 0 0 0 ...
##  $ dart           : num [1:26664] 0 0 0 0 0 0 0 0 0 0 ...
##  $ elixir         : num [1:26664] 0 0 0 0 0 0 0 0 0 0 ...
##  $ erlang         : num [1:26664] 0 0 0 0 0 0 0 0 0 0 ...
##  $ f#             : num [1:26664] 0 0 0 0 0 0 0 0 0 0 ...
##  $ go             : num [1:26664] 0 0 0 0 0 0 0 0 0 0 ...
##  $ html/css       : num [1:26664] 0 0 1 0 0 0 1 0 0 1 ...
##  $ java           : num [1:26664] 0 1 1 0 0 0 0 0 0 0 ...
##  $ javascript     : num [1:26664] 0 0 1 0 0 0 1 1 0 1 ...
##  $ kotlin         : num [1:26664] 0 0 0 0 0 0 0 0 0 0 ...
##  $ objective-c    : num [1:26664] 0 0 0 0 0 0 0 0 0 0 ...
##  $ other(s):      : num [1:26664] 0 0 0 1 0 0 0 0 0 0 ...
##  $ php            : num [1:26664] 0 0 0 0 0 0 1 0 0 1 ...
##  $ python         : num [1:26664] 1 0 1 0 0 1 0 0 0 1 ...
##  $ r              : num [1:26664] 0 1 0 0 0 1 0 0 0 0 ...
##  $ ruby           : num [1:26664] 0 0 0 0 0 0 0 0 0 0 ...
##  $ rust           : num [1:26664] 0 0 0 0 0 0 0 0 0 0 ...
##  $ scala          : num [1:26664] 0 0 0 0 0 0 0 0 0 0 ...
##  $ sql            : num [1:26664] 1 1 1 0 0 0 1 1 0 0 ...
##  $ swift          : num [1:26664] 0 0 0 0 0 0 0 0 0 0 ...
##  $ typescript     : num [1:26664] 0 0 0 0 0 0 1 0 0 0 ...
##  $ vba            : num [1:26664] 0 0 0 0 0 0 0 0 0 0 ...
##  $ webassembly    : num [1:26664] 0 0 0 0 0 0 0 0 0 0 ...
##  $ r_yn           : chr [1:26664] "no" "no" "no" "no" ...
```

7.1　使用foreach实现并行循环

在R中，一些早期开发的机器学习算法库都是以串行的形式实现的，如随机森林算法库randomForest。该库第1版于2002年发布，是对随机森林算法的经典实现，时至今日依然有很多用户。

以该库的核心函数randomForest()为例，建立一个每次分裂随机抽取变量数（mtry）为3、树数量（ntree）为100的随机森林模型，使用训练数据完成模型训练大概需要18秒：

```
# 载入相关库
library(tidyverse)
library(randomForest)
library(tictoc)
library(doParallel)
library(doFuture)
library(doRNG)
library(microbenchmark)

# 读入数据
train <- read_csv("train.csv")
test <- read_csv("test.csv")
x_train <- train %>% select(-r_yn)
```

```
y_train <- train$r_yn %>% as_factor() # randomForest()要求y是因子
x_test <- test %>% select(-r_yn)
y_test <- test$r_yn %>% as_factor()

# 训练随机森林模型
set.seed(100)
tic()
rf_seq <- randomForest(x = x_train, y = y_train, mtry = 3, ntree = 100)
toc()

## 17.67 sec elapsed

# 查看结果
rf_seq

##
## Call:
##  randomForest(x = x_train, y = y_train, ntree = 100, mtry = 3)
##                Type of random forest: classification
##                      Number of trees: 100
## No. of variables tried at each split: 3
##
##         OOB estimate of  error rate: 6.84%
## Confusion matrix:
##        no yes class.error
## no  56994 511 0.008886184
## yes  3742 972 0.793805685
```

那么，该如何提升该算法的运行效率？

第一种方法是采用第6章介绍的foreach并行循环结构实现并行计算。首先通过doParallel库的 registerDoParallel()函数为foreach循环注册一个parallel的并行后端，并设定并行的线程数量。在 Windows系统下，会自动使用snow范式建立一个本地的socket集群。

这里我们将面临一个问题：如何在并行计算过程中实现随机结果的重现？使用foreach实现并 行循环，若要使计算结果能够重复呈现，则不能采取常规的处理方法（即简单地在foreach前使用 set.seed()函数设定随机种子）。对于这个问题，可以使用doRNG库的registerDoRNG()函数对doRNG 后端进行注册，设定随机种子，确保整个并行计算结果都能重复呈现。相应地，若要使用常规的 set.seed()函数，则将%dopar%修改为%dorng%也可获得同样的结果。

 更多关于并行计算过程中的随机数生成问题，可以详见Q. Ethan McCallum等人的*Parallel R*一书中的相关讨论。

在foreach循环结构中，我们以随机森林的树数量参数作为循环对象，将100棵树分为5部分， 每个线程就可以单独训练一个含有20棵树的随机森林模型。.combine参数调用randomForest库的

combine方法，合并不同随机森林对象结果，即将5个分别含有20棵树的随机森林模型合并为一个大的模型。最后，使用stopImplicitCluster()函数停止集群。通过tictoc库的时间计算，可以看到这样的训练过程只花费了约8秒：

```
# 以parallel库作为并行后端，并设定线程数
registerDoParallel(cores = 5)

# 对doRNG后端进行注册，设定随机种子
registerDoRNG(100)

# 并行训练随机森林模型
tic()
rf_par <- foreach(ntree = rep(20, 5),
                  .combine = combine, # 使用randomForest库的combine方法
                  .packages = "randomForest") %dopar% randomForest(x = x_train, y = y_
train, mtry = 3, ntree = ntree)
toc()

## 8.34 sec elapsed

# 停止并行集群
stopImplicitCluster()

# 查看结果
rf_par

##
## Call:
##  randomForest(x = x_train, y = y_train, ntree = ntree, mtry = 3)
##              Type of random forest: classification
##                    Number of trees: 100
## No. of variables tried at each split: 3
```

为了测试随机结果是否能重现，分别建立另外两个随机森林模型，并在模型中都设定与上述例子相同的随机种子，第一个模型使用registerDoRNG()函数设定：

```
# 以parallel库作为并行后端，并设定线程数
registerDoParallel(cores = 5)

# 设定与上面例子相同的随机种子
registerDoRNG(100)

# 训练随机森林模型
tic()
rf_par_2 <- foreach(ntree = rep(20, 5),
                    .combine = combine,
```

```
                    .packages = "randomForest") %dopar% randomForest(x = x_train, y = y_
train, mtry = 3, ntree = ntree)
toc()
```

```
## 8.14 sec elapsed
# 停止并行集群
stopImplicitCluster()
```

第二个模型使用set.seed()函数设定，并搭配%dorng%实现：

```
# 以parallel库作为并行后端，并设定线程数
registerDoParallel(cores = 5)
```

```
# 利用set.seed()
set.seed(100)
```

```
# 使用%dorng%
tic()
rf_par_3 <- foreach(ntree = rep(20, 5),
                    .combine = combine,
                    .packages = "randomForest") %dorng% randomForest(x = x_train, y = y_
train, mtry = 3, ntree = ntree)
toc()
```

```
## 8.27 sec elapsed
```

```
# 停止并行集群
stopImplicitCluster()
```

可以看到，二者的训练过程都耗费了约8秒。

另一种实现并行方法是在使用doFuture库的registerDoFuture()函数为foreach循环注册future库的并行后端后，使用plan()函数设定并行方案及需要调用的线程数。此方案训练模型所花费的时间也是8秒左右：

```
# 为foreach注册future后端
registerDoFuture()
```

```
# 设定并行方案
plan(multisession, workers = 5)
```

```
# 设定随机种子
registerDoRNG(100)
```

```
# 训练随机森林模型
tic()
rf_par_4 <- foreach(ntree = rep(20, 5),
                    .combine = combine,
```

```
                   .packages = "randomForest") %dopar% randomForest(x = x_train, y = y_
train, mtry = 3, ntree = ntree)
toc()

## 7.93 sec elapsed

# 停止多线程（调用串行方案）
plan(sequential)
```

使用identical()函数比较上述4个模型可以发现，4个模型是完全相同的，即上述的随机种子设定方式所产生的并行计算结果可重现：

```
# 结果比较
identical(rf_par, rf_par_2)

## [1] TRUE

identical(rf_par, rf_par_3)

## [1] TRUE

identical(rf_par, rf_par_4)

## [1] TRUE
```

 除了随机森林外，上述思路也可以迁移到其他支持并行计算的机器学习算法上。但需注意，并不是所有算法都能够适用于这样的思路，例如梯度提升树算法使用的就是串行的计算逻辑。

7.2 使用更优化的第三方库

Gillespie等人在其著作中论述过在R中使用第三方库的重要性：这样做的优势是能使用更专业的人员的解决方案，这些方案往往比用户自己写代码更快也更高效，降低了编写的代码量，避免了重复发明轮子，也能使用户更集中精力解决问题[①]。R和Python这样的开源工具之所以普及程度广，其中一个原因是有大量活跃的开发者致力于贡献这些优质的库。但我认为，资深开发者提出的这种寻找和使用优化库的思路，是建立在用户对自己要使用的函数、算法、模型等的原理有充分了解的基础上的，而不是鼓励用户成为"调包侠"。

要充分发挥并行计算的优势，除了像7.1节那样自行编写并行计算逻辑以外，使用更为优化的第三方库也是一种思路，这有利于减少自行编写的代码量，并且可以充分利用更专业人士的开发成果——众所周知，R的一个优势是拥有非常活跃的社区。紧随数据科学领域的最新发展趋势，

---

① GILLESPIE, LOVELACE. 高效R语言编程[M]. 张燕妮，译. 北京：中国电力出版社，2018:85.

近年R第三方库的开发也在不断适应大型数据集和高维度数据处理对计算效率的要求，很多库实现了对经典机器学习算法的优化，并加入了并行计算的参数设定。如对于随机森林算法而言，除了经典的randomForest库外，ranger库（第1版发布于2015年）也是一个不错的选择，ranger库中的ranger()函数对随机森林算法的实现做出了一些优化，适应更高维度的数据，同时可通过设置num.threads参数实现并行计算。该参数默认调用本计算机全部可用线程，这使得该算法的执行更加高效。可以看到，在保持算法主要参数取值相同的情况下，ranger的训练速度是randomForest（耗时17.67秒，参见7.1节）的十几倍[①]：

```
# 载入相关库
library(tidyverse)
library(randomForest)
library(ranger)
library(tictoc)
library(foreach)
library(microbenchmark)
library(doParallel)
library(doRNG)
library(caret)

# 读入数据
train <- read_csv("train.csv")
test <- read_csv("test.csv")
x_train <- train %>% select(-r_yn)
y_train <- train$r_yn %>% as_factor()
x_test <- test %>% select(-r_yn)
y_test <- test$r_yn %>% as_factor()

# 自动并行
tic()
ranger <- ranger(x = x_train, y = y_train, num.trees = 100, mtry = 3)
toc()

## 1.31 sec elapsed

# 查看结果
ranger

## Ranger result
##
## Call:
##   ranger(x = x_train, y = y_train, num.trees = 100, mtry = 3)
##
```

---

① 两个库中随机森林算法的超参数不完全相同，因此这里的速度比较实际上并不能控制所有条件相同，结果仅供参考。

```
## Type:                            Classification
## Number of trees:                 100
## Sample size:                     62219
## Number of independent variables: 28
## Mtry:                            3
## Target node size:                1
## Variable importance mode:        none
## Splitrule:                       gini
## OOB prediction error:            6.80 %
```

通过基准测试的耗时均值和中位数可以看到，使用并行的ranger库训练随机森林模型的速度是randomForest的10倍以上，是使用randomForest的foreach并行循环版本的6倍左右。同时我们也可以看到，若ranger的线程设置为6个以上，随着线程数量的提升，计算速度的提升开始变得不明显，回报减少：

```
# 设定并行集群，针对foreach循环
registerDoParallel(cores = 5)

# 确保结果可重复
registerDoRNG(100)

# 效率比较
rf_compare <- microbenchmark(
  rf = randomForest(x = x_train, y = y_train, mtry = 3, ntree = 100),
  rf_par = foreach(ntree = rep(20, 5), .combine = combine, .packages = "randomForest")
%dopar% randomForest(x = x_train, y = y_train, mtry = 3, ntree = ntree),
  ranger_1 = ranger(x = x_train, y = y_train, mtry = 3, num.trees = 100, num.thread = 1),
  ranger_2 = ranger(x = x_train, y = y_train, mtry = 3, num.trees = 100, num.thread = 2),
  ranger_4 = ranger(x = x_train, y = y_train, mtry = 3, num.trees = 100, num.thread = 4),
  ranger_6 = ranger(x = x_train, y = y_train, mtry = 3, num.trees = 100, num.thread = 6),
  ranger_8 = ranger(x = x_train, y = y_train, mtry = 3, num.trees = 100, num.thread = 8),
  ranger_10 = ranger(x = x_train, y = y_train, mtry = 3, num.trees = 100, num.thread = 10),
  ranger_12 = ranger(x = x_train, y = y_train, mtry = 3, num.trees = 100, num.thread = 12),
  unit = "s",
  times = 3
)

# 停止集群
stopImplicitCluster()

# 查看结果
rf_compare

## Unit: seconds
##      expr       min        lq      mean    median        uq       max neval
##        rf 17.723819 17.993311 18.165554 18.262804 18.386421 18.510039     3
```

```
##     rf_par    7.888250   7.939946   8.075512   7.991643   8.169142   8.346642    3
##    ranger_1   5.574938   5.583341   5.589657   5.591743   5.597017   5.602291    3
##    ranger_2   2.936450   2.959857   2.971949   2.983263   2.989698   2.996134    3
##    ranger_4   1.838210   1.847296   1.989735   1.856382   2.065497   2.274613    3
##    ranger_6   1.472130   1.473116   1.479501   1.474103   1.483187   1.492271    3
##    ranger_8   1.342444   1.353117   1.403082   1.363791   1.433401   1.503010    3
##   ranger_10   1.230146   1.254095   1.265211   1.278043   1.282744   1.287444    3
##   ranger_12   1.172634   1.182768   1.187152   1.192902   1.194411   1.195920    3
```

使用训练好的模型对测试集进行预测，使用caret库的confusionMatrix()函数查看模型的预测性能指标：

```r
# randomForest模型: 串行
rf_seq <- randomForest(x = x_train, y = y_train, mtry = 3, ntree = 100)

# 预测
y_pred_rf_seq <- predict(rf_seq, test)

# 性能评估
confusionMatrix(y_pred_rf_seq, y_test, positive = "yes", mode = "prec_recall")

## Confusion Matrix and Statistics
##
##           Reference
## Prediction   no    yes
##        no  24394  1580
##        yes   250   440
##
##                Accuracy : 0.9314
##                  95% CI : (0.9283, 0.9344)
##     No Information Rate : 0.9242
##     P-Value [Acc > NIR] : 4.334e-06
##
##                   Kappa : 0.2976
##
##  Mcnemar's Test P-Value : < 2.2e-16
##
##               Precision : 0.63768
##                  Recall : 0.21782
##                      F1 : 0.32472
##              Prevalence : 0.07576
##          Detection Rate : 0.01650
##    Detection Prevalence : 0.02588
##       Balanced Accuracy : 0.60384
##
##        'Positive' Class : yes
```

```
##

# 设置并行线程
registerDoParallel(cores = 5)

# 确保结果可重复
registerDoRNG(100)

# randomForest模型: 并行
rf_par <- foreach(ntree = rep(20, 5),
                .combine = combine, #randomForest库的combine方法
                .packages = "randomForest") %dopar% randomForest(x = x_train, y = y_
train, mtry = 3, ntree = ntree)

# 停止线程
stopImplicitCluster()

# 预测
y_pred_rf_par <- predict(rf_par, test)

# 性能评估
confusionMatrix(y_pred_rf_par, y_test, positive = "yes", mode = "prec_recall")

## Confusion Matrix and Statistics
##
##           Reference
## Prediction    no    yes
##        no  24398   1571
##        yes   246    449
##
##                 Accuracy : 0.9319
##                   95% CI : (0.9288, 0.9349)
##      No Information Rate : 0.9242
##      P-Value [Acc > NIR] : 9.757e-07
##
##                    Kappa : 0.3038
##
##   Mcnemar's Test P-Value : < 2.2e-16
##
##                Precision : 0.64604
##                   Recall : 0.22228
##                       F1 : 0.33076
##               Prevalence : 0.07576
##           Detection Rate : 0.01684
##     Detection Prevalence : 0.02607
```

```
##        Balanced Accuracy : 0.60615
##
##           'Positive' Class : yes
##
```

```
# ranger模型训练
ranger <- ranger(x = x_train, y = y_train, num.trees = 100, mtry = 3)

# 预测
y_pred_ranger <- predict(ranger, test)

# 性能评估
confusionMatrix(y_pred_ranger$predictions, y_test, positive = "yes", mode = "prec_recall")
```

```
## Confusion Matrix and Statistics
##
##           Reference
## Prediction    no   yes
##        no  24400  1590
##        yes   244   430
##
##                  Accuracy : 0.9312
##                    95% CI : (0.9281, 0.9342)
##       No Information Rate : 0.9242
##       P-Value [Acc > NIR] : 6.726e-06
##
##                     Kappa : 0.2924
##
##   Mcnemar's Test P-Value : < 2.2e-16
##
##                 Precision : 0.63798
##                    Recall : 0.21287
##                        F1 : 0.31923
##                Prevalence : 0.07576
##            Detection Rate : 0.01613
##   Detection Prevalence : 0.02528
##         Balanced Accuracy : 0.60149
##
##           'Positive' Class : yes
##
```

　　可以看到，不同方案预测的性能（如Accuracy、F1等）基本处于同一水平。所以不论从计算效率还是从代码的简易程度来看，使用更优化的ranger库建立随机森林模型都是更好的选择，当树的数量调整至更大的值时尤其如此。

7.3 使用caret框架结合并行计算

7.1节和7.2节介绍的策略都直接使用了特定算法的第三方库实现，但这种做法存在一个问题，就是不便于建立统一的工作流。不同算法模型往往分散收录于不同的库中，也各自包含模型训练或性能校验等工具[①]，这种方式对于建模过程中特征选择、重抽样检验、超参数调优、算法间比较等环节的执行往往十分低效。因此，即使是找到ranger这种更优化的第三方库，也只能改善"效能"中"能"的方面，而不能解决"效"的方面。我们需要寻找更能提升效率的方法。使用统一的机器学习框架就是这样一种解决方案。实际上R社区很早就已经开发出这样的方案。

caret（代表classification and regression training，即分类和回归训练）是非常流行和成熟的机器学习框架，为R中200多个机器学习算法库提供了统一的接口，实现数据预处理、模型训练、参数调优等流程的标准化，这与Python的scikit-learn库开发思路很相似。在R社区中尽管已经出现tidymodels和mlr3这样的新一代框架，但caret依然是广受用户欢迎的框架。本节我们来看看caret的基本使用方法及提升其性能的方法。

 可以通过cranlogs库查询各个R库在一定时间范围内的下载统计数据。其中，cran代表"Comprehensive R Archive Network"，即"综合性R档案网络"。CRAN是被广泛使用的R社区之一。

我们先载入本节需要的第三方库。

```
# 载入库
library(tidyverse)
library(caret)
library(tictoc)
library(randomForest)
library(ranger)
library(pryr)
library(doParallel)
library(doRNG)
library(microbenchmark)
```

caret库的核心模型训练函数为train()函数。由于caret库的接口实际上只是直接调用不同的机器学习库，因此使用train()函数训练模型和直接使用该机器学习库训练模型并没有什么本质的区别，换言之，各种库的一些优势在caret中同样可以体现出来，可以通过train()函数直接设定该算法的相关参数，如ranger随机森林实现中关于并行计算的参数num.threads。train()函数支持使用公式输入（即"$y \sim x_1 + x_2 + \cdots$"的形式），也支持直接指定x与y对象，其中比较重要的参数如下。

---

① 如要对randomForest库训练的随机森林模型进行交叉检验，就需要专门调用rfUtilities库的rf.crossValidation()函数。

- ❑ data：训练数据。
- ❑ method：需要训练的算法的标签名。每个标签对应的算法、相应的第三方库及可以调优的参数可详见caret库的官方文档。
- ❑ tuneGrid：对于需要进行超参数网格搜索的情况，进行超参数网格的设定。
- ❑ trControl：重抽样方案设定，包括boot、boot632、optimism_boot、boot_all、cv、repeatedcv、LOOCV、LGOCV、oob、adaptive_cv、adaptive_boot、adaptive_LGOCV、none等多种可选择的方案。
- ❑ preProcess：对数据的预处理措施，例如标准化、缺失值填充等。

例如，使用train()过程实现randomForest以及ranger库的随机森林模型，可以进行如下操作：

```
# 读入数据
train <- read.csv("train.csv")
train$r_yn <- factor(train$r_yn, levels = c("no", "yes"))

# 设置随机种子
set.seed(100)

# 进行模型训练
tic()
train_rf <- train(
  r_yn ~ .,                                  # 使用公式
  data = train,                              # 训练数据
  method = "rf",                             # 使用randomForest库的随机森林实现
  ntree = 100,                               # 对非可调参数可以在这里单独指定
  # 调优的超参数网格，由于mtry属于caret库指定的randomForest库可调优参数，因此放在这里设置
  tuneGrid = expand.grid(.mtry = 3),
  trControl = trainControl(method = "none")  # 重抽样方式，在此暂不进行重抽样
)
toc()

## 20.7 sec elapsed

# 查看结果
train_rf$finalModel

##
## Call:
##  randomForest(x = x, y = y, ntree = 100, mtry = param$mtry)
##                Type of random forest: classification
##                      Number of trees: 100
## No. of variables tried at each split: 3
##
##          OOB estimate of  error rate: 6.83%
```

```
## Confusion matrix:
##        no  yes class.error
## no  57021  484 0.008416659
## yes  3768  946 0.799321171

# 设置随机种子
set.seed(100)

# 进行模型训练
tic()
train_ranger <- train(
  r_yn ~ .,
  data = train,
  method = "ranger",     # 使用ranger库的随机森林实现
  num.trees = 100,
  tuneGrid = expand.grid(.mtry = 3, .splitrule = "gini", .min.node.size = 1),
                        # 三个可调超参数保持默认值
  trControl = trainControl(method = "none")
)
toc()

## 2.37 sec elapsed

# 查看结果
train_ranger$finalModel

## Ranger result
##
## Call:
##  ranger::ranger(dependent.variable.name = ".outcome", data = x,       mtry = min(
param$mtry, ncol(x)), min.node.size = param$min.node.size,         splitrule = as.charact
er(param$splitrule), write.forest = TRUE,        probability = classProbs, ...)
##
## Type:                             Classification
## Number of trees:                  100
## Sample size:                      62219
## Number of independent variables:  28
## Mtry:                             3
## Target node size:                 1
## Variable importance mode:         none
## Splitrule:                        gini
## OOB prediction error:             6.82 %
```

我们在这里想重点探讨的是如何提升caret库的重抽样（resampling）及超参数的网格搜索（grid search）调优过程。简单来说，重抽样过程是对训练数据的反复抽样，多次拟合相同的模型，以

稳健地评估对模型的性能。重抽样的具体实现方法包括自助抽样法、k折交叉验证等。

　　网格搜索调优是一种常用的超参数调优方式，即对用户预先设定的超参数网格中的所有参数组合，结合重抽样过程计算，从而选出性能最优的组合。网格搜索调优的一个常见变体是随机搜索调优，即在设定的参数网格中随机选择一部分组合进行计算并评估性能，运算量更少。

　　实际上，像k折交叉验证这样的重抽样方法及超参数网格搜索调优这样的计算密集过程特别适用于并行计算，因为每一次的计算并不依赖于其他计算的结果。caret库对上述过程的并行计算提供了支持。对于每一种算法，可以通过caret库的modelLookup()函数查看其参数。例如，实现randomForest库的随机森林，只有mtry参数可以调整；实现ranger库的随机森林实现，可以调整mtry、splitrule和min.node.size这3个参数：

```
# 看有哪些可调整的参数
modelLookup("rf")

##   model parameter                          label forReg forClass probModel
## 1    rf      mtry #Randomly Selected Predictors   TRUE     TRUE      TRUE


modelLookup("ranger")

##    model     parameter                          label forReg forClass probModel
## 1 ranger          mtry #Randomly Selected Predictors   TRUE     TRUE      TRUE
## 2 ranger     splitrule                  Splitting Rule   TRUE     TRUE      TRUE
## 3 ranger min.node.size              Minimal Node Size   TRUE     TRUE      TRUE
```

> 💡 在caret库的train()函数中，有一个名为allParallel的参数，其默认值为TRUE，即允许并行计算。一般保持默认值即可。

　　要对k折交叉验证实现并行计算，具体做法如下。

　　1．利用parallel库，使用makeCluster()建立一个本地的并行计算集群（和之前一样，在本例中同样建立一个socket集群），并使用registerDoParallel()为后面的计算注册parallel的后端。此时操作系统的后台已经建立了本机的并行计算集群，如图7-1所示。

名称	状态	6% CPU	45% 内存	0% 磁盘	0% 网络	2% GPU	GPU 引擎	电源使用情况	电源使用情况趋势
R for Windows front-end		0%	37.8 MB	0 MB/秒	0 Mbps	0%		非常低	非常低
R for Windows front-end		0%	37.8 MB	0 MB/秒	0 Mbps	0%		非常低	非常低
R for Windows front-end		0%	37.7 MB	0 MB/秒	0 Mbps	0%		非常低	非常低
R for Windows front-end		0%	37.8 MB	0 MB/秒	0 Mbps	0%		非常低	非常低
R for Windows front-end		0%	37.8 MB	0 MB/秒	0 Mbps	0%		非常低	非常低
R for Windows front-end		0%	37.8 MB	0 MB/秒	0 Mbps	0%		非常低	非常低
R for Windows front-end		0%	37.8 MB	0 MB/秒	0 Mbps	0%		非常低	非常低
R for Windows front-end		0%	37.7 MB	0 MB/秒	0 Mbps	0%		非常低	非常低
R for Windows front-end		0%	37.8 MB	0 MB/秒	0 Mbps	0%		非常低	非常低
R for Windows front-end		0%	37.8 MB	0 MB/秒	0 Mbps	0%		非常低	非常低

图7-1　操作系统后台显示的本地并行计算集群

2．设定train()中的trControl参数。该参数主要对训练过程进行各种控制，如将method设定为cv，number设定为5，即代表5折交叉验证。此外，summaryFunction主要用于设定需要评估的指标。

3．进行计算。

4．调用registerDoSEQ()或stopCluster()转换回串行计算的状态。这两者的区别在于，使用registerDoSEQ()可以理解为"暂停"并行计算，已启动的本地集群会在系统后台待命，使计算暂时以串行的方式执行，可以调用registerDoParallel()继续使用已建立的集群进行并行计算；stopCluster()则是将整个集群"关闭"，后续若要继续使用并行计算，则需要再次调用makeCluster()建立计算集群。

通过比较可以看到，5折交叉验证的并行计算版本要比一般的串行计算版本快大概1倍：

```
# 串行方案

# 设置随机种子
set.seed(100)

# 进行模型训练
tic()
train_rf_cv <- train(
  r_yn ~ .,
  data = train,
  method = "rf",
  ntree = 100,
  tuneGrid = expand.grid(.mtry = 3),
  trControl = trainControl(method = "cv", number = 5, summaryFunction = twoClassSummary,
classProbs = TRUE),
)

## Warning in train.default(x, y, weights = w, ...): The metric "Accuracy" was not
## in the result set. ROC will be used instead.

toc()

## 90.14 sec elapsed

# 查看结果
train_rf_cv

## Random Forest
##
## 62219 samples
##    28 predictor
##     2 classes: 'no', 'yes'
##
```

```
## No pre-processing
## Resampling: Cross-Validated (5 fold)
## Summary of sample sizes: 49775, 49775, 49775, 49775, 49776
## Resampling results:
##
##   ROC        Sens       Spec
##   0.6883081  0.9915138  0.2028033
##
## Tuning parameter 'mtry' was held constant at a value of 3

#====================================================

# 并行方案

# 建立socket并行集群并注册，或者直接使用registerDoParallel(cores = detectCores())
cl <- makeCluster(detectCores())
registerDoParallel(cl)

# 设置随机种子
set.seed(100)

# 进行模型训练
tic()
train_rf_cv_par <- train(
  r_yn ~ .,
  data = train,
  method = "rf",
  ntree = 100,
  tuneGrid = expand.grid(.mtry = 3),
  trControl = trainControl(method = "cv", number = 5, summaryFunction = twoClassSummary,
classProbs = TRUE),
  allParallel = TRUE    # 允许并行计算
)

## Warning in train.default(x, y, weights = w, ...): The metric "Accuracy" was not
## in the result set. ROC will be used instead.

toc()

## 52.64 sec elapsed

# 暂停集群
registerDoSEQ()

# 查看结果
```

```
train_rf_cv_par

## Random Forest
##
## 62219 samples
##    28 predictor
##     2 classes: 'no', 'yes'
##
## No pre-processing
## Resampling: Cross-Validated (5 fold)
## Summary of sample sizes: 49775, 49775, 49775, 49775, 49776
## Resampling results:
##
##   ROC        Sens       Spec
##   0.6861393  0.9912529  0.2081053
##
## Tuning parameter 'mtry' was held constant at a value of 3
```

　　与上面的操作相比，超参数网格搜索调优需要额外设定两个参数：tuneGrid（设定需要检验的参数组合网格）和metric（指定希望通过什么指标选择最优模型，例如我们希望选择能够使AUC达到最高水平的模型参数组合，则将metric参数设定为ROC[①]）。

　　可以看到，并行参数搜索速度为串行方案的2倍左右，搜索到的最优参数结果一致，当mtry＝9时，AUC最高：

```
# 串行方案

# 设置随机种子
set.seed(100)

# 训练模型
tic()
train_rf_tune <- train(
  r_yn ~ .,
  data = train,
  method = "rf",
  ntree = 100,
  trControl = trainControl(method = "cv", number = 5, summaryFunction = twoClassSummary,
classProbs = TRUE),
  tuneGrid = expand.grid(.mtry = seq(1, ncol(train), by = 4)),
  metric = "ROC"
)
toc()
```

---

① 其中，ROC指受试者工作特征（receiver operating characteristic）曲线，AUC指ROC曲线下面积（area under ROC curve）。——编者注

```
## 952.5 sec elapsed

#查看结果
train_rf_tune

## Random Forest
##
## 62219 samples
##    28 predictor
##     2 classes: 'no', 'yes'
##
## No pre-processing
## Resampling: Cross-Validated (5 fold)
## Summary of sample sizes: 49775, 49775, 49775, 49775, 49776
## Resampling results across tuning parameters:
##
##   mtry  ROC        Sens       Spec
##    1    0.6803713  0.9998609  0.003182012
##    5    0.6896980  0.9884880  0.244169014
##    9    0.6930359  0.9869403  0.246500868
##   13    0.6907958  0.9854274  0.246286302
##   17    0.6897686  0.9836362  0.245650936
##   21    0.6917985  0.9822450  0.245226983
##   25    0.6894210  0.9818451  0.245015794
##   29    0.6890979  0.9817233  0.243954673
##
## ROC was used to select the optimal model using the largest value.
## The final value used for the model was mtry = 9.


#====================================================

# 并行方案

# 调用已有的并行集群
registerDoParallel(cl)

# 设定随机种子
set.seed(100)

# 训练模型
tic()
train_rf_tune_par <- train(
  r_yn ~ .,
  data = train,
  method = "rf",
```

```
  ntree = 100,
  trControl = trainControl(method = "cv", number = 5, summaryFunction = twoClassSummary,
classProbs = TRUE),
  tuneGrid = expand.grid(.mtry = seq(1, ncol(train), by = 4)),
  metric = "ROC"
)
toc()

## 459.24 sec elapsed

# 暂停集群
registerDoSEQ()

# 查看结果
train_rf_tune_par

## Random Forest
##
## 62219 samples
##    28 predictor
##     2 classes: 'no', 'yes'
##
## No pre-processing
## Resampling: Cross-Validated (5 fold)
## Summary of sample sizes: 49775, 49775, 49775, 49775, 49776
## Resampling results across tuning parameters:
##
##   mtry  ROC        Sens       Spec
##    1    0.6806365  0.9998261  0.004030593
##    5    0.6894728  0.9885227  0.243319982
##    9    0.6928371  0.9866446  0.248410795
##   13    0.6907080  0.9851491  0.246076465
##   17    0.6901386  0.9838101  0.247773628
##   21    0.6916440  0.9824015  0.240771986
##   25    0.6881246  0.9817755  0.243317956
##   29    0.6895217  0.9810625  0.245439747
##
## ROC was used to select the optimal model using the largest value.
## The final value used for the model was mtry = 9.
```

　　有时候，将所有超参数组合都历遍一次的计算量会非常大，对于配置不高的计算机来说会耗费较长时间。一个折中的方法是在所有超参数组合中随机选择一部分进行检验，这就是随机网格搜索。在train()函数中，为trControl设置参数search = "random"（默认值为grid），并进一步通过tuneLength参数设置需要计算的超参数组合数。在此，我们尝试5个不同超参数值，而其余设定则和一般的网格搜索相同。

当超参数组合很多的时候，一个可参考的数量设定是60组，这样就有95%的机会能够找到性能在最优5%以内的超参数组合，推断过程可以参考文章 "How to Evaluate Machine Learning Models: Hyperparameter Tuning"。

随机搜索的实现方法如下：

```
# 串行方案

# 设定随机种子
set.seed(100)

# 训练模型
tic()
train_rf_tune_random <- train(
  r_yn ~ .,
  data = train,
  method = "rf",
  ntree = 100,
  trControl = trainControl(method = "cv", number = 5, summaryFunction = twoClassSummary,
classProbs = TRUE, search = "random"),
  metric = "ROC",
  tuneLength = 5
)
toc()

## 522.05 sec elapsed

# 查看结果
train_rf_tune_random

## Random Forest
##
## 62219 samples
##    28 predictor
##     2 classes: 'no', 'yes'
##
## No pre-processing
## Resampling: Cross-Validated (5 fold)
## Summary of sample sizes: 49775, 49775, 49775, 49775, 49776
## Resampling results across tuning parameters:
##
##   mtry  ROC        Sens       Spec
##    1    0.6805031  0.9998261  0.003818729
##   12    0.6907228  0.9857056  0.244162034
##   15    0.6898829  0.9843144  0.243951071
```

```
## 27      0.6875482   0.9819146   0.237162194
## 28      0.6872566   0.9817929   0.240769735
##
## ROC was used to select the optimal model using the largest value.
## The final value used for the model was mtry = 12.
```

```
#====================================================

# 并行方案

# 调用已有的集群
registerDoParallel(cl)

# 设定随机种子
set.seed(100)

# 训练模型
tic()
train_rf_tune_random_par <- train(
  r_yn ~ .,
  data = train,
  method = "rf",
  ntree = 100,
  trControl = trainControl(method = "cv", number = 5, summaryFunction = twoClassSummary,
classProbs = TRUE, search = "random"),
  metric = "ROC",
  tuneLength = 5
)
toc()
```

```
## 245.68 sec elapsed
```

```
# 暂停集群
registerDoSEQ()

# 查看结果
train_rf_tune_random_par
```

```
## Random Forest
##
## 62219 samples
##    28 predictor
##     2 classes: 'no', 'yes'
##
## No pre-processing
## Resampling: Cross-Validated (5 fold)
```

```
## Summary of sample sizes: 49775, 49775, 49775, 49775, 49776
## Resampling results across tuning parameters:
##
##   mtry  ROC        Sens        Spec
##    1    0.6812214  0.9998435   0.003394551
##   12    0.6911728  0.9856882   0.240980248
##   15    0.6903979  0.9845753   0.241829730
##   27    0.6891605  0.9816538   0.236738917
##   28    0.6879599  0.9816712   0.237163545
##
## ROC was used to select the optimal model using the largest value.
## The final value used for the model was mtry = 12.
# 关闭集群
stopCluster(cl)
```

这里主要呈现了caret库的基本使用方式，以及如何将其与并行计算框架相结合以提升计算性能。caret库的官方教学资源已经十分完备，其主要开发者Max Kuhn也著有《应用预测建模》一书[①]，其中围绕caret对如何建立机器学习预测模型进行了全面的阐述，有兴趣的读者可以进一步了解。

7.4 本章小结

本章初步探索了在R中实现高效能机器学习建模的一些策略，包括利用现有工具（如并行循环编程）自行优化建模过程、寻找更优化的第三方库、使用caret机器学习框架结合并行计算等。

自行编写循环过程优化算法速度具有一定灵活性，但需要用户对算法原理非常熟悉，也需要大量的编程工作，对不同算法或者不同工作环节要编写不同的代码实现。因此，从投入产出比的角度不是特别推荐，本章只是提供一种参考思路。

直接使用针对特定算法进行优化的第三方库可能获得很高的运算效率，但不同库的编程要求、数据输入格式等往往有差异，一旦要使用多种算法，或者要对多种算法的性能、效率等进行比较，不便于建立统一的工作流。对一些"轻量级"的生产或研究任务而言，这不妨是一种简洁的解决方案。

但当模型开发任务比较大时，以上两种做法可能并不能满足需求。相比之下，使用统一的机器学习接口已经成为业内的主要趋势，这种模式在模型训练、比较、调优等工作流程上能更好地实现标准化，应当作为首选。caret库已经比较成熟，社区支持较多，且能与R的并行计算框架有着良好的协作，因此可以成为用R进行机器学习建模的基础选择。

然而尽管caret库的功能已经非常强大，但是其一些设定和代码的编写方式并不够友好和灵活，可直接调用的数据预处理工具也不够丰富。整体而言，caret的效能在"效"这一方面略显不足。在使用统一框架这条道路上，我们希望继续寻找更好的工具。第8章中探讨的tidymodels体系，就在很多方面弥补了caret的不足。

---

① KUHN, JOHNSON. 应用预测建模[M]. 北京：机械工业出版社，2015.

第8章

整洁流畅的框架——tidymodels

在机器学习模型研发过程中，需要进行复杂多样的特征工程和模型调试，对整个研发工作流的管理有着比较高的要求。你是tidyverse的"重度用户"，认为第7章中介绍的caret框架并不能很好地满足你的需求。

caret是较早开发的R框架，它的一些设计理念和代码风格也体现了R早期的特点。随着R自身的发展，尤其是tidyverse的普及，caret框架显得越来越不友好，更符合R用户习惯的新工具应运而生，这就是tidymodels。

tidymodels是近几年兴起的统计建模及机器学习框架，首次发布于2018年。有意思的是，tidymodels的主要开发者和维护者Max Khun同时也是caret框架的主要开发者，所以在很多方面都可以看到两个框架有内在继承之处，但是从名称可以发现，tidymodels是采用"整洁"（tidy）思路的，这表明tidymodels致力于成为流行的"tidy"体系的一部分，也意味着tidymodels的语法特征和tidyverse一脉相承。在此之前，tidyverse中以高效的数据处理和可视化工具为主，不包括模型开发工具，tidymodels的加入将使得"tidy"体系更加全面和强大，熟悉tidyverse语法风格的用户也能很快上手tidymodels。尽管目前tidymodels的社区支持、包的下载量等还比不上caret，也有很多工具有待进一步完善，但从tidymodels的定位来看，它大有取代caret之势。tidymodels的最大特点是基于"整洁"的思路，以工作流（workflow）为对象实现机器学习模型开发。在本章中，我们将结合示例讨论以下内容：

❑ 使用tidymodels建立工作流；

❑ 使用tidymodels进行工作流比较；

❑ 使用tidymodels单个或多个工作流的超参数调优。

 有些书籍或文章会将"工作流"翻译为"流水线""管道"等。这种工作流对象类似Python scikit-learn中的Pipeline。

首先载入本节所需的第三方库及训练、测试数据集：

载入相关库

```
library(tidyverse)
library(tidymodels)
library(doParallel)
library(tictoc)
library(microbenchmark)
library(finetune)

# 读入训练集并作简单处理
train <- read_csv("../../train.csv")
train <- train %>%
    mutate(
        id = row_number(),    # 加入id列供后面演示使用
        across(where(is.double), as.integer),
        across(where(is.character), as.factor),
        r_yn = fct_relevel(r_yn, "yes")) %>%
    select(id, r_yn, everything())

# 读入测试集并作简单处理
test <- read_csv("../../test.csv")
test <- test %>%
    mutate(
        id = row_number(),
        across(where(is.double), as.integer),
        across(where(is.character), as.factor),
        r_yn = fct_relevel(r_yn, "yes")) %>%
    select(id, r_yn, everything())
```

8.1　建立简单工作流

让我们先通过一个简单的例子看看tidymodels如何建立机器学习工作流。在本例中，我们假设工作已经进入模型建立和调试阶段。

设计工作流的第一步是使用tidymodels中的recipes库（在载入tidymodels时已经同时载入recipes）构建一个特征工程方案，通过recipe()设定数据集和公式（这一步是必需的），在此，我们进行4个简单的处理。

一是变量角色的设定。根据上面的公式设定，我们设定r_yn为因变量，其角色（role）为outcome，其他全部变量为自变量，角色为predictor。但数据中有一个id列，在绝大部分情况下不将id作为自变量放入模型中，这时，我们可以将id列的角色改为"ID"（或者其他名称），从而将其排除在建模过程之外，这样的好处是我们不需要在构建训练数据时将该列删掉。

二是删除类别分布过于悬殊的变量。在此我们将阈值定为100，即若一个变量中最普遍分类值的出现频率是第二普遍分类值出现频率的100倍以上，则删除此变量。这里以all_predictors()作为指代以简化输入，除了all_predictors()外，还可以用all_nominal_predictors()、all_numeric_predictors()、 all_numeric()等限定自变量及所有变量的范围。由于此处的自变量全部为数值型变量，因此使用all_numeric_predictors()也会得到相同的结果。

三是使用step_normalize()对所有变量进行标准化操作。

四是对自变量进行主成分提取以降维，这里我们使用step_pca()，将参与主成分提取的自变量设定为全部自变量，此外，通过解释方差比例的阈值控制主成分的生成数量，在此暂将阈值设为0.9。

我们将整个流程保存在rec_pca对象中。这个过程实际并没有对训练数据进行任何的转化和计算，只是把数据处理步骤记录了下来。整个过程代码如下：

```
# 数据预处理流程
rec_pca <- recipe(r_yn ~ ., data = train) %>%
  update_role(id, new_role = "ID") %>%
  step_nzv(all_predictors(), freq_cut = 100) %>%
step_normalize(all_predictors()) %>%
  step_pca(all_predictors(), threshold = 0.9)


# 查看结果
rec_pca
## Data Recipe
##
## Inputs:
##
##       role #variables
##        ID          1
##   outcome          1
## predictor         28
##
## Operations:
##
## Sparse, unbalanced variable filter on all_predictors()
## Centering and scaling for all_predictors()
## No PCA components were extracted.
```

目前，recipes库提供了超过60个函数名带有"step_"前缀的预处理步骤，基本涵盖了机器学习中常见的预处理工具，此外，扩展库embed还提供了若干通过监督学习形式对类别变量实现数值编码的工具（如证据权重编码等），扩展库textrecipes则提供了一系列针对文本数据的高效处理工具。这些处理方法中有很多是来源于其他工具的封装，recipes以统一命名的形式进行设计，对用户而言是非常友好的，对于有代码自动补全功能的开发环境（如RStudio），只要输入前缀就能迅速找到相应的函数，和输入"str_"前缀来寻找stringr库中各类字符串函数同样方便，提高了编程效率。此外，这种名副其实的"step-by-step"模式使得整个特征工程构建过程非常清晰流畅，根据实际情况，这个预处理过程可以不断延长。我认为通过recipes进行模型训练前的特征工程是tidymodels的亮点之一。相比之下，caret库中通过train()函数的preProcess参数设定特征工程方案的方式则略显逊色。

recipes官方网站中"Ordering of Steps"一文给出了设置变量处理顺序的建议,值得一读。

设计工作流的第二步是设定算法模型,这一步主要使用tidymodels中的parsnip库。该库对当前R的各种零散的机器学习库进行了大规模的整合,这种思路和caret一脉相承,不过整合的形式有所不同。同样以随机森林为例,模型的设置过程如下。

1. 设定算法类型。由于我们准备使用随机森林算法,这里选择rand_forest()。该函数有3个主要参数,分别是树数量(trees)、每次分割选择的变量数(mtry),以及叶结点的最小样本量(min_n)。这3个参数实际上是R中与随机森林算法相关的库共有的,而parsnip规范了它们的名称。在此我们暂时将trees和mtry分别设定为100和3。

2. 通过set_engine()设定引擎及其参数。简单来说就是选择用来实现的库和设定其独有的一些参数,例如使用ranger库实现随机森林,通过ranger独有的num.thread参数设定调用全部线程加快训练速度,并设定随机种子(seed)和输出信息(verbose)等。可以通过show_engines()函数查看当前算法结构下可以使用的引擎。

3. 通过set_mode()设定问题类型。对于分类问题,我们设定classification。如果我们选择了一些专门针对分类或回归问题的算法,那么这一步的设定并不是必需的。

整个模型设定过程的代码如下:

```
# 查看该算法结构下可以使用的引擎
show_engines("rand_forest")

## # A tibble: 6 x 2
##    engine       mode
##    <chr>        <chr>
## 1 ranger       classification
## 2 ranger       regression
## 3 randomForest classification
## 4 randomForest regression
## 5 spark        classification
## 6 spark        regression

# 设定分类器
model_rf <- rand_forest(trees = 100, mtry = 3) %>%
  set_engine("ranger", seed = 100, num.threads = 12, verbose = TRUE) %>%
  set_mode("classification")

# 查看结果
model_rf

## Random Forest Model Specification (classification)
##
```

```
## Main Arguments:
##   mtry = 3
##   trees = 100
##
## Engine-Specific Arguments:
##   seed = 100
##   num.threads = 12
##   verbose = TRUE
##
## Computational engine: ranger
```

　　将上述步骤合在一起,即可构成一个完整的工作流。我们将其保存在对象wf_rf中,这个工作流在后续可以直接作为模型训练、重抽样评估等流程的输入对象。如果后续要对该工作流的预处理方案或者模型进行更改,可以使用update_recipe()、update_recipe()、update_model()等函数进行相应调整。

```
# 建立工作流
wf_rf <- workflow() %>%
  add_recipe(rec_pca) %>%
  add_model(model_rf)

# 查看结果
wf_rf

## == Workflow ==========================================================
## Preprocessor: Recipe
## Model: rand_forest()
##
## -- Preprocessor ------------------------------------------------------
## 3 Recipe Steps
##
## * step_nzv()
## * step_normalize()
## * step_pca()
##
## -- Model -------------------------------------------------------------
## Random Forest Model Specification (classification)
##
## Main Arguments:
##   mtry = 3
##   trees = 100
##
## Engine-Specific Arguments:
##   seed = 100
##   num.threads = 12
##   verbose = TRUE
```

```
##
## Computational engine: ranger
```

完成工作流的构建后，可以直接使用该工作流对象对训练集进行训练，这个过程实际上是依次将上述的特征工程和模型用在训练集上。

```
# 模型拟合
wf_rf_fit <- wf_rf %>% fit(train)

# 查看结果
wf_rf_fit %>% extract_fit_parsnip()

## parsnip model object
##
## Fit time:  3.2s
## Ranger result
##
## Call:
##  ranger::ranger(x = maybe_data_frame(x), y = y, mtry = min_cols(~3, x), num.trees = ~100,
 seed = ~100, num.threads = ~12, verbose = ~TRUE, probability = TRUE)
##
## Type:                             Probability estimation
## Number of trees:                  100
## Sample size:                      62219
## Number of independent variables:  22
## Mtry:                             3
## Target node size:                 10
## Variable importance mode:         none
## Splitrule:                        gini
## OOB prediction error (Brier s.):  0.06107753
```

可以进一步使用上面设定的工作流，基于各类重抽样方法进行稳健的性能评估。在此，我强烈建议将工作流对象（包括特征工程、模型等）纳入重抽样过程，而不是仅仅评估单个模型，特别是当特征工程中涉及一些基于训练集信息的计算，并需要基于计算结果对验证或测试数据进行转换时。比较典型的例子是Z分数标准化转换，需要先计算训练数据中某些字段的均值和标准差，并在处理新数据时利用这些均值和标准差对新数据进行转换。错误的做法是处理全部数据后再划分数据，因为这样会造成数据泄露。只将数据分为训练集和测试集时，这个问题还不是太突出，但是在涉及重抽样（例如k折交叉验证）等过程时，数据泄露的风险就很容易被忽略，一些用户会直接在整个训练集上进行各种预处理，然后使用处理后的训练数据进行重抽样评估，实际上，这会使每一次迭代泄露数据，因为验证数据实际上包含了整个训练数据的信息。

要保证在k折交叉验证等重抽样过程中不出现数据泄露，就需要在每一次迭代中都把该轮用于训练的数据信息保留下来并运用到验证数据中。当特征工程比较复杂的时候，这样做的编程难度会很高，但所幸，tidymodels以工作流的形式帮助用户自动实现了这样的功能。当重抽样对象为工作流时，不论预处理过程多复杂，都能够保证所有处理只在训练数据中进行，进而把处理结果运用在验证数据中，这对于用户实现机器学习建模和调试而言是相当高效的设计。

 通过设置caret库train()函数的Preprocess参数也能实现相似的效果，但特征工程流程整体上不如tidymodels直观和丰富。

tidymodels的成员——rsample库提供了多种常用的重抽样方案。以使用fit_resamples()实现5折交叉验证为例，主要参数设置如下。

❏ resamples：重抽样方案，实现5折交叉验证则可使用vfolds_cv()并将v设定为5。

❏ metrics：需要观察的性能指标，通过metric_set()进行设置，可以设置一个或多个指标，这里将AUC作为性能评估指标。

❏ control：与重抽样过程相关的一些设置，如是否保存预测结果、是否输出信息等。并行计算的相关设置也在此设置。

整个计算过程代码如下：

```
# 设定重抽样方案及性能指标
set.seed(200)
cv_5 <- vfold_cv(train, v = 5)
metric_auc <- metric_set(roc_auc)

# k折交叉验证
tic()
wf_rf_cv_5 <- wf_rf %>%
  fit_resamples(resamples = cv_5,
                metrics = metric_auc,
                control = control_resamples(save_pred = TRUE))


toc()

## 17.95 sec elapsed

# 观察性能
wf_rf_cv_5 %>% collect_metrics()

## # A tibble: 1 x 6
##   .metric .estimator  mean     n std_err .config
##   <chr>   <chr>      <dbl> <int>   <dbl> <chr>
## 1 roc_auc binary     0.724     5 0.00437 Preprocessor1_Model1
```

值得进一步介绍的是重抽样控制函数control_resample()中控制并行计算的参数allow_par和parallel_over。allow_par的作用是设定是否允许在重抽样过程中执行并行计算，默认值为TRUE，保持默认值即可。parallel_over的作用是设定并行计算的方式,有以下3个可选值。

- ❑ resamples:只在重抽样的层面执行并行计算,而不在每个抽样过程的内部执行并行计算。
- ❑ everything:在重抽样层面和抽样过程的内部均执行并行计算。
- ❑ NULL(默认值):根据实际情况自动选择,如果重抽样循环多于一次则视为resamples,否则视为everything。

tidymodels设置并行计算的方式和caret库是相同的。从这个角度看,tidymodels与caret相比更能体现出"效"和"能"的统一。当然,并行计算的性能受到多种因素的影响,因此上述参数设置并不一定是使速度最快的最优解。基准测试显示,在本示例中不同方案之间的差异并不大。一个可能的原因是这里使用的ranger本身已经调用了全部线程,在重抽样过程中增加了通信开销,从而没有表现出明显的速度提高。有兴趣的读者可以对其他算法进行测试。

```r
# 重抽样并行计算速度比较

# 设定并行集群
cl <- makeCluster(detectCores())
registerDoParallel(cl)

# 速度比较
par_scheme_compare <- microbenchmark(
  seq = wf_rf %>% fit_resamples(resamples = cv_5, metrics = metric_auc, control = control_resamples(allow_par = FALSE)),
  resamples = wf_rf %>% fit_resamples(resamples = cv_5, metrics = metric_auc, control = control_resamples(parallel_over = "resamples")),
  everything = wf_rf %>% fit_resamples(resamples = cv_5, metrics = metric_auc, control = control_resamples(parallel_over = "everything")),
  auto = wf_rf %>% fit_resamples(resamples = cv_5, metrics = metric_auc, control = control_resamples(parallel_over = NULL)),
  unit = "s",
  times = 3
  )

# 停止集群
stopCluster(cl)

# 查看结果
par_scheme_compare

## Unit: seconds
##       expr      min       lq     mean   median       uq      max neval
##        seq 17.07756 17.40260 17.76654 17.72765 18.11104 18.49443     3
##  resamples 17.51684 17.94097 18.99868 18.36509 19.73961 21.11412     3
```

```
## everything 17.13321 17.88780  18.38063  18.64239  19.00435 19.36630  3
##       auto 17.70161 18.02703  26.70913  18.35245  31.21288 44.07332  3
```

 如果要通过历史数据建立模型，且需要预测未来数据，则重抽样的设计也最好基于时间设计。rsample库的sliding_period()函数能高效地创建基于时间窗口的重抽样方案，具体可以查询sliding_period()的帮助文档。

8.2　工作流比较

在实践中，我们经常希望比较不同的特征工程方案在同一算法或不同算法下的效果，而不仅仅只是评估单一工作流。对于这种需求，tidymodels为用户提供了高效的实现方式。

首先，我们先设置好不同的特征工程方案，在这里我们假设需要比较4种方案，分别是：

❏ 什么也不处理，作为对照；

❏ 根据因变量进行欠抽样，使正负样本为1:1；

❏ 对变量提取主成分；

❏ 根据因变量进行欠抽样，再提取主成分。

在这里，tidymodels显示了它的另一个高效之处：在step_downsample()中，设置了skip = TRUE，即只将此步骤用在训练数据上，在测试数据或新数据上"跳过"它。这样的设置符合欠抽样或过抽样等过程的使用规范——不改变测试数据或新数据的结构。

 需要执行"跳过"操作的典型场景是训练集中样本平衡调整及对因变量的对数处理等。

```
# 不同特征工程方案设定
rec_no <- recipe(r_yn ~ ., data = train) %>%
  update_role(id, new_role = "ID")

rec_ds <- recipe(r_yn ~ ., data = train) %>%
  update_role(id, new_role = "ID") %>%
  step_downsample(r_yn, under_ratio = 1, skip = TRUE, seed = 100)

rec_pca <- recipe(r_yn ~ ., data = train) %>%
  update_role(id, new_role = "ID") %>%
  step_nzv(all_predictors(), freq_cut = 100) %>%
  step_normalize(all_predictors()) %>%
  step_pca(all_predictors(), threshold = 0.9)

rec_ds_pca <- recipe(r_yn ~ ., data = train) %>%
  update_role(id, new_role = "ID") %>%
  step_downsample(r_yn, under_ratio = 1, skip = TRUE, seed = 100) %>%
```

```
step_nzv(all_predictors(), freq_cut = 100) %>%
step_normalize(all_predictors()) %>%
step_pca(all_predictors(), threshold = 0.9)
```

接下来设置不同的算法方案，比较随机森林和xgboost两种算法的结果。

```
# 算法设定

# ranger
model_rf <- rand_forest(trees = 100) %>%
  set_engine("ranger", seed = 100, verbose = TRUE) %>%
  set_mode("classification")

# xgboost
model_xgb <- boost_tree(trees = 100) %>%
  set_engine("xgboost") %>%
  set_mode("classification")
```

我们将上面的特征工程方案及算法方案用workflow_set()函数组合在一起，得到8个待检验的工作流。将cross参数设置为TRUE可实现特征工程和算法的两两组合。

```
# 特征工程方案列表
rec_list <- list(no = rec_no,
                 ds = rec_ds,
                 pca = rec_pca,
                 ds_pca = rec_ds_pca)

# 算法方案列表
model_list <- list(rf = model_rf,
                   xgb = model_xgb)

# 特征工程及算法方案组合
wf_set <- workflow_set(preproc = rec_list,
                       models = model_list,
                       cross = TRUE)

# 查看集合结果
wf_set

## # A workflow set/tibble: 8 x 4
##   wflow_id        info            option     result
##   <chr>           <list>          <list>     <list>
## 1 no_rf           <tibble [1 x 4]> <opts[0]> <list [0]>
## 2 no_xgb          <tibble [1 x 4]> <opts[0]> <list [0]>
## 3 ds_rf           <tibble [1 x 4]> <opts[0]> <list [0]>
## 4 ds_xgb          <tibble [1 x 4]> <opts[0]> <list [0]>
## 5 pca_rf          <tibble [1 x 4]> <opts[0]> <list [0]>
## 6 pca_xgb         <tibble [1 x 4]> <opts[0]> <list [0]>
```

```
## 7 ds_pca_rf      <tibble [1 x 4]> <opts[0]> <list [0]>
## 8 ds_pca_xgb     <tibble [1 x 4]> <opts[0]> <list [0]>
```

最后对wf_set对象套用workflow_map()函数，即对wf_set中的对象执行同样的操作。具体而言，使用5折交叉验证，以AUC为指标，比较以上8套方案的性能，并设置并行计算以提高计算速度。结果显示，对因变量进行欠抽样同时不对原特征做任何处理，并使用随机森林算法的流程会得到较优的结果：

```
# 比较不同方案
cl <- makeCluster(detectCores())
registerDoParallel(cl)
tic()
wf_set_compare_res <- wf_set %>%
  workflow_map(fn = "fit_resamples",
               seed = 100,  # workflow_map的参数
               # fit_resamples的参数
               resamples = cv_5, metrics = metric_auc, parallel_over = "everything")
toc()

## 120.11 sec elapsed

stopCluster(cl)

# 查看结果
wf_set_compare_res %>% collect_metrics() %>% arrange(-mean)

## # A tibble: 8 x 9
##   wflow_id    .config      preproc model  .metric  .estimator  mean     n std_err
##   <chr>       <chr>        <chr>   <chr>  <chr>    <chr>       <dbl> <int>   <dbl>
## 1 ds_rf       Preprocess~  recipe  rand_~ roc_auc  binary      0.761     5 0.00288
## 2 no_rf       Preprocess~  recipe  rand_~ roc_auc  binary      0.756     5 0.00213
## 3 no_xgb      Preprocess~  recipe  boost~ roc_auc  binary      0.752     5 0.00243
## 4 ds_xgb      Preprocess~  recipe  boost~ roc_auc  binary      0.748     5 0.00261
## 5 pca_xgb     Preprocess~  recipe  boost~ roc_auc  binary      0.739     5 0.00335
## 6 ds_pca_xgb  Preprocess~  recipe  boost~ roc_auc  binary      0.728     5 0.00243
## 7 ds_pca_rf   Preprocess~  recipe  boost~ roc_auc  binary      0.727     5 0.00199
## 8 pca_rf      Preprocess~  recipe  rand_~ roc_auc  binary      0.723     5 0.00465
```

8.3　工作流超参数调优

tidymodels的一个特点是以整个工作流为对象进行管理。在超参数调优方面，除了以模型作为调优对象，tidymodels可以将特征工程方案纳入调优对象，即对整个工作流进行调优。当然，也可以单独对特征工程部分或模型部分调优。

实现工作流超参数调优的过程也并不复杂。首先，在算法设定阶段确定要调优的超参数。在

以下例子中，我们希望通过调整以下超参数看是否能得到更好的模型：

- ❏ 在特征工程中，调整样本平衡步骤中多数类和少数类的比值under_ratio；
- ❏ 在模型中，先将随机森林的树数量限定为固定数目，然后调整m_try和min_n两个超参数。

可以参照上文构建工作流的方法，唯一区别是将需要调整的超参数的取值用tune()替代，表明这些超参数待调整。不过，当使用parameters()查看参数信息时，会发现mtry后面带有"?"，这是因为现在无法确定mtry数值的上限，因为建立工作流时某些特征工程的步骤（如虚拟变量处理、主成分提取、特征筛选等）可能会改变训练数据的特征数量，因此对于类似mtry的、涉及特征数量的超参数，应考虑进一步设定其范围：

```r
# 设定特征工程部分需要调整的参数
rec_ds_tune <- recipe(r_yn ~ ., data = train) %>%
  update_role(id, new_role = "ID") %>%
  step_downsample(r_yn, under_ratio = tune(), skip = TRUE, seed = 100) %>%
  step_nzv(all_predictors(), freq_cut = 100)

# 设定需要调整的参数，某些参数可能需要使用finalize()或update()函数进一步确定范围
model_rf_tune <- rand_forest(trees = 100, mtry = tune(), min_n = tune()) %>%
  set_engine("ranger", seed = 100, verbose = TRUE) %>%   # 设定每个库对应的参数
  set_mode("classification")

# 更新工作流
wf_rf_tune <- workflow() %>%
  add_recipe(rec_ds_tune) %>%
  add_model(model_rf_tune)

# 或者直接使用update()函数更新现有的wf_rf对象
# wf_rf_tune <- wf_rf %>%
#   update_recipe(rec_ds_tune) %>%
#   update_model(model_rf_tune)

# 查看结果
wf_rf_tune


## == Workflow ====================================================================
## Preprocessor: Recipe
## Model: rand_forest()
##
## -- Preprocessor ----------------------------------------------------------------
## 2 Recipe Steps
##
## * step_downsample()
## * step_nzv()
```

```
##
## -- Model -------------------------------------------------------------------
## Random Forest Model Specification (classification)
##
## Main Arguments:
##   mtry = tune()
##   trees = 100
##   min_n = tune()
##
## Engine-Specific Arguments:
##   seed = 100
##   verbose = TRUE
##
## Computational engine: ranger

# 查看超参数情况
wf_rf_tune %>% parameters()

## Collection of 3 parameters for tuning
##
##   identifier        type     object
##         mtry        mtry nparam[?]
##        min_n       min_n nparam[+]
##  under_ratio under_ratio nparam[+]
##
## Model parameters needing finalization:
##    # Randomly Selected Predictors ('mtry')
##
## See `?dials::finalize` or `?dials::update.parameters` for more information.
```

　　针对参数mtry的情况，可以使用parameters()配合update()确定其范围。此外，我们也调整under_ratio的范围，而不使用其默认值。完成范围调整后，使用grid_random()函数在整个超参数空间中随机抽取30个组合进行调试：

```
# 确认及调整部分超参数范围
final_param <- wf_rf_tune %>%
  parameters() %>%
  update(mtry = mtry(c(1, 15))) %>%          # 人工锁定未确认范围超参数的范围
  update(under_ratio = under_ratio(c(1, 5))) # 调整部分超参数的范围

# 查看超参数信息
final_param

## Collection of 3 parameters for tuning
##
##   identifier        type     object
```

```
##        mtry        mtry nparam[+]
##       min_n       min_n nparam[+]
##  under_ratio under_ratio nparam[+]

final_param %>% pull_dials_object("mtry")

## # Randomly Selected Predictors (quantitative)
## Range: [1, 15]

final_param %>% pull_dials_object("min_n")

## Minimal Node Size (quantitative)
## Range: [2, 40]

final_param %>% pull_dials_object("under_ratio")

## Under-Sampling Ratio (quantitative)
## Range: [1, 5]
```

```
# 创建随机网格
set.seed(100)
final_param_random_30 <- final_param %>% grid_random(size = 30)
final_param_random_30 %>% arrange(mtry)
```

```
## # A tibble: 30 x 3
##     mtry min_n under_ratio
##    <int> <int>       <dbl>
## 1      2    32        3.98
## 2      3     2        3.49
## 3      3    15        1.73
## 4      3     3        1.50
## 5      4    21        2.33
## 6      4    27        1.68
## 7      5    10        3.55
## 8      6    15        2.95
## 9      6    26        2.77
## 10     7    12        1.51
## # ... with 20 more rows
```

完成设置后，使用tune_grid()设置超参数搜索方案，即在tune_grid()中设置好待调整的工作流对象、重抽样方案、超参数网格、性能指标，以及控制参数，并以并行计算的方式执行超参数调优过程，提高计算效率：

```
# 超参数调整
cl <- makeCluster(detectCores())
```

```
registerDoParallel(cl)
set.seed(100)
tic()
wf_rf_tune_grid_res <- wf_rf_tune %>%
  tune_grid(
    resamples = cv_5,
    metrics = metric_auc,
    grid = final_param_random_30,
    control = control_grid(parallel_over = "everything"))
toc()

## 139 sec elapsed


stopCluster(cl)
```

完成超参数调优后，可以通过以下方式查看所有超参数组合的性能和最优方案配置：

```
# 查看调优结果并按性能指标排序
wf_rf_tune_grid_res %>% collect_metrics() %>% arrange(-mean)

## # A tibble: 30 x 9
##     mtry min_n under_ratio .metric .estimator  mean     n std_err .config
##    <int> <int>       <dbl> <chr>   <chr>      <dbl> <int>   <dbl> <chr>
## 1      2    32        3.98 roc_auc binary     0.766     5 0.00332 Preprocessor0~
## 2      3    15        1.73 roc_auc binary     0.764     5 0.00345 Preprocessor1~
## 3      3     2        3.49 roc_auc binary     0.763     5 0.00322 Preprocessor1~
## 4      3     3        1.50 roc_auc binary     0.763     5 0.00315 Preprocessor2~
## 5      4    27        1.68 roc_auc binary     0.762     5 0.00272 Preprocessor1~
## 6      4    21        2.33 roc_auc binary     0.762     5 0.00274 Preprocessor0~
## 7      6    26        2.77 roc_auc binary     0.758     5 0.00225 Preprocessor1~
## 8      5    10        3.55 roc_auc binary     0.757     5 0.00295 Preprocessor0~
## 9      6    15        2.95 roc_auc binary     0.756     5 0.00282 Preprocessor0~
## 10     7    25        4.79 roc_auc binary     0.756     5 0.00217 Preprocessor1~
## # ... with 20 more rows


# 最优参数组合
wf_rf_tune_grid_res %>% select_best("roc_auc")

## # A tibble: 1 x 4
##    mtry min_n under_ratio .config
##   <int> <int>       <dbl> <chr>
## 1     2    32        3.98 Preprocessor04_Model1
```

除了网格搜索、随机搜索等常用调优方法，tidymodels的tune库和扩展的finetune库（需要另外安装和加载）还提供了包括贝叶斯方法在内的若干基于迭代思路的搜索方法，比caret库更丰富，有兴趣的用户可以通过tidymodels的官方线上教程深入了解。值得一提的是，finetune库包含的

tune_race_anova()能够实现一种以网格搜索为基础的"竞赛算法"（racing method），其基本原则是在网格搜索中尽早排除性能较差的超参数组合以减少不必要的计算。该算法先在超参数组合的范围内通过重抽样建立几个初始模型以确定性能的基准，以比较后续不同超参数组合的模型性能。以性能指标（如AUC）作为因变量、不同超参数组合作为自变量进行方差分析，比较不同超参数组合与基准模型的性能并进行统计检验，找出性能明显不如基准模型的超参数组合并排除，即可大量节省网格搜索的计算时间。该算法的实现方法和tune_grid()类似，且使用control_race()函数设置不同的参数：

```
# racing method: 速度更快
cl <- makeCluster(detectCores())
registerDoParallel(cl)
set.seed(100)
tic()
wf_rf_tune_race_res <- wf_rf_tune %>%
  tune_race_anova(
    resamples = cv_5,
    grid = final_param_random_30,
    metrics = metric_auc,
    control = control_race(parallel_over = "everything")
  )
toc()

## 106 sec elapsed

stopCluster(cl)

# 最优参数组合
wf_rf_tune_race_res %>% select_best("roc_auc")

## # A tibble: 1 x 4
##    mtry min_n under_ratio .config
##   <int> <int>       <dbl> <chr>
## 1     2    32        3.98 Preprocessor04_Model1
```

 更多细节可参见tidymodels官方线上教程和Max Kuhn的"Futility Analysis in the Cross-Validation of Machine Learning Models"一文。该算法在caret中可通过在重抽样方案中设置"adaptive cv"实现。

基准测试结果显示，使用tune_race_anova()进行性能优化的网格搜索。结果显示，对相同超参数网格进行调优，此方法所需的时间明显比使用tune_grid()更短：

```
# 两种调优算法速度比较
cl <- makeCluster(detectCores())
registerDoParallel(cl)
```

```
tune_compare <- microbenchmark(
  grid = wf_rf_tune %>%
    tune_grid(resamples = cv_5, metrics = metric_auc, grid = final_param_random_30,
control = control_grid(parallel_over = "everything")),
  race = wf_rf_tune %>%
    tune_race_anova(resamples = cv_5, metrics = metric_auc, grid = final_param_random_
30, control = control_race(parallel_over = "everything")),
  unit = "s",
  times = 3
  )
stopCluster(cl)

# 查看比较结果
tune_compare

## Unit: seconds
##  expr        min        lq       mean     median        uq       max neval
##  grid 117.20829 117.29460 126.13715 117.38091 130.6016 143.82226     3
##  race  78.06911  78.77007  79.45377  79.47104  80.1461  80.82117     3
```

假设我们已完成超参数调优过程，可以使用finalize_workflow()将最优参数配置到工作流中，将配置后的工作流用在训练数据上最终训练一次，构成最终的工作流，并将其保存在硬盘中方便后续调用（也可以使用该工作流用在测试集上，评估工作流的最终泛化性能）：

```
# 利用调优结果训练最终模型
wf_rf_final <- wf_rf_tune %>% finalize_workflow(select_best(wf_rf_tune_race_res))
wf_rf_final_fit <- wf_rf_final %>% fit(train)

# 保存模型至本地
saveRDS(wf_rf_final_fit, "wf_rf_final_fit.rds")

# 跑取测试集并合并结果
test_pred_truth <- bind_cols(
  wf_rf_final_fit %>% predict(test, type = "prob") %>% select(.pred_yes),
  wf_rf_final_fit %>% predict(test) %>% select(.pred_class),
  test %>% select(r_yn)
  ) %>%
  rename(pred_prob = .pred_yes,
         pred_class = .pred_class,
         truth = r_yn)

# 查看结果
test_pred_truth

## # A tibble: 26,664 x 3
##    pred_prob pred_class truth
```

```
##          <dbl> <fct>      <fct>
## 1      0.236 no         no
## 2      0.623 yes        no
## 3      0.253 no         no
## 4      0.141 no         no
## 5      0.123 no         no
## 6      0.657 yes        yes
## 7      0.133 no         no
## 8      0.167 no         yes
## 9      0.148 no         no
## 10     0.152 no         no
## # ... with 26,654 more rows
```

```
# 查看在测试集上的性能
roc_auc(data = test_pred_truth, truth = truth, estimate = pred_prob)
```

```
## # A tibble: 1 x 3
##   .metric .estimator .estimate
##   <chr>   <chr>          <dbl>
## 1 roc_auc binary         0.776
```

8.4　多工作流同时调优

　　tidymodels的开发者建议，在建模的初期，最好大范围尝试不同的算法，看哪些算法效果较好，到了下一阶段再将范围锁定在少数算法上，进行更加精准的调优。因此，tidymodels对同时比较和调优多种算法提供了高效的方式。我们已经知道了怎样结合重抽样过程同时评估多种算法的性能，并对单个工作流进行整体调优。这里，可以进一步将上述两个过程相结合，使用workflow_set()和workflow_map()同时对多种工作流调优，并比较结果，最终从中选择最优模型。

　　先设定不同的特征工程方案及算法方案，并将其组合起来，形成待调优的工作流列表。以下例子假定需要比较两组不同的特征工程方案及两种算法方案（实际工作中可能需要同时比较更多的方案）。与前面的例子不同的是，在方案设定时我们将需要调优的超参数设定为tune()（其他的操作则保持不变），包括：

　　❑ 欠抽样步骤中的欠抽样比例（under_ratio）；
　　❑ 随机森林中的分裂抽取变量数（mtry）和叶结点最小样本数（min_n）；
　　❑ XGBoost的分裂抽取变量数（mtry）、树深度（tree_depth）、学习率（learn_rate），以及叶结点最小样本数（min_n）。

　　利用workflow_set()实现特征工程方案和算法方案的两两组合，并构建一个待处理的工作流集合对象wf_set_tune：

```r
# 设定特征工程方案

# 不处理
rec_no <- recipe(r_yn ~ ., data = train) %>%
  update_role(id, new_role = "ID")

# 欠抽样
rec_ds_tune <- recipe(r_yn ~ ., data = train) %>%
  update_role(id, new_role = "ID") %>%
  step_downsample(r_yn, under_ratio = tune(), skip = TRUE, seed = 100) %>%
  step_nzv(all_predictors(), freq_cut = 100)



# 设定算法方案

# 随机森林
model_rf_tune <- rand_forest(trees = 100, mtry = tune(), min_n = tune()) %>%
  set_engine("ranger", seed = 100) %>%
  set_mode("classification")

# XGBoost
model_xgb_tune <- boost_tree(trees = 100, mtry = tune(), tree_depth = tune(), learn_rate =
tune(), min_n = tune()) %>%
  set_engine("xgboost") %>%
  set_mode("classification")

# 构建待调优工作流集合
wf_set_tune <- workflow_set(
  preproc = list(no = rec_no, ds = rec_ds_tune),
  models = list(rf = model_rf_tune, xgb = model_xgb_tune),
  cross = TRUE)
```

　　和单个工作流调优的过程类似，有时候我们希望重新定义一些超参数的范围，而不使用其默认范围，此时我们可以使用update()函数单独对需要调整超参数范围的工作流进行相应设定。设定完成后，使用option_add()将自定义范围后的超参数更新到待调试工作流集合中：

```r
# 超参数范围调整
no_rf_params <- wf_set_tune %>%
  extract_workflow("no_rf") %>%
  parameters() %>%
  update(mtry = mtry(c(1, 15)))

no_xgb_params <- wf_set_tune %>%
  extract_workflow("no_xgb") %>%
  parameters() %>%
  update(mtry = mtry(c(1, 15)))
```

```
ds_rf_params <- wf_set_tune %>%
  extract_workflow("ds_rf") %>%
  parameters() %>%
  update(mtry = mtry(c(1, 15)), under_ratio = under_ratio(c(1, 5)))

ds_xgb_params <- wf_set_tune %>%
  extract_workflow("ds_xgb") %>%
  parameters() %>%
  update(mtry = mtry(c(1, 15)), under_ratio = under_ratio(c(1, 5)))

# 更新工作流集合
wf_set_tune_finalize <- wf_set_tune %>%
  option_add(param_info = no_rf_params, id = "no_rf") %>%
  option_add(param_info = no_xgb_params, id = "no_xgb") %>%
  option_add(param_info = ds_rf_params, id = "ds_rf") %>%
  option_add(param_info = ds_xgb_params, id = "ds_xgb")
```

　　完成上述步骤后，就可以使用workflow_map()对集合中的工作流进行调优。对于调优方法，可以在tune_grid()、tune_race_anova()等中自由选择，这里同样建议通过并行计算提高调优的效率：

```
# 超参数调优
cl <- makeCluster(detectCores())
registerDoParallel(cl)
tic()
wf_set_tune_race_res <- wf_set_tune_finalize %>%
  workflow_map(fn = "tune_race_anova",
               seed = 100,
               resamples = cv_5,
               grid = 30,
               metrics = metric_auc,
               control = control_race(parallel_over = "everything"),
               verbose = TRUE)

## i 1 of 4 tuning:      no_rf

## v 1 of 4 tuning:      no_rf (5m 1.2s)

## i 2 of 4 tuning:      no_xgb

## v 2 of 4 tuning:      no_xgb (1m 8.8s)

## i 3 of 4 tuning:      ds_rf

## v 3 of 4 tuning:      ds_rf (1m 22.6s)
```

```
## i 4 of 4 tuning:     ds_xgb

## v 4 of 4 tuning:     ds_xgb (38.7s)

toc()

## 492.05 sec elapsed

stopCluster(cl)
```

完成调优后，可以使用rank_results()函数观察按性能排序后的结果列表。结果显示性能最优的是没有做任何处理的XGBoost模型。

```
# 查看结果排行榜
wf_set_tune_race_res %>% rank_results() %>% head(10)

## # A tibble: 13 x 9
##    wflow_id .config      .metric  mean std_err     n preprocessor model      rank
##    <chr>    <chr>        <chr>   <dbl>   <dbl> <int> <chr>        <chr>     <int>
## 1 no_xgb   Preprocessor1~ roc_auc 0.769 0.00316     5 recipe       boost_~       1
## 2 ds_xgb   Preprocessor2~ roc_auc 0.767 0.00324     5 recipe       boost_~       2
## 3 ds_xgb   Preprocessor1~ roc_auc 0.766 0.00330     5 recipe       boost_~       3
## 4 ds_rf    Preprocessor1~ roc_auc 0.766 0.00285     5 recipe       rand_f~       4
## 5 no_rf    Preprocessor1~ roc_auc 0.765 0.00324     5 recipe       rand_f~       5
## 6 no_rf    Preprocessor1~ roc_auc 0.765 0.00246     5 recipe       rand_f~       6
## 7 no_rf    Preprocessor1~ roc_auc 0.765 0.00294     5 recipe       rand_f~       7
## 8 ds_rf    Preprocessor2~ roc_auc 0.765 0.00292     5 recipe       rand_f~       8
## 9 no_rf    Preprocessor1~ roc_auc 0.764 0.00341     5 recipe       rand_f~       9
```

最后提取最优方案的超参数用于构建最优工作流，并在训练数据上训练并将模型保存到本地，用于后续测试和生产：

```
# 提取最优方案的超参数组合
wf_set_tune_race_best_param <- wf_set_tune_race_res %>%
  extract_workflow_set_result(id = "ds_rf") %>%
  select_best(metric = "roc_auc")

# 利用全部训练数据训练最终模型
wf_set_tune_final_fit <- wf_set_tune_list %>%
  extract_workflow(id = "ds_rf") %>%
  finalize_workflow(wf_set_tune_race_best_param) %>%
  fit(train)

# 保存模型到本地
saveRDS(wf_set_tune_final_fit, "wf_set_tune_final_fit.rds")

# 跑取测试集
test_wf_set_best <- bind_cols(
```

```
wf_set_tune_final_fit %>% predict(test, type = "prob") %>% select(.pred_yes),
wf_set_tune_final_fit %>% predict(test) %>% select(.pred_class),
test %>% select(r_yn)
) %>%
rename(pred_prob = .pred_yes, pred_class = .pred_class, truth = r_yn)

# 查看在测试集上的性能
roc_auc(data = test_wf_set_best, truth = truth, estimate = pred_prob)

## # A tibble: 1 x 3
##   .metric .estimator .estimate
##   <chr>   <chr>          <dbl>
## 1 roc_auc binary         0.774
```

8.5 本章小结

　　tidymodels是R社区"tidy"体系中的新成员，以构建"特征工程+算法"的工作流为核心，承担了"整洁地"实现统计建模及机器学习的重要任务，补充了体系中相对缺失的内容。我认为，对于熟悉"tidy"体系的用户，学习tidymodels是"性价比"最高的选择，特别是其通过step构建特征工程方案操作流畅、一目了然，并且只需简易设定就能批量比较不同工作流的性能。目前看来，tidymodels可以实现caret的大部分功能。有理由相信，随着时间的推移，会有大量的用户从caret转移到tidymodels。

　　不过，tidymodels目前依然处于开发阶段，有一些功能尚未稳定，线上官方教程也有待进一步完善。另外，tidymodels更擅长构造和管理"线性"的工作流，而在第9章中，我们将见到另一套强大的、善于建立和管理更复杂机器学习工作流的体系：mlr3。

第 **9** 章

灵活强大的框架——mlr3

在机器学习模型研发过程中，需要进行大量不同特征工程和算法模型搭配组合的复杂调试。现在，你希望尽可能灵活地配置有效地管理各个环节，最好能够以可视化的形式进行流程管理。

第8章中，我们看到了能够灵活流畅地建立机器学习工作流的tidymodels框架，然而，tidymodels更擅长建立"线性"的工作流。在实际研发工作中，需要调试的方案和流程可能会非常复杂，例如对同一个训练数据的不同类型变量尝试不同的特征工程，不同的特征工程进一步对应不同的算法，换言之，测试方案可能是有大量分支、组合的非线性工作流。这时，R的另一个机器学习框架——mlr3便可大放异彩了。

mlr3与caret、tidymodels类似，为大量的机器学习法提供了用于建立工作流的统一接口。此外，mlr3与其他高性能的R第三方库，包括R6、future、data.table等，都有很好的整合。mlr3的开发团队还有意识地让mlr3适应data.table的更新换代，这意味着在大型数据集的处理和高性能运算上，mlr3库比其前身mlr库和其他机器学习类库表现更为出色。当前，围绕mlr3的生态系统mlr3verse已经形成。除了能高效地满足一般的机器学习建模需求外，mlr3体系的最大特点是以图（graph）的模式构建、管理和调试机器学习工作流。它允许用户像搭积木一样，利用各种不同类型的组件（pipeops）建立形态各异的图，从而实现对特征工程及算法模型的各种复杂调试，这就是本章的标题称mlr3"灵活强大"的原因。本章将围绕mlr3讨论以下内容：

- ❏ 使用mlr3创建数据及模型；
- ❏ 利用future并行框架支持mlr3大型计算任务；
- ❏ 嵌套重抽样过程；
- ❏ 以图的形式管理机器学习工作流。

首先载入本章需要用到的第三方库：

```
# 载入相关库
library(tidyverse)
library(mlr3verse)
```

```
library(tictoc)
library(future)
library(paradox)
library(data.table)
```

9.1 数据及模型的创建

使用mlr3体系进行机器学习的第一步是将处理好的数据集转换为task对象。创建task对象的时候有几个需要注意的问题，如分类模型的建立需要规范的数据集变量名称（建议不要带各类特殊符号，否则会影响task对象的创建）、数据集的因变量需要为因子格式等。在本例中，先读入训练数据并对数据的变量类型及变量名称进行一些预处理，然后使用TaskClassif$new()函数生成一个用于进行二分类模型训练的task对象，其中几个主要参数如下。

❑ id：task对象的名称。

❑ backend：数据对象。

❑ target：模型中的因变量。

❑ positive：因变量的正样本标识，在本数据中正样本标识为yes。

输入该task对象的名称后，会显示对象的行列数、因变量、自变量及类型（如二分类）等信息。task对象的创建过程具体如下：

```
# 读入数据并对数据进行简单处理
train <- read_csv("train.csv")
train <- train %>%
  mutate_if(is.double, as.integer) %>%
  mutate_if(is.character, as.factor) %>%
  rename(
    "bash_shell_powershell" = "bash/shell/powershell",
    "c_sharp" = "c#",
    "cpp" = "c++",
    "f" = "f#",
    "html_css" = "html/css",
    "objective_c" = "objective-c",
    "others" = "other(s):"
    )

# 创建task对象
task_train <- TaskClassif$new(
  id = "survey_train",
  backend = train,
  target = "r_yn",
  positive = "yes"
  )
```

```
# 查看结果
task_train

## <TaskClassif:survey_train> (62219 x 29)
## * Target: r_yn
## * Properties: twoclass
## * Features (28):
##   - int (28): assembly, bash_shell_powershell, c, c_sharp, clojure,
##     cpp, dart, elixir, erlang, f, go, html_css, java, javascript,
##     kotlin, objective_c, others, php, python, r, ruby, rust, scala,
##     sql, swift, typescript, vba, webassembly
```

创建task对象后，可查看task的一些基本特征：

```
# 查看对象类型
class(task_train)

## [1] "TaskClassif"    "TaskSupervised" "Task"           "R6"

# 查看行数
task_train$nrow

## [1] 62219

# 查看列数
task_train$ncol

## [1] 29

# 查看自变量名称
task_train$feature_names

##  [1] "assembly"             "bash_shell_powershell" "c"
##  [4] "c_sharp"              "clojure"               "cpp"
##  [7] "dart"                 "elixir"                "erlang"
## [10] "f"                    "go"                    "html_css"
## [13] "java"                 "javascript"            "kotlin"
## [16] "objective_c"          "others"                "php"
## [19] "python"               "r"                     "ruby"
## [22] "rust"                 "scala"                 "sql"
## [25] "swift"                "typescript"            "vba"
## [28] "webassembly"

# 查看因变量
task_train$class_names
```

```
## [1] "yes" "no"

# 查看前5行
task_train$head(5)

##    r_yn assembly bash_shell powershell c c_sharp clojure cpp dart elixir erlang
## 1:   no        0                     0 0       0       0   0    0      0      0
## 2:   no        0                     0 0       0       0   1    0      0      0
## 3:   no        0                     0 0       0       0   0    0      0      0
## 4:   no        0                     0 0       0       0   1    0      0      0
## 5:   no        0                     0 0       0       0   0    0      0      0
##    f go html_css java javascript kotlin objective_c others php python r ruby
## 1: 0  0        1    1          1      0           0      0   0      1 0    0
## 2: 0  0        1    0          0      0           0      0   0      1 0    0
## 3: 0  0        1    0          0      0           0      0   0      0 0    0
## 4: 0  0        1    1          1      0           0      0   0      1 0    0
## 5: 0  0        1    0          1      0           0      0   0      0 0    0
##    rust scala sql swift typescript vba webassembly
## 1:    0     0   0     0          0   0           0
## 2:    0     0   0     0          0   0           0
## 3:    0     0   0     0          0   0           0
## 4:    0     0   1     0          0   1           0
## 5:    0     0   0     0          0   0           0
```

可以通过mlr_learners对象查看mlr3能调用的算法[①]。需要注意的是，很多算法需要事先载入mlr3learners库才能使用：

```
# 可用算法列表
mlr_learners

## <DictionaryLearner> with 29 stored values
## Keys: classif.cv_glmnet, classif.debug, classif.featureless,
##   classif.glmnet, classif.kknn, classif.lda, classif.log_reg,
##   classif.multinom, classif.naive_bayes, classif.nnet, classif.qda,
##   classif.ranger, classif.rpart, classif.svm, classif.xgboost,
##   regr.cv_glmnet, regr.featureless, regr.glmnet, regr.kknn, regr.km,
##   regr.lm, regr.ranger, regr.rpart, regr.svm, regr.xgboost,
##   surv.cv_glmnet, surv.glmnet, surv.ranger, surv.xgboost
```

在下面的案例中，我们使用lrn("classif.ranger")建立随机森林模型，加入参数predict_type = "prob"使得模型可以输出预测概率，从而后续可以调用AUC等指标进行性能评估。可以看到，初始化的模型类型同样为R6：

[①] 更详细的信息可以通过as.data.table(mlr_learners)查询，但由于输出信息太多，这里不展示。下文mlr_measures等对象同理。

```
# 初始化模型，也可以使用mlr_learners$get("classif.ranger")
learner_ranger <- lrn("classif.ranger", num.trees = 100, mtry = 3, predict_type = "prob")
learner_ranger

## <LearnerClassifRanger:classif.ranger>
## * Model: -
## * Parameters: num.trees=100, mtry=3
## * Packages: ranger
## * Predict Type: prob
## * Feature types: logical, integer, numeric, character, factor, ordered
## * Properties: importance, multiclass, oob_error, twoclass, weights

# 查看对象类型
class(learner_ranger)

## [1] "LearnerClassifRanger" "LearnerClassif"        "Learner"
## [4] "R6"
```

完成模型初始化后，进一步使用learner_ranger$train()训练模型。此处输入的task对象为提前利用训练数据集生成的task对象。完成训练后，可以通过learner$ranger$model查看模型的基本信息。同时我们也看到，模型训练的速度和7.2节中使用ranger库进行训练基本处于相同的水平，快于使用caret库的实现相同算法：

```
# 设定随机种子
set.seed(100)

# 模型训练
tic()
learner_ranger$train(task = task_train)
toc()

## 2.17 sec elapsed

# 查看模型
learner_ranger$model

## Ranger result
##
## Call:
##  ranger::ranger(dependent.variable.name = task$target_names, data = task$data(),
 probability = self$predict_type == "prob", case.weights = task$weights$weight,
 num.trees = 100L, mtry = 3L)
##
## Type:                          Probability estimation
## Number of trees:               100
```

```
## Sample size:                        62219
## Number of independent variables:    28
## Mtry:                               3
## Target node size:                   10
## Variable importance mode:           none
## Splitrule:                          gini
## OOB prediction error (Brier s.):    0.05728618
```

也可以自行设定算法的超参数取值：

```
# 手动修改超参数：也可以在模型训练时使用lrn("classif.ranger", mtry = 10)
learner_ranger$param_set$values = list(mtry = 10)
learner_ranger
```

```
## <LearnerClassifRanger:classif.ranger>
## * Model: ranger
## * Parameters: mtry=10
## * Packages: ranger
## * Predict Type: prob
## * Feature types: logical, integer, numeric, character, factor, ordered
## * Properties: importance, multiclass, oob_error, twoclass, weights
```

要对测试数据或后续的生产数据进行预测，可以使用learner_ranger$predict()函数。我们先对测试数据test进行和训练数据同样的处理，并将其转换为task对象：

```
# 测试集预处理
test <- read_csv("test.csv")
test <- test %>%
  mutate_if(is.double, as.integer) %>%
  mutate_if(is.character, as.factor) %>%
  rename(
    "bash_shell_powershell" = "bash/shell/powershell",
    "c_sharp" = "c#",
    "cpp" = "c++",
    "f" = "f#",
    "html_css" = "html/css",
    "objective_c" = "objective-c",
    "others" = "other(s):"
    )

# 转化为task对象
task_test <- TaskClassif$new(id = "survey_test",
                             backend = test,
                             target = "r_yn",
                             positive = "yes")
# 查看数据
task_test
```

```
## <TaskClassif:survey_test> (26664 x 29)
## * Target: r_yn
## * Properties: twoclass
## * Features (28):
##   - int (28): assembly, bash_shell_powershell, c, c_sharp, clojure,
##     cpp, dart, elixir, erlang, f, go, html_css, java, javascript,
##     kotlin, objective_c, others, php, python, r, ruby, rust, scala,
##     sql, swift, typescript, vba, webassembly
```

将预测结果保存在对象prediction中，并在预测结果对象prediction中保存测试数据的预测值response和真实值truth。另外，由于模型初始化时设定了predict_type = "prob"，因此输出结果中会显示正负样本的预测概率：

```
# 对测试集进行预测
prediction <- learner_ranger$predict(task = task_test)
prediction

## <PredictionClassif> for 26664 observations:
##    row_id truth response    prob.yes   prob.no
##         1    no       no  0.10335434 0.8966457
##         2    no       no  0.49816658 0.5018334
##         3    no       no  0.10325865 0.8967414
## ---
##     26662    no       no  0.11853012 0.8814699
##     26663    no       no  0.33065551 0.6693445
##     26664    no       no  0.01724123 0.9827588
```

调用prediction$confusion，可以显示测试数据预测值和真实值的混淆矩阵：

```
# 混淆矩阵
prediction$confusion

##         truth
## response  yes    no
##      yes  383   200
##       no 1637 24444
```

可以通过mlr_measures对象查看可以使用的性能指标。不同的性能指标对预测结果的形式要求不同：一些性能指标需要输出预测类别（response），还有一些则需要借助预测概率（prob）才能计算。例如希望观察模型的AUC，可将learner_ranger对象的predict_type调整为prob（默认为response）。

```
# 性能指标列表
mlr_measures

## <DictionaryMeasure> with 54 stored values
## Keys: classif.acc, classif.auc, classif.bacc, classif.bbrier,
##   classif.ce, classif.costs, classif.dor, classif.fbeta, classif.fdr,
##   classif.fn, classif.fnr, classif.fomr, classif.fp, classif.fpr,
##   classif.logloss, classif.mbrier, classif.mcc, classif.npv,
```

```
##   classif.ppv, classif.prauc, classif.precision, classif.recall,
##   classif.sensitivity, classif.specificity, classif.tn, classif.tnr,
##   classif.tp, classif.tpr, debug, oob_error, regr.bias, regr.ktau,
##   regr.mae, regr.mape, regr.maxae, regr.medae, regr.medse, regr.mse,
##   regr.msle, regr.pbias, regr.rae, regr.rmse, regr.rmsle, regr.rrse,
##   regr.rse, regr.rsq, regr.sae, regr.smape, regr.srho, regr.sse,
##   selected_features, time_both, time_predict, time_train
```

可以使用prediction$score()查看模型在测试结果上的某个性能指标，如传入msr("classif.acc")可以查看模型的准确率。如果想同时观察多个性能指标，则可以用msrs()代替msr()，并传入多个指标名称：

```
# 观察单个指标
prediction$score(msr("classif.acc"))

## classif.acc
##   0.9311056

# 观察多个指标
prediction$score(msrs(c("classif.acc", "classif.auc")))

## classif.acc classif.auc
##   0.9311056   0.7742125
```

与caret库类似，mlr3自助提供了包括自助抽样（bootstrap）、交叉验证（cv）等8种常用的重抽样方案，具体可通过mlr_resamplings字典查看：

```
# 重抽样方案字典
mlr_resamplings

## <DictionaryResampling> with 8 stored values
## Keys: bootstrap, custom, cv, holdout, insample, loo, repeated_cv,
##   subsampling
```

依然以5折交叉验证为例。使用resample()进行重抽样计算，需要输入的几个主要对象如下。

- ❑ task：task对象。
- ❑ learner：需要检验的模型。
- ❑ resampling：重抽样方案，可以通过rsmp设定具体方案。
- ❑ store_models：将每一次迭代生成的模型保存下来。对于5折交叉验证，则会保存5次迭代的模型。如果选择不保存，可以略微提高整个检验过程的效率。

交叉验证的实现流程如下：

```
# 设置随机种子
set.seed(100)

# 重抽样检验
```

```
# 为了体现并行计算的提升效果，这里先将ranger本身的线程参数num.threads设置为1。该参数默认调用本机全部线
程。经过测试，如果在ranger使用并行计算的前提下，再在重抽样过程中引入并行计算，反而会大量增加计算时间。
tic()
task_train_cv_5 <- resample(
  task = task_train,
  learner = lrn("classif.ranger", num.trees = 100, mtry = 3, num.threads = 1, predict_
type = "prob"),
  resampling = rsmp("cv", folds = 5),
  store_models = TRUE
  )
```

```
## INFO  [20:33:22.916] Applying learner 'classif.ranger' on task 'survey_train' (iter 3/5)
## INFO  [20:33:27.344] Applying learner 'classif.ranger' on task 'survey_train' (iter 2/5)
## INFO  [20:33:31.702] Applying learner 'classif.ranger' on task 'survey_train' (iter 1/5)
## INFO  [20:33:36.273] Applying learner 'classif.ranger' on task 'survey_train' (iter 4/5)
## INFO  [20:33:40.797] Applying learner 'classif.ranger' on task 'survey_train' (iter 5/5)
```

```
toc()
```

```
## 24.34 sec elapsed
```

用对象task_train_cv_5保存结果。计算完成后，可以通过task_train_cv_5$aggregate()查看单个或多个性能指标的平均水平：

```
# 查看整体检验结果
task_train_cv_5$aggregate(msr("classif.auc"))                            # 单个指标
```

```
## classif.auc
##   0.7620986
```

```
task_train_cv_5$aggregate(msrs(c("classif.auc","classif.acc")))         # 多个指标
```

```
## classif.auc classif.acc
##   0.7620986   0.9313874
```

另外，也可以通过task_train_cv_5$score()查看交叉验证中各部分的验证集性能结果。同样地，可以设置显示一个或多个性能指标。task_train_cv_5对象保留了整个交叉验证过程中每一次迭代生成的模型、训练集和验证集样本序号等详细信息：

```
# 查看各部分检验结果
task_train_cv_5$score(msr("classif.auc"))                               # 单个指标
```

```
##                      task       task_id                    learner   learner_id
## 1: <TaskClassif[45]> survey_train <LearnerClassifRanger[34]> classif.ranger
## 2: <TaskClassif[45]> survey_train <LearnerClassifRanger[34]> classif.ranger
## 3: <TaskClassif[45]> survey_train <LearnerClassifRanger[34]> classif.ranger
## 4: <TaskClassif[45]> survey_train <LearnerClassifRanger[34]> classif.ranger
```

```
## 5: <TaskClassif[45]> survey_train <LearnerClassifRanger[34]> classif.ranger
##          resampling resampling_id iteration             prediction
## 1: <ResamplingCV[19]>           cv         1 <PredictionClassif[19]>
## 2: <ResamplingCV[19]>           cv         2 <PredictionClassif[19]>
## 3: <ResamplingCV[19]>           cv         3 <PredictionClassif[19]>
## 4: <ResamplingCV[19]>           cv         4 <PredictionClassif[19]>
## 5: <ResamplingCV[19]>           cv         5 <PredictionClassif[19]>
##    classif.auc
## 1:   0.7604599
## 2:   0.7628113
## 3:   0.7685923
## 4:   0.7685637
## 5:   0.7500659
```

```
task_train_cv_5$score(msrs(c("classif.auc","classif.acc")))        # 多个指标
```

```
##                 task    task_id                      learner  learner_id
## 1: <TaskClassif[45]> survey_train <LearnerClassifRanger[34]> classif.ranger
## 2: <TaskClassif[45]> survey_train <LearnerClassifRanger[34]> classif.ranger
## 3: <TaskClassif[45]> survey_train <LearnerClassifRanger[34]> classif.ranger
## 4: <TaskClassif[45]> survey_train <LearnerClassifRanger[34]> classif.ranger
## 5: <TaskClassif[45]> survey_train <LearnerClassifRanger[34]> classif.ranger
##          resampling resampling_id iteration             prediction
## 1: <ResamplingCV[19]>           cv         1 <PredictionClassif[19]>
## 2: <ResamplingCV[19]>           cv         2 <PredictionClassif[19]>
## 3: <ResamplingCV[19]>           cv         3 <PredictionClassif[19]>
## 4: <ResamplingCV[19]>           cv         4 <PredictionClassif[19]>
## 5: <ResamplingCV[19]>           cv         5 <PredictionClassif[19]>
##    classif.auc classif.acc
## 1:   0.7604599   0.9345869
## 2:   0.7628113   0.9302475
## 3:   0.7685923   0.9310511
## 4:   0.7685637   0.9339441
## 5:   0.7500659   0.9271076
```

9.2　利用future支持mlr3计算任务

　　mlr3框架的一个高效之处是使用future库作为后端实现并行化计算。mlr3可以在很多场景下使用并行计算，其中最常用的场景有重抽样过程、超参数搜索等。future的plan()函数默认会使用计算机的所有线程进行计算。

 在这里我们使用适用于Windows操作系统的multisession模式。

整体而言future库的并行设置要比parallel库更简洁，只需要在开头设定并行方案，并在最后以plan(sequential)恢复单线程状态即可。结果显示，使用future并行计算的效率比非并行方案提高了约1倍：

```
# 设定并行方案
plan(multisession)

# 设定随机种子，和set.seed(100, "L'Ecuyer-CMRG")相同
set.seed(100)

# 重抽样检验
tic()
task_train_cv_5_par <- resample(
  task = task_train,
  learner = lrn("classif.ranger", num.trees = 100, mtry = 3, num.threads = 1, predict_
type = "prob"),
  resampling = rsmp("cv", folds = 5),
  store_models = TRUE
  )

## INFO  [20:33:50.902] Applying learner 'classif.ranger' on task 'survey_train' (iter 3/5)
## INFO  [20:33:51.277] Applying learner 'classif.ranger' on task 'survey_train' (iter 2/5)
## INFO  [20:33:51.583] Applying learner 'classif.ranger' on task 'survey_train' (iter 1/5)
## INFO  [20:33:51.891] Applying learner 'classif.ranger' on task 'survey_train' (iter 4/5)
## INFO  [20:33:52.229] Applying learner 'classif.ranger' on task 'survey_train' (iter 5/5)

toc()

## 10.76 sec elapsed

# 恢复单线程
plan(sequential)
```

另外，并行计算后不论是整体的检验结果还是各部分的检验结果都可以重现原来的串行版本结果：

```
# 查看整体检验结果
task_train_cv_5_par$aggregate(msr("classif.auc"))                    # 单个指标

## classif.auc
##   0.7620986

task_train_cv_5_par$aggregate(msrs(c("classif.auc","classif.acc")))  # 多个指标

## classif.auc classif.acc
##   0.7620986   0.9313874
```

```
# 查看各部分检验结果
task_train_cv_5_par$score(msr("classif.auc"))                          # 单个指标
```

```
##                    task   task_id                    learner    learner_id
## 1: <TaskClassif[45]> survey_train <LearnerClassifRanger[34]> classif.ranger
## 2: <TaskClassif[45]> survey_train <LearnerClassifRanger[34]> classif.ranger
## 3: <TaskClassif[45]> survey_train <LearnerClassifRanger[34]> classif.ranger
## 4: <TaskClassif[45]> survey_train <LearnerClassifRanger[34]> classif.ranger
## 5: <TaskClassif[45]> survey_train <LearnerClassifRanger[34]> classif.ranger
##          resampling resampling_id iteration               prediction
## 1: <ResamplingCV[19]>            cv         1 <PredictionClassif[19]>
## 2: <ResamplingCV[19]>            cv         2 <PredictionClassif[19]>
## 3: <ResamplingCV[19]>            cv         3 <PredictionClassif[19]>
## 4: <ResamplingCV[19]>            cv         4 <PredictionClassif[19]>
## 5: <ResamplingCV[19]>            cv         5 <PredictionClassif[19]>
##    classif.auc
## 1:   0.7604599
## 2:   0.7628113
## 3:   0.7685923
## 4:   0.7685637
## 5:   0.7500659
```

```
task_train_cv_5_par$score(msrs(c("classif.auc","classif.acc")))        # 多个指标
```

```
##                    task   task_id                    learner    learner_id
## 1: <TaskClassif[45]> survey_train <LearnerClassifRanger[34]> classif.ranger
## 2: <TaskClassif[45]> survey_train <LearnerClassifRanger[34]> classif.ranger
## 3: <TaskClassif[45]> survey_train <LearnerClassifRanger[34]> classif.ranger
## 4: <TaskClassif[45]> survey_train <LearnerClassifRanger[34]> classif.ranger
## 5: <TaskClassif[45]> survey_train <LearnerClassifRanger[34]> classif.ranger
##          resampling resampling_id iteration               prediction
## 1: <ResamplingCV[19]>            cv         1 <PredictionClassif[19]>
## 2: <ResamplingCV[19]>            cv         2 <PredictionClassif[19]>
## 3: <ResamplingCV[19]>            cv         3 <PredictionClassif[19]>
## 4: <ResamplingCV[19]>            cv         4 <PredictionClassif[19]>
## 5: <ResamplingCV[19]>            cv         5 <PredictionClassif[19]>
##    classif.auc classif.acc
## 1:   0.7604599   0.9345869
## 2:   0.7628113   0.9302475
## 3:   0.7685923   0.9310511
## 4:   0.7685637   0.9339441
## 5:   0.7500659   0.9271076
```

mlr3库提供了用于不同算法比较测试的工具benchmark。该工具能够结合自定义的重抽样方

案，比较多个算法在同一个训练集或者多个训练集上的表现，为算法的选择提供参考结果。在以下例子中，我们比较无使用特征的基准模型和随机森林模型两种方案的性能，以5折交叉验证为重抽样方案，以ROC曲线下面积（classif.auc）和准确率（classif.acc）作为比较的指标。首先使用benchmark_grid()设定参数design为比较测试网格。需要设定的主要参数如下。

- ❏ tasks：训练数据集，可以以列表的方式设定为多个数据集。
- ❏ learners：待测试的算法，可以以列表的方式设定为多个算法。
- ❏ resamplings：重抽样方案，可以以列表的方式设定为多个重抽样方案。

设置完成后，可以调用benchmark()函数，传入设置好的网格并进行运算。在这里，我们将结果保存在对象bmr中。计算完毕后，调用bmr$aggregate()并选择需要比较的一个或多个性能指标：

```
# 设定比较方案
compare_grid <- benchmark_grid(
  tasks = task_train,
  learners = list(lrn("classif.featureless", predict_type = "prob"),
                  # 基准模型，仅通过训练数据的因变量分布量来进行预测
                  lrn("classif.ranger", num.trees = 100, mtry = 3, num.threads = 1,
                      predict_type = "prob")),
  resamplings = rsmp("cv", folds = 5)
)

# 进行算法性能比较
set.seed(100)
tic()
bmr <- benchmark(design = compare_grid)

## INFO [20:34:02.019] Benchmark with 10 resampling iterations
## INFO [20:34:02.028] Applying learner 'classif.ranger' on task 'survey_train' (iter 1/5)
## INFO [20:34:06.425] Applying learner 'classif.featureless' on task 'survey_train' (iter 3/5)
## INFO [20:34:06.439] Applying learner 'classif.featureless' on task 'survey_train' (iter 1/5)
## INFO [20:34:06.453] Applying learner 'classif.featureless' on task 'survey_train' (iter 2/5)
## INFO [20:34:06.469] Applying learner 'classif.ranger' on task 'survey_train' (iter 5/5)
## INFO [20:34:11.073] Applying learner 'classif.featureless' on task 'survey_train' (iter 4/5)
## INFO [20:34:11.087] Applying learner 'classif.ranger' on task 'survey_train' (iter 4/5)
## INFO [20:34:15.761] Applying learner 'classif.ranger' on task 'survey_train' (iter 2/5)
## INFO [20:34:20.166] Applying learner 'classif.featureless' on task 'survey_train' (iter 5/5)
## INFO [20:34:20.179] Applying learner 'classif.ranger' on task 'survey_train' (iter 3/5)
## INFO [20:34:24.578] Finished benchmark

toc()

## 22.59 sec elapsed
```

结果显示，与基准模型相比，随机森林模型的两项指标表现均优于基准模型。可以使用相同的方式，比较更多不同算法在不同指标上的性能：

```
# 结果比较
bmr$aggregate(list(msr("classif.auc"), msr("classif.acc")))

##    nr    resample_result        task_id        learner_id resampling_id iters
## 1:  1 <ResampleResult[21]> survey_train classif.featureless            cv     5
## 2:  2 <ResampleResult[21]> survey_train     classif.ranger            cv     5
##    classif.auc classif.acc
## 1:   0.5000000   0.9242354
## 2:   0.7632637   0.9310661
```

和resample()类似，基准测试benchmark()同样支持使用future库实现并行运算，且能完全重现结果。结果显示，调用本机全部线程进行计算将整个比较测试的速度提高了将近1倍，且测试结果和串行版本完全相同：

```
# 设定并行方案
plan(multisession)

# 设定随机种子
set.seed(100)

# 进行算法性能比较
tic()
bmr_par <- benchmark(design = compare_grid)

## INFO [20:34:27.581] Benchmark with 10 resampling iterations
## INFO [20:34:27.813] Applying learner 'classif.ranger' on task 'survey_train' (iter 1/5)
## INFO [20:34:28.102] Applying learner 'classif.featureless' on task 'survey_train' (iter 3/5)
## INFO [20:34:28.361] Applying learner 'classif.featureless' on task 'survey_train' (iter 1/5)
## INFO [20:34:28.632] Applying learner 'classif.featureless' on task 'survey_train' (iter 2/5)
## INFO [20:34:28.984] Applying learner 'classif.ranger' on task 'survey_train' (iter 5/5)
## INFO [20:34:29.204] Applying learner 'classif.featureless' on task 'survey_train' (iter 4/5)
## INFO [20:34:29.568] Applying learner 'classif.ranger' on task 'survey_train' (iter 4/5)
## INFO [20:34:29.901] Applying learner 'classif.ranger' on task 'survey_train' (iter 2/5)
## INFO [20:34:30.154] Applying learner 'classif.featureless' on task 'survey_train' (iter 5/5)
## INFO [20:34:30.583] Applying learner 'classif.ranger' on task 'survey_train' (iter 3/5)
## INFO [20:34:37.744] Finished benchmark

toc()

## 10.2 sec elapsed

# 恢复单线程
plan(sequential)
```

```
# 结果比较
bmr_par$aggregate(list(msr("classif.auc"), msr("classif.acc")))

##    nr      resample_result        task_id          learner_id resampling_id iters
## 1:  1 <ResampleResult[21]> survey_train classif.featureless            cv     5
## 2:  2 <ResampleResult[21]> survey_train     classif.ranger            cv     5
##    classif.auc classif.acc
## 1:   0.5000000   0.9242354
## 2:   0.7632637   0.9310661
```

　　另一个需要进行大规模运算的流程是算法的超参数调优。在mlr3体系中，可以先通过param_set查看某个算法可调整的超参数列表，以及每个超参数的详细信息，如某个超参数的可调选项：

```
# 查看超参数信息（前5行）
as.data.table(learner_ranger$param_set)[1:5]

## <ParamSet>
##                           id     class lower upper
## 1:                     alpha ParamDbl  -Inf   Inf
## 2:   always.split.variables ParamUty    NA    NA
## 3:            class.weights ParamDbl  -Inf   Inf
## 4:                  holdout ParamLgl    NA    NA
## 5:               importance ParamFct    NA    NA
##                                                levels       default   parents
## 1:                                                            0.5
## 2:                                                   <NoDefault[3]>
## 3:
## 4:                                          TRUE,FALSE            FALSE
## 5: none,impurity,impurity_corrected,permutation <NoDefault[3]>
##    value
## 1:
## 2:
## 3:
## 4:
## 5:

# 查看某个超参数信息
learner_ranger$param_set$params$num.threads

##             id   class lower upper levels        default
## 1: num.threads ParamInt     1   Inf        <NoDefault[3]>

# 查看某个超参数的可调选项
learner_ranger$param_set$params$importance$levels
```

```
## [1] "none"                "impurity"           "impurity_corrected"
## [4] "permutation"
```

从这个结果可以见到，mlr3库算法可调超参数的选择范围要多于caret和tidymodels库，算法在对应库中的所有超参数基本都在可调优的范围内，而不会只将可调范围限定在少数几个关键参数上。

使用mlr3实现超参数调优，大致上可以分为4步。

第一步是设置超参数搜索网格。在本例子中，我们选择每次分裂时随机选择的变量数（mtry）和树的数量（num.trees）作为随机森林模型的调整对象，并使用Paradox库的ParamSet()设置超参数的搜索网格：

```
# 网格设置
tune_grid <- ParamSet$new(
 list(
 ParamInt$new("mtry", lower = 1, upper = 15),
 ParamInt$new("num.trees", lower = 50, upper = 200))
 )

# 查看设置的搜索空间
tune_grid

## <ParamSet>
##          id    class lower upper levels        default value
## 1:      mtry ParamInt     1    15          <NoDefault[3]>
## 2: num.trees ParamInt    50   200          <NoDefault[3]>
```

第二步是设置TuningInstanceSingleCrit对象。在进行超参数调整之前，我们将所有相关要素放置到一个TuningInstanceSingleCrit对象中，具体如下。

❑ task：训练数据集。

❑ learner：待优化的算法。

❑ resampling：重抽样策略。

❑ measure：选择参数效果的性能指标。

❑ search_space：待调整的超参数搜索空间，即比例中的tune_grid。

❑ terminator：超参数搜索的停止条件。可以将搜索时间（clock_time）、迭代次数（evals）、达到的性能水平（perf_reached）、性能的改善程度（stagnation）等标准中的单个或多个作为停止条件，也可以设置无任何停止条件。

TuningInstanceSingleCrit主要针对仅使用一个性能指标进行调优的情景。如果想进一步同时使用多个性能指标作为参考，如想同时观察每组超参数的性能指标，并在多个性能指标之间取得平衡，可使用TuningInstanceMultiCrit。TuningInstanceMultiCrit的measure参数中可以设置多个性能指标，其余的设定与TuningInstanceSingleCrit相同：

```
# 要素设置
instance_gs <- TuningInstanceSingleCrit$new(
  task = task_train,
  learner = lrn("classif.ranger", num.threads = 1, predict_type = "prob"),
  resampling = rsmp("cv", folds = 5),
  measure = msr("classif.auc"),
  search_space = tune_grid,
  terminator = trm("none")  # 无停止条件
  )

# 查看对象
instance_gs

## <TuningInstanceSingleCrit>
## * State:  Not optimized
## * Objective: <ObjectiveTuning:classif.ranger_on_survey_train>
## * Search Space:
## <ParamSet>
##           id    class lower upper levels          default value
## 1:      mtry ParamInt     1    15           <NoDefault[3]>
## 2: num.trees ParamInt    50   200           <NoDefault[3]>
## * Terminator: <TerminatorNone>
## * Terminated: FALSE
## * Archive:
## <ArchiveTuning>
## Null data.table (0 rows and 0 cols)
```

　　第三步是使用tnr()设置超参数搜索方案。设置好TuningInstanceSingleCrit对象后，从mlr_tuners字典可以看到当前mlr_tuning库提供的超参数调整算法包括grid_search、random_search等6种。相比于Python常用的机器学习库scikit-learn，在超参数调优方案方面mlr3要略胜一筹：

```
# 超参数搜索方法
mlr_tuners

## <DictionaryTuner> with 6 stored values
## Keys: cmaes, design_points, gensa, grid_search, nloptr, random_search
```

　　我们通过tnr()函数进行超参数调优方案设置，在这里以网格搜索（grid_search）模式为例。需要注意的是mlr3的网格搜索方法与caret库及Python的scikit-learn提供的网格搜索方法有一些区别：mlr3中的grid_search实际上代表等距网格搜索方法，其resolution参数表示对于每个超参数共等距选择多少个参数进行计算。例如resolution = 3时，mtry等距取值1、8、15，num.trees等距取值50、125、200，共测试3×3＝9套超参数方案。该值设置越大，测试的方案数也越多：

```
# 搜索方案设置
tuner_gs <- tnr("grid_search", resolution = 3) # mlr_tuners$get("grid_search"),测试方案数
```

```
量 = 3 ^ 参数数量。
tuner_gs
```

```
## <TunerGridSearch>
## * Parameters: resolution=3, batch_size=1
## * Parameter classes: ParamLgl, ParamInt, ParamDbl, ParamFct
## * Properties: dependencies, single-crit, multi-crit
## * Packages: -
```

第四步是调优计算。对第三步设置好的tuner对象调用optimize方法，并传入第二步的TuningInstanceSingleCrit对象，进行超参数调优。结果显示，当mtry=1且num.trees=125时，性能达到最优，此时的AUC约为0.7627：

```
# 设置随机种子
set.seed(100)

# 超参数调优
tic()
tuner_gs$optimize(instance_gs)
toc()

# 中间输出信息很多，在此省略

## 632.11 sec elapsed

# 查看结果
tuner_gs
```

```
## <TunerGridSearch>
## * Parameters: resolution=3, batch_size=1
## * Parameter classes: ParamLgl, ParamInt, ParamDbl, ParamFct
## * Properties: dependencies, single-crit, multi-crit
## * Packages: -
```

同样地，我们可以使用future库实现超参数网格搜索过程的并行计算，具体方法和进行重抽样检验及多算法基准性能比较的过程类似：

```
# 设置并行方案
plan(multisession)

# 设置随机种子
set.seed(100)

# 超参数调优
tic()
tuner_gs$optimize(instance_gs)
toc()
```

```
# 中间输出信息很多，在此省略

## 224.03 sec elapsed

# 恢复单线程
plan(sequential)
```

结果显示，并行计算能够实现约3倍的计算速度提升。

这里也简单介绍另外两种常用的超参数调优方案在mlr3体系中的实现方法。

一种方法是随机参数搜索（random search），即在设定的网格中随机选取给定数量的超参数组合，以达到节省计算资源的目的。与网格搜索的区别在于，TuningInstanceSingleCrit对象中通过terminator参数指定需要计算的超参数组合数量，例如n_evals = 10即计算10组超参数。此外，需要在设置tnr的搜索方案时将方案设定为random_search：

```
# 要素设置
instance_rs <- TuningInstanceSingleCrit$new(
  task = task_train,
  learner = lrn("classif.ranger", num.threads = 1, predict_type = "prob"),
  resampling = rsmp("cv", folds = 5),
  measure = msr("classif.auc"),
  search_space = tune_grid,
  terminator = trm("evals", n_evals = 10)   # 随机抽取10组参数
  )

# 搜索方案设置，也可以mlr_tuners$get("random_search")
tuner_rs <- tnr("random_search")

# 设定并行方案
plan(multisession)

# 设定随机种子
set.seed(100)

# 随机参数搜索
tuner_rs$optimize(instance_rs)

# 恢复单线程
plan(sequential)
```

另一种方法是根据给定数据点（design_points）进行超参数调优。这种模式和caret库及Python的scikit-learn中grid search模式的内在逻辑是一致的，即对用户给定的超参数取值组合进行计算：

```
# 设定需要调整的数据点网格
design_point <- as.data.table(
  expand.grid(mtry = seq(1, 15, 3),
```

```
                num.trees = seq(50, 200, 50)))

# 查看结果
design_point

##       mtry num.trees
##  1:     1         50
##  2:     4         50
##  3:     7         50
##  4:    10         50
##  5:    13         50
##  6:     1        100
##  7:     4        100
##  8:     7        100
##  9:    10        100
## 10:    13        100
## 11:     1        150
## 12:     4        150
## 13:     7        150
## 14:    10        150
## 15:    13        150
## 16:     1        200
## 17:     4        200
## 18:     7        200
## 19:    10        200
## 20:    13        200

# 要素设置
instance_dp <- TuningInstanceSingleCrit$new(
  task = task_train,
  learner = lrn("classif.ranger", num.threads = 1, predict_type = "prob"),
  resampling = rsmp("cv", folds = 5),
  measure = msr("classif.auc"),
  search_space = tune_grid,
  terminator = trm("none")   # 无停止条件
  )

# 搜索方案设置
tuner_point <- tnr("design_points", design = design_point)

# 设定并行方案
plan(multisession)

# 设定随机种子
set.seed(100)
```

```
# 给定超参数组合调优
tic()
tuner_point$optimize(instance_dp)
toc()

# 中间输出信息很多, 在此省略

## 408.23 sec elapsed

# 恢复单线程
plan(sequential)
```

　　超参数调优后，可以将初始模型的参数设定为调优后的参数组合，并再次使用训练数据进行模型训练，最终将模型用在测试集及后续的生产数据中。简单调优后，模型在测试集上的AUC会略高于初始化的模型：

```
# 对初始模型设定优化后的超参数, 使用随机搜索的最佳结果
learner_ranger$param_set$values <- instance_rs$result_learner_param_vals

# 模型训练
learner_ranger$train(task = task_train)

# 对测试集进行预测
prediction_tuner_rs <- learner_ranger$predict(task = task_test)

# 观察优化后的模型性能
prediction_tuner_rs$score(msr("classif.auc"))

## classif.auc
##   0.7757578
```

9.3　嵌套重抽样过程

　　mlr3提供了一种其他框架没有提供的嵌套重抽样（nested resampling）过程，目的是对调优的模型实现无偏估计，这个过程将模型建立和调试的所有环节，包括最后在测试数据上的性能评估环节，都纳入重抽样过程，包括了内层重抽样和外层重抽样两个循环。图9-1描述了整个嵌套重抽样过程，包含一个4折交叉验证的内层重抽样和一个3折交叉验证的外层重抽样，具体流程大致如下。

　　1. 首先是外层重抽样（粗数据条），将整个数据分为3部分，每次使用其中2部分作为外层训练数据（深色粗数据条），用于确定最优超参数，剩余1部分数据作为外层测试数据（浅色粗数据条），用于评估调优后的模型结果。

　　2. 对于每份训练数据（深色粗数据条），进行内层重抽样，将训练数据分为4部分，每次使

用其中3部分作为内层训练数据（深色细数据条），用于训练不同超参数组合的模型，剩余1部分作为内层验证数据（浅色细数据条），用于评估不同超参数组合的性能。内层重抽样过程实际上等同于9.2节中的超参数调优过程，每次内循环都会得到一组最优的超参数。

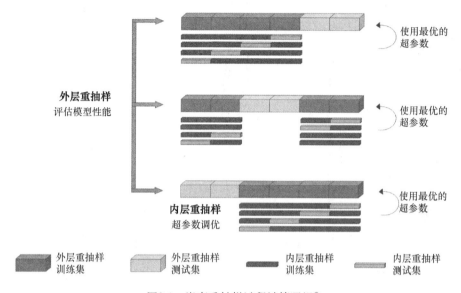

图9-1　嵌套重抽样过程计算逻辑[①]

3．得到最优的超参数组合后，使用该组合在外层循环训练数据（深色粗数据条）中拟合一次，得到一个最优模型，并在外层测试数据（浅色粗数据条）中评估一次性能。

4．执行上述过程3次，得到3个最优模型的估计结果（3个模型的超参数可能会有差异），最终取3个结果的均值，得到一个模型最优性能的无偏估计。

 需要注意的是，这个过程不是"选择模型"的过程，更多是"评估模型"的过程。

要实现嵌套重抽样过程，首先要建立一个AutoTuner对象并调用new方法。该对象主要对内层重抽样进行设定，需要设定的参数和超参数调优过程的参数基本一致。之后，我们利用rsmp()设定外层重抽样，设定方法也和重抽样过程设定方法相同。最后，利用resample()将两个过程组合起来。整个过程的实现如下所示：

```
# 内层循环设置
at <- AutoTuner$new(
  learner = lrn("classif.ranger", num.threads = 1, predict_type = "prob"),
  resampling = rsmp("cv", folds = 5),
```

```
  measure = msr("classif.auc"),
  search_space = tune_grid,
  tuner = tnr("grid_search", resolution = 3),
  terminator = trm("none"),
  store_tuning_instance = TRUE)

# 外层循环设置
resampling_outer <- rsmp("cv", folds = 3)

# 设置随机种子
set.seed(100)

# 执行嵌套计算
tic()
rr <- resample(
  task = task_train,
  learner = at,
  resampling = resampling_outer,
  store_models = TRUE)
toc()

# 中间输出信息很多，在此省略

## 882.24 sec elapsed

# 内层重抽样最优超参数组合验证性能
lapply(rr$learners, function(x) x$tuning_result)

## [[1]]
##    mtry num.trees learner_param_vals  x_domain classif.auc
## 1:    1        50        <list[3]> <list[2]>   0.7674764
##
## [[2]]
##    mtry num.trees learner_param_vals  x_domain classif.auc
## 1:    1       125        <list[3]> <list[2]>    0.759352
##
## [[3]]
##    mtry num.trees learner_param_vals  x_domain classif.auc
## 1:    1       125        <list[3]> <list[2]>   0.7594466

# 外层重抽样每次迭代的测试集结果
rr$score(msr("classif.auc"))

##                    task    task_id       learner        learner_id
## 1: <TaskClassif[45]> survey_train <AutoTuner[38]> classif.ranger.tuned
```

```
## 2: <TaskClassif[45]> survey_train <AutoTuner[38]> classif.ranger.tuned
## 3: <TaskClassif[45]> survey_train <AutoTuner[38]> classif.ranger.tuned
##         resampling resampling_id iteration           prediction
## 1: <ResamplingCV[19]>          cv         1 <PredictionClassif[19]>
## 2: <ResamplingCV[19]>          cv         2 <PredictionClassif[19]>
## 3: <ResamplingCV[19]>          cv         3 <PredictionClassif[19]>
##    classif.auc
## 1:   0.7471164
## 2:   0.7690417
## 3:   0.7718635

# 外层重抽样平均测试性能
rr$aggregate(msr("classif.auc"))

## classif.auc
##   0.7626739
```

嵌套重抽样过程是多个重抽样过程的结合，计算量一般比较大。在此，mlr3支持对内外两个循环同时设置并行方案，这样能够大大提高整个嵌套过程的计算效率：

```
# 设定并行方案，分别为内外层循环进行设定
plan(list("multisession", "multisession"))

# 设定随机种子
set.seed(100)

# 执行计算
tic()
rr <- resample(task_train, at, resampling_outer, store_models = TRUE)
toc()

## 447.21 sec elapsed

# 恢复单线程
plan(sequential)
```

9.4 以图管理机器学习工作流

仅实现上述机器学习基本应用并不足以使mlr3独树一帜。mlr3真正区别于caret和tidymodels等框架的地方，在于其可以通过创建不同功能的组件（PipeOps），以图（graph）的形式管理工作流。这些图可以是简单的线性图，也可以是带有各类分支（branch）的复杂图，重要的是，可以进一步以整个图作为对象进行训练和调试，以更有效地比较不同的特征工程或算法方案，以及同一方案中不同超参数的性能。这正是mlr3可以和Python的scikit-learn中的Pipeline相关工具媲美（甚至超越Python中相关工具）的地方。

目前mlr3体系的mlr3pipelines库提供了70多种组件类型，每一种组件也带有不同的可选参数，覆盖了绝大多数机器学习场景，可通过mlr_pipeops进行查询：

```
# 查看可用组件
mlr_pipeops

## <DictionaryPipeOp> with 74 stored values
## Keys: boxcox, branch, chunk, classbalancing, classifavg, classweights,
##   colapply, collapsefactors, colroles, compose_crank, compose_distr,
##   compose_probregr, copy, crankcompose, datefeatures, distrcompose,
##   encode, encodeimpact, encodelmer, featureunion, filter, fixfactors,
##   histbin, ica, imputeconstant, imputehist, imputelearner, imputemean,
##   imputemedian, imputemode, imputeoor, imputesample, kernelpca,
##   learner, learner_cv, missind, modelmatrix, multiplicityexply,
##   multiplicityimply, mutate, nmf, nop, ovrsplit, ovrunite, pca, proxy,
##   quantilebin, randomprojection, randomresponse, regravg,
##   removeconstants, renamecolumns, replicate, scale, scalemaxabs,
##   scalerange, select, smote, spatialsign, subsample, survavg,
##   targetinvert, targetmutate, targettrafoscalerange, textvectorizer,
##   threshold, trafopred_regrsurv, trafopred_survregr,
##   trafotask_regrsurv, trafotask_survregr, tunethreshold, unbranch,
##   vtreat, yeojohnson
```

先看一个简单的例子。我们希望先对自变量进行标准化，再使用k近邻模型。这时可以建立一个包含两个组件的图，分别是标准化处理和k近邻模型，两者通过%>>%符号串联。可以看到，创建后的gr的属性为Graph。通过调用plot()函数可以将这个图可视化，结果如图9-2所示。

```
# 建立线性图
gr <-
  po("scale", center = TRUE, scale = TRUE) %>>%  # 具体设定方法可以通过?mlr_pipeops_scale查询
  lrn("classif.kknn", scale = FALSE, predict_type = "prob")  # k近邻模型

# 查看对象
gr

## Graph with 2 PipeOps:
##            ID      State   sccssors prdcssors
##         scale <<UNTRAINED>> classif.kknn
##  classif.kknn <<UNTRAINED>>              scale

class(gr)

## [1] "Graph" "R6"

# 工作流可视化
gr$plot(html = FALSE)
```

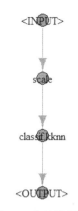

图9-2 线性流程图

图对象建立以后，我们可以通过as_learner()将其转换为一个图学习器（GraphLearner）对象，这样就可以对该对象调用mlr3体系中的各种训练和调试工具，这和训练和调试单个算法模型的方式相同。这个思路也和tidymodels以工作流（workflow）为一个整体进行操作的思路非常类似。

```
# 转为GraphLearner
gr_lrn <- as_learner(gr)  # 等同于GraphLearner$new(gr)
class(gr_lrn)

## [1] "GraphLearner" "Learner"        "R6"

# 模型训练
gr_lrn$train(task_train)
gr_lrn

## <GraphLearner:scale.classif.kknn>
## * Model: list
## * Parameters: scale.robust=FALSE, scale.center=TRUE, scale.scale=TRUE,
##   classif.kknn.scale=FALSE
## * Packages: -
## * Predict Type: prob
## * Feature types: logical, integer, numeric, character, factor, ordered,
##   POSIXct
## * Properties: featureless, importance, missings, multiclass, oob_error,
##   selected_features, twoclass, weights
```

当使用图学习器进行重抽样检验时，该过程同样能够确保所有特征工程只在训练数据上进行，训练信息不会泄露到预留的验证数据中，这和tidymodels的效果是一致的。

```
# 5折交叉验证
```

```
plan(multisession)
set.seed(100)
tic()
gr_cv_5_par <- resample(
  task = task_train,
  learner = gr_lrn,
  resampling = rsmp("cv", folds = 5),
  store_models = FALSE
  )

## INFO  [17:49:44.866] [mlr3]  Applying learner 'scale.classif.kknn' on task 'survey_
train' (iter 3/5)
## INFO  [17:49:45.275] [mlr3]  Applying learner 'scale.classif.kknn' on task 'survey_
train' (iter 2/5)
## INFO  [17:49:45.683] [mlr3]  Applying learner 'scale.classif.kknn' on task 'survey_
train' (iter 1/5)
## INFO  [17:49:46.133] [mlr3]  Applying learner 'scale.classif.kknn' on task 'survey_
train' (iter 4/5)
## INFO  [17:49:46.587] [mlr3]  Applying learner 'scale.classif.kknn' on task 'survey_
train' (iter 5/5)

toc()

## 24.6 sec elapsed

plan(sequential)

# 查看验证结果
gr_cv_5_par$aggregate(msr("classif.auc"))

## classif.auc
##   0.6874251
```

仅就线性工作流而言，mlr3的这种图模式并不比tidymodels更具优势。mlr3真正的优势在于其可以建立各类非线性的复杂图。现在，让我们构建一个稍微复杂一点的、带有分支的图。在实际操作中，可以按照处理的层次构建多个图，再将多个图组合在一起，这样的构建过程更清晰。

首先调整训练数据中正负样本比例，看是否会对模型的性能产生影响。在此我们设置第一层分支为是否进行正负样本比例调整。这里主要使用nop和classbalancing，其中前者为不处理（作为对照方案），后者为类比例调整操作。这里我们默认以少数类（在训练数据中为正样本）为基准，调整多数类的数量（这也是常用的做法）。此外，使用branch和unbranch两个组件来建立和结束分支：

```
# 第1层：因变量正负样本调整
p1 <- po("branch", c("nop", "classbalancing"), id = "sampling_branch") %>>%
  gunion(list(
    po("nop", id = "no_balancing"),
    po("classbalancing", reference = "minor", adjust = "major")
  )) %>>%
  po("unbranch", id = "sampling_unbranch")

# 可视化
p1$plot()
```

第二层的结果如图9-3所示。

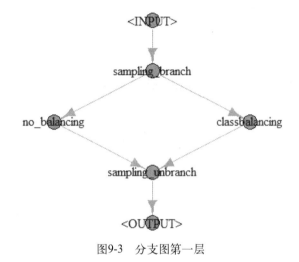

图9-3　分支图第一层

在第二层中，我们加入一个是否进行数值标准化的分支，主要使用scale组件实现。同时，第二层中也加入一个nop作为对照。需要注意的是，如果出现与第一层中相同类型的组件（如此处的nop、branch和unbranch），则需要为其设置不同的id名称区别开来。接下来，我们根据数据处理的类型设置不同的算法模型。对scale分支，我们使用k近邻模型，因为该模型要求输入的变量具有相同的单位以更合理地计算样本间距离[①]；对nop分支，我们使用随机森林模型，因为该模型对变量的单位没有要求：

```
# 第2层：标准化处理
p2 <- po("branch", c("nop", "scale"), id = "scale_lrn_branch") %>>%
  gunion(list(
    po("nop", id = "no_scale") %>>% lrn("classif.ranger", num.trees = 100, predict_type = "prob"),
    po("scale") %>>% lrn("classif.kknn", scale = FALSE, predict_type = "prob")
  )) %>>%
```

---

① 实际上我们的训练数据所有变量都具有同样的单位，这里的处理更多出于演示需要。

```
po("unbranch", id = "scale_lrn_unbranch")

# 可视化
p2$plot()
```

　　第二层的结果如图9-4所示。

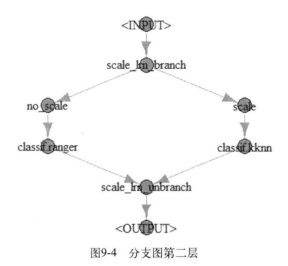

图9-4　分支图第二层

　　最后将两个图连接为一个大图（结果如图9-5所示），并将其转换为图学习器对象：

```
# 连接各图并转换为图学习器对象
gr_branch <- p1 %>>% p2
gr_branch_lrn <- as_learner(gr_branch)
gr_branch_lrn$graph$plot()
```

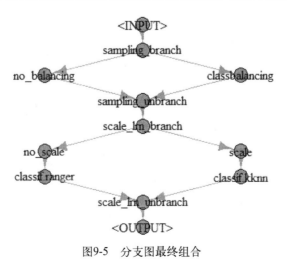

图9-5　分支图最终组合

在进行超参数调整之前，我们先通过param_set查看整个图的可调超参数和每个组件超参数的具体选项。图中所有组件，包括分支选择、特征工程，以及算法模型中的超参数都是可以调整的，这正体现了mlr3体系的灵活。

```
# 查看可调超参数列表（前10行）
as.data.table(gr_branch_lrn$param_set)[1:10]

## <ParamSetCollection>
##                                  id    class lower upper nlevels
##  1:          classbalancing.adjust ParamFct    NA    NA       7
##  2:           classbalancing.ratio ParamDbl     0   Inf     Inf
##  3:       classbalancing.reference ParamFct    NA    NA       6
##  4:         classbalancing.shuffle ParamLgl    NA    NA       2
##  5:          classif.kknn.distance ParamDbl     0   Inf     Inf
##  6:                 classif.kknn.k ParamInt     1   Inf     Inf
##  7:            classif.kknn.kernel ParamFct    NA    NA      10
##  8:             classif.kknn.scale ParamLgl    NA    NA       2
##  9:           classif.kknn.ykernel ParamUty    NA    NA     Inf
## 10:           classif.ranger.alpha ParamDbl  -Inf   Inf     Inf
##         default          parents value
##  1: <NoDefault[3]>               major
##  2: <NoDefault[3]>                   1
##  3: <NoDefault[3]>               minor
##  4: <NoDefault[3]>                TRUE
##  5:               2
##  6:               7
##  7:         optimal
##  8:            TRUE               FALSE
##  9:
## 10:             0.5
```

```
# 查看图中某个部分的可调超参数
gr_branch_lrn$param_set$params$sampling_branch.selection$levels

## [1] "nop"           "classbalancing"

gr_branch_lrn$param_set$params$classif.kknn.k

##                 id    class lower upper levels default
## 1: classif.kknn.k ParamInt     1   Inf               7
```

设置超参数网格是相对复杂的一步。

首先，设置需要调整的组件及其超参数范围，这和单个算法的超参数调整网格设置方法类似，但我们还想看到不同分支的性能，因此将分支本身也作为调优对象，包括sampling_ branch.selection和scale_lrn.selection。

接下来，我们希望建立超参数的依赖关系。有一些超参数的调优需要图中某些条件成立，例如k近邻算法中的k值只有在算法分支中选择了k近邻算法后才进行调节，随机森林算法的mtry也同理。通过add_dep()对超参数网格建立一些依赖关系，使调优过程更加合理，对于关系较多的图，这一步尤为重要①。此外，还可以自行设置一些转换处理，例如我们希望k值为奇数，避免出现平票的情况，因此对k值进行转换，并在实际调优过程中按照转换后的值进行计算。当然，这一步并不是必需的。

```
# 设定超参数网格
tune_grid <- ParamSet$new(
  list(
  ParamFct$new("sampling_branch.selection", levels = c("nop", "classbalancing")),
  ParamInt$new("classbalancing.ratio", lower = 1, upper = 5),
  ParamFct$new("scale_lrn_branch.selection", levels = c("nop", "scale")),
  ParamInt$new("classif.kknn.k", lower = 1, upper = 4),
  ParamInt$new("classif.ranger.mtry", lower = 1, upper = 14)
  ))

# 设定依赖关系

# 走"classbalancing"分支才调节ratio值
tune_grid$add_dep("classbalancing.ratio", "sampling_branch.selection", CondEqual$new
("classbalancing"))
# 走"scale"分支才调节k值
tune_grid$add_dep("classif.kknn.k", "scale_lrn_branch.selection", CondEqual$new("scale"))
# 走"nop"分支才调节mtry值
tune_grid$add_dep("classif.ranger.mtry", "scale_lrn_branch.selection", CondEqual$new("nop"))

# 设置部分转换处理: 将近邻数转换为奇数
tune_grid$trafo <- function(x, param_set){
  if (x$scale_lrn_branch.selection == "scale") {x$classif.kknn.k = 2 * x$classif.kknn.k
 + 1}    return(x)
}

# 查看结果
tune_grid

  ## <ParamSet>
##                          id   class lower upper nlevels        default
## 1:    classbalancing.ratio ParamInt     1     5       5 <NoDefault[3]>
## 2:          classif.kknn.k ParamInt     1     4       4 <NoDefault[3]>
```

---

① 希望mlr3后续能对此做出优化，自动识别各项超参数的依赖关系。

```
## 3:       classif.ranger.mtry ParamInt    1    14      14 <NoDefault[3]>
## 4:   sampling_branch.selection ParamFct   NA    NA       2 <NoDefault[3]>
## 5: scale_lrn_branch.selection ParamFct   NA    NA       2 <NoDefault[3]>
##                      parents value
## 1:   sampling_branch.selection
## 2: scale_lrn_branch.selection
## 3: scale_lrn_branch.selection
## 4:
## 5:
## Trafo is set.
```

完成网格设置后，同样使用随机搜索的方式对整个图调优。这个过程同样可以利用future库建立并行集群以提高调优效率。对于较复杂的图，参与调优的超参数组别应该更多，这里出于演示需要仅随机抽取30组：

```
# 要素设置
gr_instance_rs <- TuningInstanceSingleCrit$new(
  task = task_train,
  learner = gr_branch_lrn,
  resampling = rsmp("cv", folds = 5),
  measure = msr("classif.auc"),
  search_space = tune_grid,
  terminator = trm("evals", n_evals = 30)
  )


# 调整参数
tuner_rs <- tnr("random_search")
plan(multisession, workers = 12)
set.seed(100)
tic()
tuner_rs$optimize(gr_instance_rs)
toc()

## 302.28 sec elapsed

plan(sequential)
```

参数调优后的最优结果保存在列表gr_instance_rs$result_learner_param_vals中。最后，可以将这个最优参数配置到整个图中，生成最终的图学习器，并用于测试集及后续的生产数据：

```
# 完成最终流程并用于测试数据
gr_branch_lrn$param_set$values <- gr_instance_rs$result_learner_param_vals
gr_branch_lrn$train(task = task_train)
gr_branch_predict <- gr_branch_lrn$predict(task_test)
gr_branch_predict

## <PredictionClassif> for 26664 observations:
```

```
##      row_ids truth response   prob.yes  prob.no
##           1    no       no  0.2515816 0.7484184
##           2    no      yes  0.5374618 0.4625382
##           3    no       no  0.2593792 0.7406208
## ---
##       26662    no       no  0.2584133 0.7415867
##       26663    no       no  0.4415926 0.5584074
##       26664    no       no  0.1341097 0.8658903
```

图学习器能够调用mlr3体系中的所有训练和调试工具，因此我们可以更进一步，对图学习器进行嵌套重抽样检验，评估其更稳健的泛化性能，读者可以自行尝试。通过各种组件，mlr3还可以实现更复杂的特征工程，以及自定义堆叠集成模型等高级应用。

9.5　本章小结

本章介绍了mlr3体系的基本用法和主要特点、mlr3与future并行框架的整合，以及mlr3利用图的模式创建及调试复杂的机器学习工作流的能力，充分体现了mlr3体系是一个高效能框架，具备caret和tidymodels不具备的优势。当前，mlr3的开发工作依然非常活跃，可以预见，mlr3将会成为R社区中举足轻重的成员。

不过，除了在线的官方教程，目前mlr3的社区支持并不算十分丰富。此外，mlr3强大和灵活的特性也使其学习曲线比较陡峭，它的使用方式和代码风格和"tidy"体系也存在较大区别。我认为，至少相较于tidymodels，mlr3不是那么容易上手。

第 10 章

强强联合
——利用reticulate库借力Python

你是R的用户，但出于工作需要或者个人爱好，你也熟悉Python。有些Python的工具使用起来比R的同类工具更加高效，有些Python库能实现目前R不能实现的功能，你希望能在某些数据分析挖掘环节中使用Python的工具。

或者，你的日常生产或科研需要以团队作业的方式进行，团队成员背景各异，对数据科学工具的偏好也不同，有些人喜欢Python，有些人喜欢R。你作为R的用户，希望和其他Python用户合作无间，但又不想完全舍弃R。

caret、tidymodels、mlr3等都是基于R开发的框架，比较适合以R作为主要工具的用户。而在近年，Python也已经逐渐成为数据分析挖掘、机器学习建模乃至实现人工智能的常用工具。在数据科学领域，打破工具之间的藩篱、博采众长是大势所趋。一方面，面对纷繁复杂的分析场景，单一工具可能逐渐无法满足需求，需要充分利用不同工具的优势解决不同的问题。另一方面，有不同教育背景的数据科学项目团队成员，使用工具的偏好有很大差别。根据我的感受，攻读偏向于工程类专业（如计算机、软件工程、信息系统等）或具有相关工作经验的人更喜欢使用Python，而具有统计学或社会科学类（如经济学、社会学等）学科背景的人，则更喜欢使用R、SAS、SPSS、STATA等。在实践中，为了与不同背景的伙伴更好地协作，掌握不同的分析工具也很有必要。我就曾出于团队合作的需要，上手了Python和SAS。

为了满足这种日益增长的工具协作需求，诞生了一些用于实现不同工具协作的第三方库。本章主要介绍的reticulate库就是在R中实现与Python相互协作的强大工具。对于习惯利用Python进行数据处理和建立机器学习工作流的用户而言，使用以pandas和NumPy为代表的数据处理库，以及以scikit-learn为代表的机器学习库是一个不错的选择。reticulate库提供了一套在R中交互使用Python和R的工具，包括以下主要特性。

❑ 有一系列方法在R中调用Python，包括使用R Markdown、使用R脚本、引用Python脚本、导入Python模块，以及在R进程中交互使用Python。

□ 提供了 R 与 Python 对象之间的相互转换，如 R 数据框和 pandas 数据框的相互转换、R 矩阵和 NumPy 数组之间的相互转换等。

□ 对不同版本的 Python 有灵活的整合，包括虚拟的环境和 conda 环境。

reticulate 将一个 Python 进程嵌入到 R 进程中，形成无缝、高性能的整合。如果你是一个以 R 为主要工具的用户并需要使用 Python 完成某些工作，或者你在一个使用两种编程语言的数据科学团队中工作，reticulate 可以使你的工作效率大大提高。本章中，我们将讨论以下主要内容：

□ 使用 reticulate 配置 Python 环境；

□ 在 R 中使用 Python 代码编程；

□ 以 R 的编程风格使用 Python。

 相应地，Python 的 rpy2 库实现了在 Python 中与 R 相互协作。

10.1　配置Python环境

想要使用 reticulate，首先需要做的是配置好需要使用的 Python 环境。不同用户在各自系统上安装 Python 的情况有所不同，如有的用户同时安装了多个版本的 Python，专门以 Python 作为数据科学工具的用户会通过 Anaconda[①]来安装 Python，这使得本书很难给出统一的配置方法，读者可以参考 reticulate 的官方文档及 Stackoverflow 社区上关于使用 reticulate 时如何正确配置 Python 的问答。

我们先载入本节会使用的第三方库：

```
# 载入库
library(reticulate)
library(tidyverse)
library(tictoc)
library(microbenchmark)
library(randomForest)
library(ranger)
```

reticulate 库中有很多与 Python 配置相关的常用函数。使用 py_discover_config() 函数可以查询系统默认使用的 Python 版本。例如我的计算机上以 Anaconda 的方式安装了 Python，因此这里搜索到的是 Anaconda 安装目录下的 Python：

```
# 默认使用的Python版本
py_discover_config()

## python:        C:/ProgramData/Anaconda3/python.exe
```

① 一个 Python 的发行版，专门用于数据科学。

```
## libpython:       C:/ProgramData/Anaconda3/python37.dll
## pythonhome:      C:/ProgramData/Anaconda3
## version:         3.7.4 (default, Aug  9 2019, 18:34:13) [MSC v.1915 64 bit (AMD64)]
## Architecture:    64bit
## numpy:           C:/ProgramData/Anaconda3/Lib/site-packages/numpy
## numpy_version:   1.19.5
##
## python versions found:
##  C:/Users/ASUS/Documents/.conda/envs/r-reticulate/python.exe
##  C:/ProgramData/Anaconda3/python.exe
```

使用py_config()则可以查看本机正在使用的Python版本，以及在本机中可以找到的其他 Python版本：

```
# 查看正在使用的Python版本
py_config()
```

```
## python:          C:/ProgramData/Anaconda3/python.exe
## libpython:       C:/ProgramData/Anaconda3/python37.dll
## pythonhome:      C:/ProgramData/Anaconda3
## version:         3.7.4 (default, Aug  9 2019, 18:34:13) [MSC v.1915 64 bit (AMD64)]
## Architecture:    64bit
## numpy:           C:/ProgramData/Anaconda3/Lib/site-packages/numpy
## numpy_version:   1.19.5
## sys:             [builtin module]
##
## python versions found:
##  C:/Users/ASUS/Documents/.conda/envs/r-reticulate/python.exe
##  C:/ProgramData/Anaconda3/python.exe
```

可以使用use_python()手动设置使用的Python版本。在本例中，只需使用默认的Python配置，不需要进行手动设置。

还可能出现一种情况：使用use_python()进行手动配置后，还是不能转换Python版本。此时，可以在程序开始时使用Sys.setenv()函数强制设定系统环境中默认使用的Python版本，再载入reticulate库：

```
# 设置使用的Python版本
# use_python(python = "D:/Anaconda3/python.exe")

# 如果use_python()无效，则使用以下方法
# Sys.setenv(RETICULATE_PYTHON = "D:/Anaconda3/python.exe")
# library(reticulate)
```

10.2　在R中用Python代码编程

如果使用R Markdown编程，那么载入reticulate库后，在数据块的头部将{r}改为{Python}，

即可直接撰写Python代码①。在这里我们同样以建立随机森林模型为例，参照Python的语法，首先使用import语句导入后续需要用到的库和函数：

```python
import pandas as pd
import numpy as np
import joblib
import time
from sklearn.model_selection import train_test_split
from sklearn.ensemble import RandomForestClassifier
from sklearn.metrics import accuracy_score, confusion_matrix, classification_report
from sklearn.metrics import roc_curve, roc_auc_score
from sklearn.model_selection import cross_val_score, cross_validate
from sklearn.model_selection import GridSearchCV, RandomizedSearchCV
from sklearn.feature_selection import RFECV, RFE
import matplotlib.pyplot as plt
import seaborn as sns
plt.rcParams['font.sans-serif'] = ['SimHei']
plt.rcParams['axes.unicode_minus'] = False
```

使用train_test_split()函数，将数据划分为训练集和测试集。载入reticulate库可实现R和Python代码块的无缝切换，因此我们可以随时切换回R代码块，根据后续数据集划分的输入要求，利用dplyr语法进行数据处理，将建模数据的自变量和因变量分开存储：

```r
# 读入数据
train <- read_csv("train.csv")
test <- read_csv("test.csv")

# 出于示例需要将原训练和测试数据重新为一个整体
train_test <- bind_rows(train, test)

# 划分自变量和因变量
train_test %>% mutate(r_yn = case_when(r_yn == "yes" ~ 1, r_yn == "no" ~ 0)) -> train_test
x <- train_test %>% select(-r_yn)
y <- train_test$r_yn
```

然后切换回Python代码，利用train_test_split()函数进行训练集和测试集的划分。这里需要注意的是，x和y是R的数据对象，需要使用r.x和r.y这样的形式表示。可以看到，查看x_train的时候，数据显示的形式和在Python中显示的相同。也可以使用print()打印数据的摘要：

```python
x_train, x_test, y_train, y_test = train_test_split(r.x, r.y, test_size=0.3, random_state=
100, stratify=r.y)

print(x_train.head())
```

① 目前reticulate库对中文的支持还不是十分完善。print语句中出现中文、代码块中出现中文注释，都会使程序报错。

```
##          assembly  bash/shell/powershell    c  ...  typescript  vba  webassembly
## 65352       0.0                    0.0    0.0  ...         0.0  0.0          0.0
## 27327       0.0                    1.0    0.0  ...         1.0  0.0          0.0
## 7138        0.0                    1.0    0.0  ...         0.0  0.0          0.0
## 66077       0.0                    1.0    0.0  ...         0.0  0.0          0.0
## 73164       0.0                    0.0    0.0  ...         0.0  0.0          0.0
##
## [5 rows x 28 columns]

print(x_train.shape)

## (62218, 28)

print(x_test.head())

##          assembly  bash/shell/powershell    c  ...  typescript  vba  webassembly
## 28720       0.0                    0.0    0.0  ...         0.0  0.0          0.0
## 49431       0.0                    0.0    0.0  ...         0.0  0.0          1.0
## 3542        0.0                    0.0    0.0  ...         0.0  0.0          0.0
## 72832       0.0                    0.0    0.0  ...         0.0  0.0          0.0
## 78814       0.0                    1.0    0.0  ...         0.0  0.0          0.0
##
## [5 rows x 28 columns]

print(x_test.shape)

## (26665, 28)
```

完成数据集预处理后，我们使用scikit-learn的RandomForestClassifier()函数初始化随机森林模型。可以看到，scikit-learn版本的随机森林模型的训练速度非常快，明显快于使用R的RandomForest库，和ranger库的训练速度接近（参见7.1节和7.2节）：

```
rf_py = RandomForestClassifier(n_estimators=100, max_features=3, random_state=100)
start = time.time()
rf_py.fit(x_train, y_train)

## RandomForestClassifier(max_features=3, random_state=100)

end = time.time()
print('time = {:.2f} s'.format((end - start)))

## time = 3.68 s
```

同R的机器学习框架相比，scikit-learn的一个优势在于其非常容易实现并行计算，其大部分工具中都包含了参数n_jobs，用来设置并行计算的线程数，而不需要额外的编程，这在交叉验证或者超参数调优等环节会非常高效。例如我们在训练随机森林模型时，将n_jobs设置为−1，即可调用本机全部线程。结果显示，训练速度提升了约2倍，和ranger库的训练速度达到了相同的水平。

```
rf_py = RandomForestClassifier(n_estimators=100, max_features=3, random_state=100, n_jobs=-1)
start = time.time()
rf_py.fit(x_train, y_train)

## RandomForestClassifier(max_features=3, n_jobs=-1, random_state=100)

end = time.time()
print('time = {:.2f} s'.format((end - start)))

## time = 1.19 s
```

完成模型训练后，可以利用测试数据集观察模型的性能，使用predict()输出预测类别，使用predict_proba()则输出正样本的预测概率。我认为，scikit-learn的预测结果输出的形式比R要更简洁和直接。在性能评估方面，可以使用classification_report()打印分类性能报告，或者使用roc_auc_score()等观察模型预测效果的单个性能指标：

```
rf_py_pred = rf_py.predict(x_test)
rf_py_pred_prob = rf_py.predict_proba(x_test)
print(classification_report(y_test, rf_py_pred, digits=4))

##               precision    recall  f1-score   support
##
##          0.0     0.9411    0.9827    0.9615     24645
##          1.0     0.5424    0.2500    0.3423      2020
##
##     accuracy                         0.9272     26665
##    macro avg     0.7418    0.6164    0.6519     26665
## weighted avg     0.9109    0.9272    0.9146     26665

print("AUC =", roc_auc_score(y_test, rf_py_pred_prob[:, 1]).round(4))

## AUC = 0.7352
```

同理，对于使用scikit-learn实现k折交叉验证、超参数搜索等过程和在Python中的操作方法完全一致。使用scikit-learn进行k折交叉验证的计算效率也非常高，相比于第7章～第9章中使用R框架实现的k折交叉验证过程计算效率更快。方法如下：

```
start = time.time()
rf_py_cv = cross_val_score(estimator=rf_py, X=x_train, y=y_train, scoring="roc_auc", cv=5, n_jobs=-1)
end = time.time()
print('time = {:.2f} s'.format((end - start)))

## time = 6.93 s
```

```python
print("Mean AUC =", rf_py_cv.mean().round(4))

## Mean AUC = 0.7166

params = {"max_features":np.arange(3, 29, 4)}
rf_py_rs = RandomizedSearchCV(estimator=rf_py,
                              n_iter=5,
                              param_distributions=params,
                              scoring="roc_auc",
                              cv=5,
                              random_state=100,
                              n_jobs=-1)
start = time.time()
rf_py_rs.fit(x_train, y_train)

## RandomizedSearchCV(cv=5,
##     estimator=RandomForestClassifier(max_features=3, n_jobs=-1, random_state=100),
##     n_iter=5, n_jobs=-1,
##     param_distributions={'max_features': array([ 3,  7, 11, 15, 19, 23, 27])},
##     random_state=100, scoring='roc_auc')

end = time.time()
print('time = {:.2f} s'.format((end - start)))

## time = 47.24 s

print("\nbest estimator:\n", rf_py_rs.best_estimator_)

##
## best estimator:
##  RandomForestClassifier(max_features=7, n_jobs=-1, random_state=100)

print("\nbest parameter:\n", rf_py_rs.best_params_)

##
## best parameter:
##  {'max_features': 7}

print("\nbest AUC:\n", rf_py_rs.best_score_.round(4))

##
## best AUC:
##  0.7176
```

最后可以通过joblib.dump()将调优后的模型以pickle格式保存在本地硬盘中，在需要的时候由joblib.load()随时调用：

```
joblib.dump(rf_py_rs.best_estimator_, 'rf_py_rs.pkl')

## ['rf_py_rs.pkl']
```

scikit-learn中的一些机器学习工具比较友好，例如结合k折交叉验证的递归特征消除函数就非常实用，可以在建立模型的初期对预测能力较弱的变量实现精简：

```
# Recursive feature elimination with cv
selector_rfe_cv = RFECV(estimator=RandomForestClassifier(n_estimators=100, random_state=
100), step=2, cv=5, scoring="roc_auc", n_jobs=-1)
start = time.time()
selector_rfe_cv.fit(x_train, y_train)

## RFECV(cv=5, estimator=RandomForestClassifier(random_state=100), n_jobs=-1,
##       scoring='roc_auc', step=2)

end = time.time()
print('time = {:.2f} s'.format((end - start)))

## time = 73.53 s

# The selected variables
x_list_rfecv = x_train.columns[selector_rfe_cv.support_]
x_list_rfecv

## Index(['c++', 'html/css', 'java', 'python', 'r', 'ruby'], dtype='object')
```

 尽管R的机器学习框架也有相应的功能，但在具体的使用指引上，似乎不如scikit-learn版本来得清晰。当然，不同的用户对此会有不同的感受。

调用Python的可视化功能，将递归特征消除的整个过程可视化，以便更直观地看到剩余变量数和模型性能之间的关系，如图10-1所示。可以看到，保留重要性最大的前6个变量时，模型交叉验证得到的性能（即AUC）最高。因此可以保留这6个变量，使得整个模型更加简洁：

```
# Y axis:The grid_score
grid_score = selector_rfe_cv.grid_scores_[::-1]

# X axis:The number of variables
def var_num_fun(step):
  var_num = []
  i = x_train.shape[1]
  while i > 1:
    var_num.append(i)
    i = i - step
```

```
else:
    var_num.append(1)
  return var_num
var_num = var_num_fun(2)

# plot the result
score_df = pd.DataFrame({"var_num":var_num, "grid_score":grid_score})
score_df.plot.line(x="var_num", y="grid_score", marker='o', figsize=(20, 7))
plt.xticks(score_df['var_num'], fontsize=12)
plt.yticks(fontsize=12)
plt.ylabel("grid_score(AUC)", fontsize=15)
plt.xlabel("number of variables", fontsize=15)
plt.legend('')
plt.show()
```

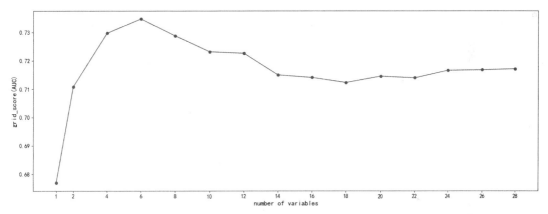

图10-1　递归特征消除过程可视化结果（Python版本）

以上面的结果为例，我们可以切换为R的代码块，并调用ggplot语法实现同样的可视化效果。上面生成的score_df是Python对象，在R代码块中要调用Python对象，需要使用py$score_df指定。可视化结果如图10-2所示。

```
# 使用ggplot进行可视化
py$score_df %>%
  ggplot(aes(var_num, grid_score)) +
  geom_point(color = "blue") +
  geom_line(color = "blue") +
  scale_x_continuous(breaks = py$var_num) +
  theme(axis.title = element_text(size=15),
        axis.text = element_text(size=12)) +
  xlab("number of variables") +
  ylab("grid score(AUC)") +
  theme_bw()
```

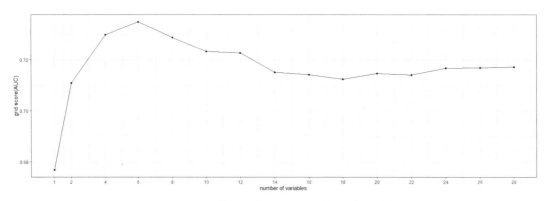

图10-2 递归特征消除过程可视化结果（R版本）

 实际上，实现R和Python协作的一个典型需求是调用R的ggplot2库对Python的计算结果进行可视化，当前很多关于reticulate的教学资源也以此作为例子。就我个人感受，ggplot的可视化语法看起来的确比以matplotlib和seaborn为代表的Python可视化语法更友好、更容易记忆、编写效率更高。ggplot的存在可能是R至今没有被Python完全取代的一个重要原因。

10.3 以R编程方式使用Python

reticulate的另一个强大之处是，如果R用户对Python代码编写不熟悉，更习惯R本身的编程风格，reticulate也支持使用Python模块、类和函数的R接口。简言之，就是用R的编程方式操作Python的对象。可以说，reticulate给R用户提供了非常全面的解决方案，用户可以自由选择不同的编程风格。

仍以随机森林算法训练为例，使用R的方式编写同样的过程。首先通过对R对象进行赋值的形式载入各种库：

```
# 载入库
sklearn <- import(module = "sklearn")
pd <- import(module = "pandas")
np <- import(module = "numpy")
```

对于Python的模块和函数等，需要先将其转换为R对象，并使用$符号引导出模块中的各个函数。要注意，对于在Python中本身要求是整数形式的参数输入，需要使用R的as.integer()函数进行强制转换，否则程序会报错：

```
# 需要先把函数转换为R对象
train_test_split <- sklearn$model_selection$train_test_split

# 测试集划分
split <- train_test_split(x, y, test_size=0.3, stratify=y, random_state=as.integer(100))
# 需要处理为整数
```

```
x_train_r <- split[[1]]
x_test_r <- split[[2]]
y_train_r <- split[[3]]
y_test_r <- split[[4]]
```

使用R的方式调用scikit-learn的算法，与直接使用Python代码调用相同的算法的计算效率基本一致，且通过随机种子（random_state）的设定，两种编程方式可以获得完全一样的结果，例如测试数据结果显示的AUC均等于0.7352（参见10.2节）：

```
# 初始化模型
r_rf <- sklearn$ensemble$RandomForestClassifier(n_estimators = as.integer(100), max_
features = as.integer(3), random_state=as.integer(100), n_jobs=as.integer(-1))

# 模型训练
tic()
r_rf$fit(x_train_r, y_train_r)
## RandomForestClassifier(max_features=3, n_jobs=-1, random_state=100)

toc()

## 0.95 sec elapsed

# 导入性能评估工具
auc <- sklearn$metrics$roc_auc_score

# 结果预测并评估性能
r_rf_y_pred_prob <- r_rf$predict_proba(x_test_r)
auc(y_test_r, r_rf_y_pred_prob[, 2]) %>% round(4)

## [1] 0.7352
```

 k折交叉验证、超参数调优、递归特征消除等过程同理，在此不再赘述。

不过，对Python有足够的使用经验后，直接编写Python代码效率会更高。各项流程的过程及结果具体如下：

```
# k折交叉验证
tic()
r_cv_score <- sklearn$model_selection$cross_val_score(
  estimator=r_rf,
  X=x_train_r,
  y=y_train_r,
  scoring="roc_auc",
  cv=as.integer(5))
toc()
```

```
## 4.74 sec elapsed

# 检验结果
mean(r_cv_score) %>% round(4)

## [1] 0.7166

#========================================

# 参数网格设定
r_grid_params <- list(max_features = as.integer(seq(3, ncol(x_train_r), 4)))

# 调优方案设定
r_grid_random <- sklearn$model_selection$RandomizedSearchCV(
  estimator=r_rf,
  n_iter=5,
  param_distributions=r_grid_params,
  scoring="roc_auc",
  cv=as.integer(5),
  random_state=as.integer(100))

# 执行调优计算
tic()
r_grid_random$fit(x_train_r, y_train_r)

## RandomizedSearchCV(cv=5,
##      estimator=RandomForestClassifier(max_features=3, n_jobs=-1, random_state=100),
##      n_iter=5.0,
##      param_distributions={'max_features': [3, 7, 11, 15, 19, 23, 27]},
##      random_state=100, scoring='roc_auc')

toc()

## 40.11 sec elapsed

# 最优模型
r_grid_random$best_estimator_

## RandomForestClassifier(max_features=7, n_jobs=-1, random_state=100)

# 最优参数
r_grid_random$best_params_

## $max_features
## [1] 7
```

```
# 最优模型性能评估
r_grid_random$best_score_ %>% round(4)

## [1] 0.7176

# 模型保存和重新读取
py_save_object(r_grid_random$best_estimator_, "r_rf_best.pkl") # 保存模型
r_rf_best <- py_load_object("r_rf_best.pkl")                    # 读取模型
r_rf_best

## RandomForestClassifier(max_features=7, n_jobs=-1, random_state=100)
#==========================================

# 初始化
rfecv <- sklearn$feature_selection$RFECV(
  sklearn$ensemble$RandomForestClassifier(n_estimators = as.integer(100),random_state=as.
integer(100)),
  step=as.integer(2),
  cv=as.integer(5),
  scoring="roc_auc")

# 特征消除
tic()
r_selector_rfecv <- rfecv$fit(x_train_r, y_train_r)
toc()

## 165.87 sec elapsed

# 查看保留的变量
colnames(x_train_r)[r_selector_rfecv$support_]

## [1] "c++"     "html/css" "java"     "python"   "r"         "ruby"
```

　　以R的风格编写代码，可以使用一些R的实用工具来分析和比较R和Python的工作效率，如tictoc库、microbenchmark库等。我们可以将R和Python建立训练随机森林模型的过程放在一起进行比较，结果显示scikit-learn版本的模型训练速度最快：

```
# 模型训练效率比较
r_python_compare <- microbenchmark(
  rf_randomforest = randomForest(x = x_train_r, y = y_train_r, mtry = 3, ntree = 100),
  rf_ranger = ranger(x = x_train_r, y = y_train_r, mtry = 3, num.trees = 100, num.thread = 12),
  rf_sklearn = sklearn$ensemble$RandomForestClassifier(n_estimators = as.integer(100),
max_features = as.integer(3), random_state=as.integer(100), n_jobs=as.integer(-1))$fit
(x_train_r, y_train_r),
  times = 3,
```

```
  unit = "s"
)

# 查看结果
r_python_compare

## Unit: seconds
##              expr        min         lq       mean     median         uq
##   rf_randomforest 31.9225185 32.4553299 56.4804825 32.9881414 68.7594644
##         rf_ranger  1.0701142  1.0702201  1.1972125  1.0703259  1.2607616
##        rf_sklearn  0.9666707  0.9675407  0.9726968  0.9684107  0.9757099
##          max neval
## 104.5307875     3
##   1.4511973     3
##   0.9830091     3
```

有意思的是，较新版本的RStudio已经支持直接创建Python脚本，这等于可以将RStudio本身当作类似Spyder、PyCharm的Python交互开发平台。在Python脚本中运行Python代码时，R会自动调用reticulate的repl_python()，启动Python解释器。

10.4　本章小结

在数据科学领域，随着需要解决的问题越来越丰富多样，R与Python混搭使用的需求将越来越多，相信在这个领域中没有什么问题是这两个工具联手也解决不了的。Python的机器学习库scikit-learn提供了大量算法和建模环节的统一接口，运算效率非常高，代码也很简洁。而除了专注于机器学习的scikit-learn之外，Python还有诸如statsmodels这样的专业统计分析建模库。不可否认，当前使用Python作为数据分析挖掘工具的用户越来越多，因此在对不同工具协作有需求的数据科学项目中，使用reticulate实现R和Python的协作将会使你和你的团队如虎添翼。

当然，这对用户交互使用工具的能力也提出了更高的要求，至少原本习惯R的用户需要额外学习Python编程语言。同时，在R环境中配置Python也可能需要花费一些时间。

第**11**章

简单高效的自动机器学习工具
——H2O

你希望在开发机器学习模型过程中简单快捷地实现并行计算提高速度。另外，相对于建立模型的过程，你更关注模型预测的结果，希望尝试大量不同算法训练及选择最优模型的流程能够高度自动化，更快捷地创建性能强大的堆叠集成模型，尽可能减少人工干预。

我们当然可以通过并行编程的方式提升R的计算效率，但这往往需要我们自行编写并行计算的逻辑，例如通过parallel库或future库自行建立和停止并行计算的集群，设置与并行计算相匹配的随机结果重现机制等，这无疑增加了代码撰写的复杂程度，同时也需要我们掌握一些计算机并行计算的理论知识。另外，像ranger这样包含并行优化要素的库，也只是解决了某一种特定算法的优化问题，对于更多算法，还要寻找相应的优化库。以上种种问题成为R在实现并行计算中一个略为不足的地方。不过近年H2O框架的出现，为R用户（及Python用户）提供了一种选择。

H2O是完全开源、基于内存的分布式机器学习框架，其核心算法由Java写成。H2O支持当前最流行的统计学和机器学习算法，包括梯度提升（grediant boosting）模型、广义线性模型（generalized linear model）、深度学习（deep learning）模型等等。H2O的一个出众之处是其具备自动化机器学习（auto machine learning）的功能，能够自动训练算法并调整它们的参数，自动创建功能强大的堆叠集成模型，生成模型的"排行榜"（leaderboard），从众多模型中选择最佳的模型。在R以及Python的社区中，关于H2O的讨论也越来越活跃。H2O提供了适用于R、Python、Scala等工具的接口。H2O会将读入的数据分布式地存储在计算机中，并将所有模型保存在H2O集群的内存中，在内存中进行计算，对数据的处理也与R的dataframe和Python的pandas类似。总的来说，H2O框架的上述特性，对于R用户而言既能充分提高机器学习模型开发效率，又能减少并行编程复杂度。在本章中，我们将围绕H2O讨论以下内容：

❑ H2O的基本使用方法；
❑ H2O自动机器学习。

11.1　H2O基本使用方法

H2O框架的使用并不复杂，流程和R下载及安装其他第三方库基本一致，通过library()进行加载。首先加载本节需要的库：

```
# 载入相关库
library(h2o)
library(ranger)
library(tictoc)
library(microbenchmark)
library(tidyverse)
```

在使用H2O框架之前，需要先调用h2o.init()启动和初始化H2O集群。初始化集群时，可以进行大量的设置，这里主要介绍两个主要参数。

- ❑ nthread：框架使用的线程数，默认值为-1，即计算时调用计算机所有线程。这个设置基本上解决了基础R在机器学习的工作流中仅能使用单线程的缺点，并且免去了大量的调取其他并行库搭建单机计算集群的过程，提高了便捷程度。
- ❑ max_mem_size：需要预留的计算机内存，可通过字符的方式指定，如max_mem_size = "16G"，若不进行指定，则默认占用计算内存的四分之一左右。

 如果H2O库太旧，系统也会提醒及时更新H2O库。

要关闭H2O集群，则使用h2o.shutdown()：

```
# 初始化集群
h2o.init(nthreads = -1, max_mem_size = "16G")

##   Connection successful!
##
## R is connected to the H2O cluster:
##     H2O cluster uptime:         1 minutes 5 seconds
##     H2O cluster timezone:       Asia/Shanghai
##     H2O data parsing timezone:  UTC
##     H2O cluster version:        3.32.1.2
##     H2O cluster version age:    13 days
##     H2O cluster name:           H2O_started_from_R_ASUS_fsx232
##     H2O cluster total nodes:    1
##     H2O cluster total memory:   14.21 GB
##     H2O cluster total cores:    12
##     H2O cluster allowed cores:  12
##     H2O cluster healthy:        TRUE
##     H2O Connection ip:          localhost
```

```
##          H2O Connection port:        54321
##          H2O Connection proxy:       NA
##          H2O Internal Security:      FALSE
##          H2O API Extensions:         Amazon S3, Algos, AutoML, Core V3, TargetEncoder, Core V4
##          R Version:                  R version 4.0.3 (2020-10-10)

# 关闭H2O集群
# h2o.shutdown()
```

在H2O框架中进行数据处理并建立模型，需要将数据先转换为H2O指定的H2OFrame格式，可以通过as.h2o()实现。此外，如果想提高数据处理效率，可以设置options("h2o.use.data.table" = TRUE)，发挥data.table库的优势：

```
# 数据量比较大时，这样设置会更加快
options("h2o.use.data.table" = TRUE)

# 读入数据
train <- read.csv("train.csv", stringsAsFactors = TRUE)
test <- read.csv("test.csv", stringsAsFactors = TRUE)

# 数据转化
train_h2o <- as.h2o(train)
test_h2o <- as.h2o(test)

# 查看对象类型
class(train_h2o)

## [1] "H2OFrame"

class(test_h2o)

## [1] "H2OFrame"

# 查看数据行列数
dim(train_h2o)

## [1] 62219    29

dim(test_h2o)

## [1] 26664    29
```

h2o.describe()函数提供了对H2O数据框基本信息的统计摘要功能：

```
# 数据框统计摘要
h2o.describe(train_h2o)[1:5,]
```

```
##                            Label Type Missing Zeros PosInf NegInf Min Max        Mean
## 1                       assembly  int       0 58121      0      0   0   1 0.065864125
## 2          bash.shell.powershell  int       0 39842      0      0   0   1 0.359648982
## 3                              c  int       0 49554      0      0   0   1 0.203555184
## 4                             c.  int       0 43310      0      0   0   1 0.303910381
## 5                            c..  int       0 47850      0      0   0   1 0.230942317
##          Sigma Cardinality
## 1   0.24804643          NA
## 2   0.47990134          NA
## 3   0.40264510          NA
## 4   0.45994811          NA
## 5   0.42143898          NA
```

　　根据H2O算法的输入要求，先将数据集的自变量和因变量分开。在这里，我们同样以随机森林算法为例，看看H2O框架在几个机器学习主要环节上的使用方式。由于在初始化中已经设置调用本机全部线程，因此这里实质上执行的是并行计算。根据测试结果，若初始化时将参数nthreads设置为1，模型训练时间则约为33秒。因此建议在初始化时将线程数设置为一个适当的值以提升运算速度：

```
# 数据划分
y_train_h2o <- "r_yn"
x_train_h2o <- setdiff(names(train_h2o), "r_yn")

# 模型训练
tic()
rf_h2o <- h2o.randomForest(
  x = x_train_h2o,
  y = y_train_h2o,
  model_id = "rf_h2o_01",
  training_frame = train_h2o,
  ntrees = 100,
  mtries = 3,
  max_depth = 0,
  seed = 100
  )
toc()

## 8.93 sec elapsed

# 查看结果
rf_h2o

## Model Details:
## ==============
##
```

```
## H2OBinomialModel: drf
## Model ID:  rf_h2o_01
## Model Summary:
##   number_of_trees number_of_internal_trees model_size_in_bytes min_depth
## 1             100                      100             5258645        27
##   max_depth mean_depth min_leaves max_leaves mean_leaves
## 1        28   27.99000       3187       4333  4117.15000
##
##
## H2OBinomialMetrics: drf
## ** Reported on training data. **
## ** Metrics reported on Out-Of-Bag training samples **
##
## MSE:  0.06084027
## RMSE:  0.2466582
## LogLoss:  0.2850928
## Mean Per-Class Error:  0.3436224
## AUC:  0.7270685
## AUCPR:  0.321632
## Gini:  0.4541369
## R^2:  0.1311557
##
## Confusion Matrix (vertical: actual; across: predicted) for F1-optimal threshold:
##            no  yes    Error         Rate
## no      55545 1960 0.034084  =1960/57505
## yes      3079 1635 0.653161   =3079/4714
## Totals  58624 3595 0.080988  =5039/62219
##
## Maximum Metrics: Maximum metrics at their respective thresholds
##                         metric threshold        value idx
## 1                       max f1  0.289314     0.393549 173
## 2                       max f2  0.120457     0.411125 253
## 3                 max f0point5  0.409451     0.452693 136
## 4                 max accuracy  0.649878     0.929716  70
## 5                max precision  0.986939     1.000000   0
## 6                   max recall  0.000011     1.000000 399
## 7              max specificity  0.986939     1.000000   0
## 8             max absolute_mcc  0.351835     0.357474 152
## 9     max min_per_class_accuracy  0.056235     0.660585 315
## 10 max mean_per_class_accuracy  0.120457     0.684464 253
## 11                     max tns  0.986939 57505.000000   0
## 12                     max fns  0.986939  4712.000000   0
## 13                     max fps  0.000011 57505.000000 399
## 14                     max tps  0.000011  4714.000000 399
## 15                     max tnr  0.986939     1.000000   0
```

```
## 16                    max fnr  0.986939      0.999576    0
## 17                    max fpr  0.000011      1.000000  399
## 18                    max tpr  0.000011      1.000000  399
##
## Gains/Lift Table: Extract with `h2o.gainsLift(<model>, <data>)` or `h2o.gainsLift(<
model>, valid=<T/F>, xval=<T/F>)`
```

完成模型训练后，结果会包含丰富的信息如下。

❑ 模型的一些主要性能指标。H2O的模型在训练时可以指定验证数据validation_frame进行性
能检验，如果不指定验证数据（如本例），结果中的性能指标均通过对训练数据的包外数
据集进行计算获得，这在输出结果中也有所说明。

❑ 模型参数，主要是模型各种超参数的取值列表。

❑ 混淆矩阵，其中列为真实值，行为预测值，并自动计算预测错误率。

❑ 阈值列表，包括性能指标（metric）、预测阈值（threshold）、取值（value），以及对应的样本
序号（idx）。该列表主要记录了当正样本预测阈值取多少时，该指标会达到最优值。以第
一行max f1为例，训练结果表明，当正样本预测阈值取0.289314时，F1达到最大，为0.393549。

H2O框架实现k折交叉验证非常便捷，可直接在模型训练函数中设置。我们在随机森林训练
函数h2o.randomForest()中加入两个参数：一是nfolds，这里设置为5，即使用5折交叉验证；二是
fold_assignment，这里设置为Stratified，即根据因变量y的比例划分数据。该过程会建立6个模型：
前5个为交叉验证模型，是基于80%的训练数据的；第6个为主模型，是用全部训练数据建立的。
主模型就是最终返回的模型。同时，5个交叉验证模型也存储了下来，后续也可以调用。

主模型包括训练数据指标和交叉验证指标（如果指定了单独的验证数据则为验证数据指标）。
5个交叉验证模型均包括训练数据指标（80%训练数据）及验证数据指标（20%验证数据）。要单
独计算它们的验证数据指标，则每一个模型都需要在其对应的20%验证数据上进行预测。5个模
型性能的均值也包含在结果中。对于主模型，交叉验证性能指标的计算逻辑如下：5个预留的验
证数据集将合并为一个预测结果。将这个留出的预测结果与真实值进行比较，得出最终的主模型
交叉验证性能指标。

同样地，该过程也会自动执行并行计算，经测试，在串行计算环境下，该过程大约需要耗时
200秒，为目前耗时的5倍左右。该过程的实现方式如下：

```
# 5折交叉验证
tic()
rf_h2o_cv <- h2o.randomForest(
  x = x_train_h2o,
  y = y_train_h2o,
  model_id = "rf_h2o_02",
  training_frame = train_h2o,
  ntrees = 100,
```

```
  mtries = 3,
  max_depth = 0,
  nfolds = 5,                           # 5折交叉验证
  fold_assignment = "Stratified",       # 在交叉验证时根据y分配数据
  seed = 100
  )
toc()
```

```
## 41.9 sec elapsed
```

```
# 查看结果
rf_h2o_cv
```

```
## Model Details:
## ==============
##
## H2OBinomialModel: drf
## Model ID:  rf_h2o_02
## Model Summary:
##   number_of_trees number_of_internal_trees model_size_in_bytes min_depth
## 1             100                      100             5258638        27
##   max_depth mean_depth min_leaves max_leaves mean_leaves
## 1        28   27.99000       3187       4333  4117.15000
##
##
## H2OBinomialMetrics: drf
## ** Reported on training data. **
## ** Metrics reported on Out-Of-Bag training samples **
##
## MSE:  0.06084027
## RMSE:  0.2466582
## LogLoss:  0.2850928
## Mean Per-Class Error:  0.3436224
## AUC:  0.7270685
## AUCPR:  0.321632
## Gini:  0.4541369
## R^2:  0.1311557
##
## Confusion Matrix (vertical: actual; across: predicted) for F1-optimal threshold:
##            no  yes     Error           Rate
## no      55545 1960  0.034084    =1960/57505
## yes      3079 1635  0.653161     =3079/4714
## Totals  58624 3595  0.080988    =5039/62219
##
## Maximum Metrics: Maximum metrics at their respective thresholds
```

```
##                         metric threshold      value idx
## 1                       max f1 0.289314    0.393549 173
## 2                       max f2 0.120457    0.411125 253
## 3                  max f0point5 0.409451    0.452693 136
## 4                 max accuracy 0.649878    0.929716  70
## 5                max precision 0.986939    1.000000   0
## 6                   max recall 0.000011    1.000000 399
## 7              max specificity 0.986939    1.000000   0
## 8             max absolute_mcc 0.351835    0.357474 152
## 9     max min_per_class_accuracy 0.056235  0.660585 315
## 10 max mean_per_class_accuracy 0.120457    0.684464 253
## 11                      max tns 0.986939 57505.000000   0
## 12                      max fns 0.986939  4712.000000   0
## 13                      max fps 0.000011 57505.000000 399
## 14                      max tps 0.000011  4714.000000 399
## 15                      max tnr 0.986939    1.000000   0
## 16                      max fnr 0.986939    0.999576   0
## 17                      max fpr 0.000011    1.000000 399
## 18                      max tpr 0.000011    1.000000 399
##
## Gains/Lift Table: Extract with `h2o.gainsLift(<model>, <data>)` or `h2o.gainsLift
(<model>, valid=<T/F>, xval=<T/F>)`
##
## H2OBinomialMetrics: drf
## ** Reported on cross-validation data. **
## ** 5-fold cross-validation on training data (Metrics computed for combined holdout
predictions) **
##
## MSE:  0.06082655
## RMSE:  0.2466304
## LogLoss:  0.2469335
## Mean Per-Class Error:  0.3425722
## AUC:  0.7288989
## AUCPR:  0.3203384
## Gini:  0.4577978
## R^2:  0.1313515
##
## Confusion Matrix (vertical: actual; across: predicted) for F1-optimal threshold:
##           no  yes    Error          Rate
## no     55495 2010 0.034953   =2010/57505
## yes     3065 1649 0.650191    =3065/4714
## Totals 58560 3659 0.081567   =5075/62219
##
## Maximum Metrics: Maximum metrics at their respective thresholds
##                         metric threshold      value idx
```

```
## 1                    max f1  0.285960         0.393885 172
## 2                    max f2  0.122578         0.407127 254
## 3               max f0point5  0.436660         0.448418 121
## 4               max accuracy  0.607548         0.929330  74
## 5              max precision  0.943392         0.961538   4
## 6                 max recall  0.000190         1.000000 399
## 7            max specificity  0.976571         0.999983   0
## 8           max absolute_mcc  0.327309         0.358482 157
## 9    max min_per_class_accuracy  0.056456       0.655494 315
## 10  max mean_per_class_accuracy  0.122578       0.681998 254
## 11                   max tns  0.976571  57504.000000   0
## 12                   max fns  0.976571   4709.000000   0
## 13                   max fps  0.000190  57505.000000 399
## 14                   max tps  0.000190   4714.000000 399
## 15                   max tnr  0.976571         0.999983   0
## 16                   max fnr  0.976571         0.998939   0
## 17                   max fpr  0.000190         1.000000 399
## 18                   max tpr  0.000190         1.000000 399
##
## Gains/Lift Table: Extract with `h2o.gainsLift(<model>, <data>)` or `h2o.gainsLift
(<model>, valid=<T/F>, xval=<T/F>)`
## Cross-Validation Metrics Summary:
##                  mean           sd cv_1_valid   cv_2_valid cv_3_valid cv_4_valid
## accuracy   0.9199445 0.0027669459 0.92313236   0.9168068 0.91808844    0.919183
## auc       0.72910196 0.012555905 0.72857666   0.7088387 0.74308425  0.73323333
## aucpr      0.3216219  0.01723088 0.32367104  0.29167664  0.3349208  0.33020398
## err       0.08005549 0.0027669459 0.07686764  0.08319321 0.08191154  0.08081698
## err_count      996.2    34.995712      960.0      1039.0     1013.0      1009.0
##             cv_5_valid
## accuracy   0.92251194
## auc         0.7317768
## aucpr      0.32763705
## err       0.077488095
## err_count       960.0
##
## ---
##                  mean           sd cv_1_valid    cv_2_valid cv_3_valid
## pr_auc     0.3216219  0.01723088 0.32367104   0.29167664  0.3349208
## precision 0.46342945 0.033376213  0.4787078   0.41949153 0.44545454
## r2        0.13119078 0.018473597 0.13656987  0.098607115  0.1437337
## recall    0.34662735 0.018095396  0.3501611   0.32108107  0.3692142
## rmse      0.24661909 0.0024713716  0.2440631   0.24863045 0.24390627
## specificity 0.96694547 0.003797023 0.96928537   0.96445864  0.9626683
##             cv_4_valid cv_5_valid
## pr_auc      0.33020398 0.32763705
```

```
## precision    0.46575344 0.50773996
## r2           0.13632396 0.14071922
## recall       0.35453597 0.33814433
## rmse         0.24747738 0.24901827
## specificity  0.96616346  0.9721517
```

H2O同样提供了大量模型性能评估指标。例如，h2o.auc()主要用于评估AUC，对于交叉验证对象，调用该函数，则会利用训练数据的包外样本计算得出AUC，而将其中的参数xval设置为TRUE，则会将5折交叉验证中每次预留作为验证数据的那部分数据（共预留5次）堆叠在一起，利用真实值和预测值计算得出AUC，因此两者的计算结果有所区别：

```
# 查看单个性能指标

# 训练数据性能指标（Metrics reported on Out-Of-Bag training samples）
h2o.auc(rf_h2o_cv)


## [1] 0.7270685


# 交叉验证性能指标（Metrics computed for combined holdout predictions）
h2o.auc(rf_h2o_cv, xval = TRUE)


## [1] 0.7288989
```

在模型超参数调优方面，H2O主要使用函数h2o.grid()实现，H2O同样提供了常用的网格搜索（grid search）和随机搜索（random search）方式。如果想要进行网格搜索，可将参数保持为默认值，并预先设定超参数网格。另外，h2o.grid()也提供了一个控制并行水平的参数parallelism，默认为1，即执行串行计算，若将该参数值设置为0，则由H2O自行调整并行计算的线程数：

```
# 设定调参网格
rf_h2o_grid <- list(mtries = seq(3, ncol(train_h2o), 4))

# 网格参数调优
tic()
rf_h2o_grid_tune <- h2o.grid(
  grid_id = "rf_h2o_grid_tune",
  algorithm = "randomForest",
  x = x_train_h2o,
  y = y_train_h2o,
  training_frame = train_h2o,
  nfolds = 5,
  fold_assignment = "Stratified",
  ntrees = 100,
  max_depth = 0,
  seed = 100,
  hyper_params = rf_h2o_grid
  )
```

```
toc()

## 355.61 sec elapsed

# 查看结果
h2o.getGrid(grid_id = "rf_h2o_grid_tune", sort_by = "auc", decreasing = TRUE, verbose = TRUE)

## H2O Grid Details
## ================
##
## Grid ID: rf_h2o_grid_tune
## Used hyper parameters:
##   - mtries
## Number of models: 7
## Number of failed models: 0
##
## Hyper-Parameter Search Summary: ordered by decreasing auc
##   mtries                  model_ids                   auc
## 1      3 rf_h2o_grid_tune_model_1 0.7288989166498849
## 2      7 rf_h2o_grid_tune_model_2 0.7185239006536002
## 3     19 rf_h2o_grid_tune_model_5 0.7165715183608944
## 4     11 rf_h2o_grid_tune_model_3 0.7163529617999682
## 5     23 rf_h2o_grid_tune_model_6 0.7162536640207303
## 6     15 rf_h2o_grid_tune_model_4 0.7160620719668102
## 7     27 rf_h2o_grid_tune_model_7  0.715428412507857

# summary(rf_h2o_grid_tune, show_stack_traces = TRUE) # 查看错误报告
```

 经过测试，若在H2O集群初始化的阶段已经设定了多个线程计算，则设置parallelism参数并不会带来非常显著的计算效率提升；若初始化设定单线程计算，则该参数的设置能带来较显著的效率提升。

可以通过h2o.getGrid()查看超参数调优的结果。我们指定各个模型按照AUC降序排列，以更好地分析调优结果。verbose参数可使调优过程中的错误信息更易发现。

要使用随机搜索模式，可在设置搜索规则时将strategy设定为RandomDiscrete。在随机搜索方面，除了常见的通过设定候选参数组合数量（max_models）进行搜索外，还可以进行以下设置。

❑ 根据最大搜索时间（max_runtime_secs）停止，模型自动训练默认会在1小时后自动停止，可以通过max_runtime_secs参数控制时间。

❑ 根据给定的性能指标（stopping_metric）的改善情况提前停止迭代的方式。包括：

■ 迭代次数（stopping_rounds），当模型在给定的性能指标上在特定迭代次数后没有提升

就会停止；

- 提升幅度（stopping_tolerance），当模型在给定的性能指标上在一定迭代次数内达不到设定的幅度就会停止。

 对结束方式等更详细的解释可以参见H2O官方文档的"Grid (Hyperparameter) Search"一文。

以下例子通过设置参数组合数量（max_models）实现随机网格搜索。同样可以使用h2o.getGrid()查看结果：

```
# 设定超参数网格
rf_h2o_grid_2 <- list(mtries = seq(3, ncol(train_h2o), 4),
                      max_depth = c(5, 10, 15, 20))

# 随机搜索规则
sc <- list(strategy = "RandomDiscrete",
           seed = 100,
           max_models = 10)

# 随机参数调优
tic()
rf_h2o_random_tune <- h2o.grid(
  grid_id = "rf_h2o_random_tune",
  algorithm = "randomForest",
  x = x_train_h2o,
  y = y_train_h2o,
  training_frame = train_h2o,
  nfolds = 5,
  fold_assignment = "Stratified",    # 在交叉验证时根据y分配数据
  ntrees = 100,
  seed = 100,
  hyper_params = rf_h2o_grid_2,
  search_criteria = sc
  )
toc()

## 259.93 sec elapsed

# 查看结果
rf_h2o_random_tune_perform <- h2o.getGrid(rf_h2o_random_tune@grid_id, sort_by = "auc",
decreasing = TRUE)
rf_h2o_random_tune_perform

## H2O Grid Details
```

```
## =================
##
## Grid ID: rf_h2o_random_tune
## Used hyper parameters:
##   -  max_depth
##   -  mtries
## Number of models: 10
## Number of failed models: 0
##
## Hyper-Parameter Search Summary: ordered by decreasing auc
##    max_depth mtries                   model_ids                auc
## 1         10      7  rf_h2o_random_tune_model_1  0.764129161888378
## 2         10     11  rf_h2o_random_tune_model_2  0.7618555701396832
## 3          5      7 rf_h2o_random_tune_model_10  0.7618025154109379
## 4          5     11  rf_h2o_random_tune_model_7  0.7610139709679006
## 5          5     27  rf_h2o_random_tune_model_6  0.7584518171244595
## 6         10     27  rf_h2o_random_tune_model_8  0.7580959203082708
## 7         15      7  rf_h2o_random_tune_model_9  0.7511526086329878
## 8         15     11  rf_h2o_random_tune_model_3  0.7464205156460727
## 9         15     23  rf_h2o_random_tune_model_4  0.7444709314351187
## 10        20     11  rf_h2o_random_tune_model_5  0.7270095271640249
```

完成调优后，我们可以使用h2o.getModel()调取最优的模型并应用于测试数据集，使用h2o.performance()报告模型的最终性能，以及进一步利用模型针对生产数据集进行预测：

```
# 保存最优模型，最优模型排在第1位
rf_h2o_random_tune_best_model <- h2o.getModel(rf_h2o_random_tune_perform@model_ids[[1]])

# 基于测试数据的整体性能报告
perf <- h2o.performance(rf_h2o_random_tune_best_model, newdata = test_h2o)

# 查看结果
perf

## H2OBinomialMetrics: drf
##
## MSE:  0.05634826
## RMSE:  0.2373779
## LogLoss:  0.2143914
## Mean Per-Class Error:  0.310254
## AUC:  0.774535
## AUCPR:  0.3751392
## Gini:  0.5490701
## R^2:  0.195236
##
## Confusion Matrix (vertical: actual; across: predicted) for F1-optimal threshold:
```

```
##            no   yes    Error        Rate
## no      23858   786 0.031894  =786/24644
## yes      1189   831 0.588614  =1189/2020
## Totals  25047  1617 0.074070  =1975/26664
##
## Maximum Metrics: Maximum metrics at their respective thresholds
##                         metric threshold       value idx
## 1                       max f1  0.182338    0.456970 186
## 2                       max f2  0.098974    0.445249 235
## 3                  max f0point5 0.314844    0.497793 150
## 4                  max accuracy 0.567672    0.931406  63
## 5                 max precision 0.897725    1.000000   0
## 6                    max recall 0.010045    1.000000 396
## 7               max specificity 0.897725    1.000000   0
## 8              max absolute_mcc 0.186449    0.420950 185
## 9     max min_per_class_accuracy 0.055178   0.694059 299
## 10   max mean_per_class_accuracy 0.075000   0.708854 264
## 11                      max tns 0.897725 24644.000000  0
## 12                      max fns 0.897725  2019.000000  0
## 13                      max fps 0.006906 24644.000000 399
## 14                      max tps 0.010045  2020.000000 396
## 15                      max tnr 0.897725    1.000000   0
## 16                      max fnr 0.897725    0.999505   0
## 17                      max fpr 0.006906    1.000000 399
## 18                      max tpr 0.010045    1.000000 396
##
## Gains/Lift Table: Extract with `h2o.gainsLift(<model>, <data>)` or `h2o.gainsLift(<
model>, valid=<T/F>, xval=<T/F>)`
```

```
# 单个性能指标
h2o.auc(perf)
```

```
## [1] 0.774535
```

```
# 结果预测
rf_h2o_pred <- h2o.predict(rf_h2o_random_tune_best_model, test_h2o)
```

```
# 查看结果
rf_h2o_pred
```

```
##    predict         no        yes
## 1       no  0.9059482 0.09405177
## 2      yes  0.3521763 0.64782368
## 3       no  0.8990065 0.10099347
## 4       no  0.9716140 0.02838600
```

```
## 5      no 0.9691810 0.03081905
## 6     yes 0.3008014 0.69919858
##
## [26664 rows x 3 columns]
```

　　若要保存最优模型，可以使用h2o.saveModel()将模型对象保存在本机硬盘中，以便后续多次调用。将force参数设置为TRUE，则可强制覆盖路径中的已有模型。相应地，可以使用h2o.loadModel()函数调用模型：

```
# 模型保存
model_path <- h2o.saveModel(object = rf_h2o_random_tune_best_model, path = "./h2o_model_
save", force = TRUE)

# 模型调用
best_model <- h2o.loadModel(model_path)
best_model

## Model Details:
## ==============
# 会输出大量模型信息，在此省略
```

 关于H2O框架的更多使用实例可以参见Darren Cook的《基于H2O的机器学习实用方法》一书。

11.2　H2O自动机器学习

　　近年来越来越多人进入数据科学行业，但是机器学习专家依然供不应求。为了缩小这个差距，面向非专家的用户友好型机器学习工具不断发展。H2O的出现已经能够使非专家型的用户能够更容易地使用机器学习算法，但开发性能优异的机器学习模型依然要求用户具备一定的数据科学知识背景，如深度神经网络的超参数调整过程对于非专家用户来说就非常困难。为了使非专家用户能够更容易上手机器学习软件，H2O的开发团队开发了自动机器学习工具，实现大量候选模型训练过程的自动化。与此同时，H2O的自动化机器学习对于高级用户而言也是个非常实用的工具，它对大量与模型有关、需要大量代码的部分实现了简单的封装，减少用户能够在这些工作上耗费的精力，从而更多地去关注数据科学流程中的其他环节，如数据预处理、特征工程和模型部署等。

　　H2O的自动机器学习能够在用户指定的时间范围内将机器学习工作流自动化，包括对大量模型的训练和超参数调优，并自动基于已训练的模型生成堆叠集成模型（stacked ensemble model）。一般而言，将多个独立模型合并而成的堆叠集成模型最终都会具有较好的性能。H2O对自动机器学习的模型对象提供了大量的模型解释工具，只需要调用简单的函数就可以实现。

　　目前，H2O的自动机器学习会训练以下的模型：

❑ 3个预先设定的XGBoost模型；

❑ 1个固定的广义线性模型（Generalized Linear Model，GLM）；

❑ 1个保持默认值的随机森林模型（Default Random Forest，DRF）；

❑ 5个预先设定的梯度提升树模型（Gradient Boosting Model，GBM）；

❑ 1个保持默认值的神经网络（Deep Neural Net，DNN）；

❑ 1个极限随机森林（eXtremely Randomized Trees，XRT）；

❑ 1个随机参数组合的XGBoost模型；

❑ 1个随机参数组合的GBM；

❑ 1个随机参数组合的DNN。

关于不同模型超参数组合的网格设定详见H2O官方文档的"AutoML: Automatic Machine Learning"一文，不同模型在H2O中的具体实现可见"Algorithms"一文。H2O在Windows系统中执行自动机器学习暂不支持生成XGBoost。

某些情况下，用户没有足够时间完成上述的所有模型，因此在最终的排行榜上有些模型不会出现。自动机器学习会继而训练两个堆叠集成模型。在两个堆叠模型中，一个会将所有模型堆叠起来，而另一个则会将每一个大类算法中性能最好的模型堆叠起来（但模型总数不会超过6个）。具体训练或排除哪些模型可以通过参数include_algos或exclude_algos设定，如果用户已经初步了解哪些算法会在自己的数据集上会有好的表现，这种限制将有利于提高效率，不过有时候这也会牺牲一些性能，因为一般来说模型的多样性有助于增强堆叠集成模型的性能。H2O开发团队的一个建议是，如果用户的数据集维度非常多（如含有10000列以上），或者是稀疏矩阵，那么需要考虑排除一些基于树的模型，如GBM、DRF、XGBoost等。一般来说，堆叠模型的性能都会比独立的模型要好。

自动机器学习通过h2o.automl()实现。在以下例子中，我们将max_models设定为20以自动训练20个模型，同时借助exclude_algos参数排除深度学习模型。另外，由于自动机器学习往往需要比较长的时间，因此我们借助export_checkpoints_dir参数将生成的模型自动保存在checkpoint文件夹中：

```
# 自动机器学习
aml <- h2o.automl(
  x = x_train_h2o,
  y = y_train_h2o,
  training_frame = train_h2o,
  max_models = 20,
  nfolds = 5,
  seed = 100,
  verbosity = "info",
  sort_metric = "AUC",
  exclude_algos = c("DeepLearning"),
  export_checkpoints_dir = "./automl_checkpoint"
```

```
  )
# 输出信息较多，暂不呈现

# 查看训练结果
aml

## AutoML Details
## ==============
## Project Name: AutoML_20210512_222235509
## Leader Model ID: GBM_grid__1_AutoML_20210512_222235_model_10
## Algorithm: gbm
##
## Total Number of Models Trained: 22
## Start Time: 2021-05-12 22:22:36 UTC
## End Time: 2021-05-12 22:25:52 UTC
## Duration: 196 s
##
## Leaderboard
## ===========
##                                                   model_id       auc    logloss
## 1         GBM_grid__1_AutoML_20210512_222235_model_10  0.7683241  0.2169061
## 2  StackedEnsemble_BestOfFamily_AutoML_20210512_222235  0.7681732  0.2166484
## 3    StackedEnsemble_AllModels_AutoML_20210512_222235  0.7675135  0.2162629
## 4                    GBM_1_AutoML_20210512_222235  0.7655534  0.2172373
## 5         GBM_grid__1_AutoML_20210512_222235_model_6  0.7652476  0.2176057
## 6                    GBM_2_AutoML_20210512_222235  0.7646365  0.2175797
## 7         GBM_grid__1_AutoML_20210512_222235_model_11  0.7625641  0.2170794
## 8         GBM_grid__1_AutoML_20210512_222235_model_4  0.7620510  0.2175073
## 9                    GBM_3_AutoML_20210512_222235  0.7620462  0.2182135
## 10        GBM_grid__1_AutoML_20210512_222235_model_12  0.7616033  0.2186804
##        aucpr mean_per_class_error       rmse         mse
## 1  0.3681158            0.3257872  0.2383074  0.05679041
## 2  0.3676109            0.3260376  0.2382166  0.05674716
## 3  0.3721277            0.3254064  0.2380191  0.05665311
## 4  0.3673015            0.3268149  0.2386324  0.05694543
## 5  0.3662177            0.3257403  0.2387523  0.05700265
## 6  0.3675129            0.3257178  0.2388745  0.05706102
## 7  0.3697354            0.3239215  0.2382895  0.05678187
## 8  0.3678106            0.3247179  0.2385459  0.05690413
## 9  0.3624180            0.3297882  0.2391546  0.05719493
## 10 0.3632909            0.3280287  0.2393932  0.05730909
##
## [22 rows x 7 columns]
```

从训练结果可以看到，除了指定的20个模型以外，H2O额外训练了2个堆叠模型。根据指定的性能指标（即AUC），性能最好的模型是一个梯度提升树模型，接下来是两个堆叠继承模型。可以使用aml@leaderboard查看自动机器学习模型性能排行榜中最优的若干模型，输出结果根据sort_metric参数指定的性能指标降序排列，同时提供了多个性能指标的信息：

```
#模型效果排列
aml@leaderboard

##                                           model_id       auc   logloss
## 1          GBM_grid__1_AutoML_20210512_222235_model_10 0.7683241 0.2169061
## 2 StackedEnsemble_BestOfFamily_AutoML_20210512_222235 0.7681732 0.2166484
## 3 StackedEnsemble_AllModels_AutoML_20210512_222235 0.7675135 0.2162629
## 4              GBM_1_AutoML_20210512_222235 0.7655534 0.2172373
## 5           GBM_grid__1_AutoML_20210512_222235_model_6 0.7652476 0.2176057
## 6              GBM_2_AutoML_20210512_222235 0.7646365 0.2175797
##       aucpr mean_per_class_error      rmse        mse
## 1 0.3681158            0.3257872 0.2383074 0.05679041
## 2 0.3676109            0.3260376 0.2382166 0.05674716
## 3 0.3721277            0.3254064 0.2380191 0.05665311
## 4 0.3673015            0.3268149 0.2386324 0.05694543
## 5 0.3662177            0.3257403 0.2387523 0.05700265
## 6 0.3675129            0.3257178 0.2388745 0.05706102
##
## [22 rows x 7 columns]
```

aml@leader提供了自动机器学习中最优模型的主模型及各个交叉验证模型的信息。具体含义可以参阅关于H2O交叉验证结果的信息，在此不再赘述。我们可以提取自动机器学习得到的最优模型，对测试数据进行性能评估和结果预测：

```
# 最优模型在测试集的性能评估
automl_perf <- h2o.performance(aml@leader, newdata = test_h2o)
automl_perf

## H2OBinomialMetrics: gbm
##
## MSE:  0.05653327
## RMSE:  0.2377673
## LogLoss:  0.2150652
## Mean Per-Class Error:  0.3131959
## AUC:  0.7768796
## AUCPR:  0.3704493
## Gini:  0.5537591
## R^2:  0.1925937
##
## Confusion Matrix (vertical: actual; across: predicted) for F1-optimal threshold:
##            no  yes  Error        Rate
## no      23896  748 0.030352    =748/24644
```

```
## yes      1204   816 0.596040   =1204/2020
## Totals 25100 1564 0.073207   =1952/26664
##
## Maximum Metrics: Maximum metrics at their respective thresholds
##                           metric threshold      value idx
## 1                         max f1  0.164462   0.455357 190
## 2                         max f2  0.078184   0.449077 256
## 3                    max f0point5 0.288164   0.498808 155
## 4                   max accuracy  0.473769   0.931556  89
## 5                  max precision  0.719204   0.756757  10
## 6                     max recall  0.018725   1.000000 395
## 7                max specificity  0.885346   0.999959   0
## 8               max absolute_mcc  0.164462   0.420719 190
## 9      max min_per_class_accuracy 0.057294   0.694059 298
## 10 max mean_per_class_accuracy    0.078184   0.709625 256
## 11                       max tns  0.885346 24643.000000   0
## 12                       max fns  0.885346 2020.000000    0
## 13                       max fps  0.013131 24644.000000 399
## 14                       max tps  0.018725 2020.000000  395
## 15                       max tnr  0.885346   0.999959   0
## 16                       max fnr  0.885346   1.000000   0
## 17                       max fpr  0.013131   1.000000 399
## 18                       max tpr  0.018725   1.000000 395
##
## Gains/Lift Table: Extract with `h2o.gainsLift(<model>, <data>)` or `h2o.gainsLift(<
model>, valid=<T/F>, xval=<T/F>)`

# 结果预测
automl_pred <- h2o.predict(aml@leader, test_h2o)
automl_pred


##   predict        no       yes
## 1      no 0.9262081 0.07379193
## 2     yes 0.4070599 0.59294013
## 3      no 0.9020102 0.09798979
## 4      no 0.9619738 0.03802618
## 5      no 0.9620221 0.03797791
## 6     yes 0.3454376 0.65456243
##
## [26664 rows x 3 columns]
```

　　从单机生产部署的角度，可以将自动机器学习的最优模型保存到本地硬盘，方便后续调用。具体操作和保存最优超参数模型基本一致：

```
# 提取最优模型 ID
automl_best_model <- h2o.getModel(model_id = aml@leader@model_id)
automl_best_model
```

```
## Model Details:
## ==============
# 输出大量信息，暂不呈现

# 保存模型到本地
h2o.saveModel(object = automl_best_model, path = "./h2o_model_save", force = TRUE)

## [1] "D:\\K\\DATA EXERCISE\\big data\\R\\chapter h2o\\h2o_model_save\\GBM_grid__1_Aut
oML_20210512_222235_model_10"
```

11.3 本章小结

H2O机器学习框架具有简单易用、自动化程度高的特点，把"单调"的大型计算任务特别是模型的选择和调试任务交给计算机完成，并行计算环境的设置也非常简洁，能够充分利用计算机资源。如果在生产或科研过程中对自动化程度的要求高，而且更关注结果，不论习惯使用R还是Python，H2O框架都是个不错的选择。

不过，在单机上使用H2O框架可能有点"大材小用"，H2O的优势在计算机集群环境而不是单机环境上更能体现。另外，H2O框架的关注点更多地在于算法模型部分，至少目前该框架在特征工程部分没有提供特别丰富的工具。因此，不妨先使用R或者Python实现较复杂的特征工程，再利用H2O进行模型训练和调优。

 关于结合H2O框架与大型计算集群的搭建方法可以参见Simon Walkowiak的《R大数据分析实用指南》一书。

第 **12** 章

善其事，利其器
——其他策略和工具

作为本书的最后一章，本章主要收录一些在前面章节中未能囊括的、用于节约内存或者硬盘资源、可以提升计算效能的工具和策略。相对而言，这些工具或策略显得并不"大"，但是运用恰当时会有奇效，另外，对这些工具或策略的运用也有助于建立有效管理单机资源的意识和习惯，使得你能够充分挖掘单机的潜能。作为补充，本章也会简要介绍一些其他可以作为大型数据集处理和分析的软件工具。本章主要包括以下内容：

☐ 内存及硬盘资源管理类策略；
☐ 计算效能提升类策略；
☐ R的增强发行版本简介；
☐ 其他数据科学工具简介。

12.1 内存及硬盘资源管理类策略

12.1.1 读取压缩文件

想象以下情景：你的数据以csv等格式保存在本地的硬盘中，但硬盘空间比较紧张，你希望能够将数据文件压缩存放，释放一定的硬盘空间。在这种情况下，可以考虑使用R直接读取压缩后的数据文件。

readr库中的read_csv()等数据导入函数提供了一个非常强大的功能，就是可以直接读取gz、bz2、xz、zip等格式的压缩文件，且具有自动解压的功能，而基础R的read.csv()等函数则不具备这样的功能。这意味着对于存储在硬盘中的体积较大的数据集，可以统一压缩存储，这样将大大节省硬盘资源。但这样做的前提是对读入数据的速度没有硬性要求，因为读取压缩数据要花费额外的解压缩时间。速度测试结果显示，读取一个原始大小约为800 MB的数据集，读入压缩数据耗时为读入原始数据的2～3倍：

```
# 载入库
library(readr)
```

```
library(microbenchmark)

# 读取速度比较
read_compare <- microbenchmark(
  origin = read_csv("green_2018.csv"),
  zip = read_csv("green_2018.zip"),
  times = 3,
  unit = "s"
)

# 查看结果
read_compare

## Unit: seconds
##    expr      min       lq     mean   median       uq      max neval
##  origin 21.06884 21.24068 21.39528 21.41252 21.55850 21.70447     3
##     zip 47.14262 48.04053 48.97137 48.93845 49.88574 50.83303     3
```

另一个读取压缩文件的方法是使用rio库。rio库被称为数据导入导出的"瑞士军刀"，其特点是能够根据数据文件的后缀识别该数据属于何种类型。因此，我们可以统一使用import()函数实现数据读入，不需要根据数据文件的类型使用如read.csv()、read.spss()、read.dta()等后缀不同的函数。而import()函数可以直接读入zip格式的压缩文件，与read_csv()不同的是，import()读取的过程不需要解压文件，因此其读取速度比read_csv()要快。另外，在使用import()读取数据文件时，可以通过setclass参数指定读入后的数据类型为data.frame、tibble或者data.table，非常高效：

```
# 载入库
library(rio)

# 用import读取数据并转化为data.table
green_2018_dt <- import("green_2018.zip", setclass = "data.table")

# 查看对象类型
class(green_2018_dt)

## [1] "data.table" "data.frame"
```

基准测试结果显示，使用import()读入一个约146 MB的zip文件的平均速度比使用read_csv()快4倍左右，而从平均水平来看，用import()读入并转化为不同数据格式的速度差异不是特别明显：

```
# 读取速度比较，将读入后结果设置为不同的格式
rio_zip_compare <- microbenchmark(
  readr_zip = read_csv("green_2018.zip"),
  rio_zip_df = import("green_2018.zip", setclass = "data.frame"),
  rio_zip_tb = import("green_2018.zip", setclass = "tibble"),
  rio_zip_dt = import("green_2018.zip", setclass = "data.table"),
```

```
    times = 3,
    unit = "s"
)

# 查看结果
rio_zip_compare

## Unit: seconds
##        expr       min        lq     mean    median       uq      max neval
##   readr_zip 48.335086 48.577236 50.18890 48.819386 51.11581 53.41223     3
##  rio_zip_df  9.786380 10.155313 11.02309 10.524246 11.64145 12.75866     3
##  rio_zip_tb  8.948999  9.538734 10.20732 10.128469 10.83649 11.54450     3
##  rio_zip_dt  9.129616  9.484036 10.21616  9.838455 10.75943 11.68041     3
```

第三种方法是使用disk.frame库的csv_to_disk.frame()读取zip压缩文件，具体做法可详见4.4节，在此不再赘述。

 rio库特别适用于不同类型的数据文件读取和相互转化，支持主流的数据文件类型，更多使用方法可参见rio库的官方文档。

12.1.2 以rds格式保存中间结果

在数据处理过程中，为了节省内存资源，可能需要删除一些中间数据，但这些中间数据很可能在后续过程中又需要使用。我们可以将中间数据以文件形式暂时保存在硬盘中。如果可以预见这些中间数据仍然会在R而不需要在其他软件工具中处理，那么相对于csv、txt等格式，以rds格式存储可能是个更好的选择。

rds是R自带的二进制文件格式，这种格式占用硬盘空间较小，且读写速度较快。可以通过R内置的saveRDS()和readRDS()函数分别实现rds文件的保存和读取，如果习惯使用tidyverse，也可以使用readr库的read_rds()函数读取。保存rds文件后，该文件所占的硬盘空间也比原来的csv小。rds格式的另一个优点是会保留R对象的数据格式，例如将data.table对象以rds格式保存在硬盘后，再次读取依然会得到data.table对象，而且各个字段的类型信息都会保留：

```
# 将数据对象以rds形式保存到硬盘中
saveRDS(green_2018_dt, "green_2018_dt.rds")

# 从硬盘中读取rds对象
green_2018_dt <- readRDS("green_2018_dt.rds")

# 查看对象类型
class(green_2018_dt)

## [1] "data.table" "data.frame"
```

除了保存一个对象，也可以使用save.image()同时将多个R对象甚至整个工作空间保存在硬盘中。

12.1.3　垃圾回收机制

gc()函数是R调用垃圾回收机制的主要工具。当一个对象不再使用时，gc()会自动释放它所占用的内存。R通过跟踪每个对象被多少个名字指向来实现这一点，当一个对象没有被任何名字指向时，这个对象就被删除。虽然R会自动进行垃圾回收，但在实践中我发现，及时显式地调用gc()更有利于快速释放内存，特别是使用rm()删除了一个很大的数据对象的时候。运行gc()的结果如下[①]：

```
# 调用垃圾回收方法
gc()

##               used    (Mb) gc trigger      (Mb)    max used     (Mb)
## Ncells   13628333   727.9   28515270    1522.9    14641692    782.0
## Vcells  971114820  7409.1 1610907876   12290.3  1339736140  10221.4
```

删除一个较大的对象后马上调用gc()，系统后台显示的内存变化情况如图12-1所示。

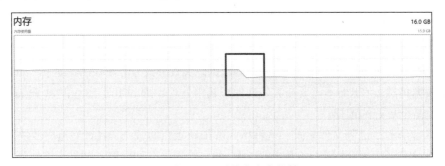

图12-1　调用gc()后的内存变化情况

12.1.4　R的内存管理工具

R本身内置了一些比较实用的资源管理工具，在此举例简要介绍。

❑ memory.profile()：报告当前工作空间中不同类型的对象的占用空间。

❑ memory.size()：报告当前工作空间的内存使用情况，以MB为单位。

❑ memory.limit()：查看R当前已分配的内存上限，以MB为单位，如果感觉内存不够用，可以通过该函数提高使用上限，建议在进行程序运行的开始进行操作。

各个函数运行的结果如下：

---

① 该报告输出的项目并不是特别直观，有兴趣了解细节的用户可以深入阅读gc()函数的帮助文档。

```
# 查看不同对象占用内存情况
mem_prof <- memory.profile()
sort(mem_prof, decreasing = TRUE)

##        char    pairlist    language   character         raw     integer
## 12704553      457592      104129       99501       79078       63510
##        list    bytecode      symbol     promise     logical     closure
##      30615       23406       16895       15099       12000        7013
##      double externalptr environment          S4     weakref     builtin
##       5023        4146        2416        1442        1178         696
##     special         ...     complex  expression        NULL         any
##         45          12           4           3           1           0

# 当前已使用的内存
memory.size()

## [1] 7055.95

# 当前分配给R的内存上限
memory.limit()

## [1] 16234
```

12.1.5　使用pryr库

　　pryr库由Hadley Wickham及R核心团队进行开发，主要提供了一系列能够增强用户对R的运作机制了解的工具，其中的一些工具有助于有效管理R的资源，以下介绍几个与本书主题相关的实用工具。

- mem_used()：用于查看当前R已经使用的内存大小，默认以GB为单位。结合gc()函数的输出结果可知，R将内存的使用分为Vcells（向量占用的内存）和Ncells（除向量以外所有对象占用的内存）两种形式。一般来说，内存使用形式间的区别及"gc trigger" "max used"等信息并不是特别重要。我们最关注的信息是总体的内存占用，mem_used()函数正会输出这个信息。
- mem_change()：主要用于判断某个操作带来的内存的变化。可以结合rm()函数，使用mem_change(rm(data))观察删除一个数据对象能够释放多少内存。
- object_size()：实际上，本书中已经多次使用了这个函数。object_size()和基础R内置的object.size()相似，但计算结果更准确，包括了对象所在环境所占用的内存大小。pryr库的compare_size()函数提供了比较object_size()和object.size()结果的简易方法。

　　举个简单的例子，我们先使用mem_used()函数查看目前工作空间中内存占用情况，再分别使用object_size()和object.size()查看对象green_2018_dt大小，该对象占用内存大小约为2.11 GB。将green_2018_dt赋值到green_2018_dt_copy中，根据R"修改时复制"的机制，这两个对象实际上指向同一内存地址，可以通过函数address()验证。进一步将两个对象放入一个列表，可以看到，green_list的大小和green_2018_dt是一样的，整个进程占用的内存没有改变，但如果使用R内置的object.size()函数，则会重复估计两个对象的大小——可以看到，green_list的大小被估计为4.2 GB。

各个函数的运行效果具体如下：

```
# 载入库
library(pryr)

# 查看当前R已经使用的内存大小
mem_used()

## 8.53 GB

# 查看内存变动状况
mem_change(x <- 1:1e8)  # 生成一个对象占用了多少资源

## 784 B

mem_change(rm(x))        # 删除一个对象释放了多少资源

## 384 B

# 当前占用内存大小
mem_used()

## 8.53 GB

# 查看对象大小，并比较两者差异
object_size(green_2018_dt)

## 2.11 GB

print(object.size(green_2018_dt), units="GB")

## 2.1 Gb

compare_size(green_2018_dt)

##        base       pryr
```

```
## 2277115216 2106408672

# 复制一个对象，并合并到列表中
green_2018_dt_copy <- green_2018_dt
green_list <- list(green_2018_dt, green_2018_dt_copy)

# 对象指向内存地址：两者相同
address(green_2018_dt)

## [1] "0x121ae0d0"

address(green_2018_dt_copy)

## [1] "0x121ae0d0"

# 查看对象大小
object_size(green_list)

## 2.11 GB

print(object.size(green_list), units="GB") # 结果是object_size()的2倍

## 4.2 Gb

compare_size(green_list)

##         base        pryr
## 4554230496 2106408736

# 当前占用内存大小：没有变化
mem_used()

## 8.53 GB
```

12.2　计算效能提升类策略

对于在R中实现提升效能的目标，除了从优化内存和硬盘使用效率、提升CPU使用效率等方面入手之外，还有一个重要的思路是优化R代码，但正如在本书前言中提及，如何编写高性能的R代码并非本书关注的重点。在本节仅简单介绍一些相关的实用策略。

12.2.1　函数编译

R是解释型语言。每次运行程序时，CPU都要解释代码并执行代码中的指令，这样的弊端是

会拖慢运行速度，因为即使是相同的代码，每次运行都需要重新解释，从而花费大量时间。此外 CPU 的速度也会影响 R 程序的性能。与 R 形成对比的是类似 C 的编译型语言，它们会在执行前将源代码编译。编译型语言的交互性不太好，因为大型程序的编译需要较长时间，即使源代码只做了微小的变更也要重新编译。然而，源代码一旦编译完成，在 CPU 上运行起来就会很快。complier 库可以在一定程度上解决 R 需要反复解释的问题，其中的函数实现了 R 代码的提前编译，从而在执行的时候跳过一部分步骤的解释。

要编译函数，主要使用 compiler 库中的 cmpfun() 函数。complier 库提供的编译函数有 4 个优化级别，以数字 0～3 表示。数字越大，说明为了性能优化使用了越多的编码。但是如果某段代码几乎都在调用其他已经优化过的函数，那么对它进行编译并不会带来显著的性能提升。

我们以第 6 章中的网络数据抓取函数为例。对该函数进行编译，并比较编译版本和原版的执行效果：

```
# 载入库
library(compiler)
library(microbenchmark)
# 调用脚本
source("shoes scraping function.r", encoding = "utf-8")

# 函数编译
all_scraping_fun_parallel_cmp <- cmpfun(all_scraping_fun_parallel, options = list(optimize=3))

# 速度测试
scraping_fun_compare <- microbenchmark(
  origin = all_scraping_fun_parallel(),
  complier = all_scraping_fun_parallel_cmp(),
  times = 3,
  unit = "s"
)

# 查看结果
scraping_fun_compare

## Unit: seconds
##      expr      min       lq     mean   median       uq      max neval
##    origin 42.97696 43.65505 48.78596 44.33315 51.69045 59.04776     3
##  complier 42.74612 42.76991 43.41880 42.79369 43.75514 44.71658     3
```

基准测试结果显示，编译版本函数的平均速度略快于原版。

此外，R 还支持即时（Just-In-Time, JIT）编译。R 会自动编译代码，而不需要显式调用任何 complier 库中的函数。这样很方便，无须修改已编写好的代码即可享受编译带来的性能提升。可以使用 complier 库的 enableJIT() 函数激活 JIT 编译。

关于这方面更详细的内容，可参阅Aloysius Lim等人《R高性能编程》一书中的相应内容。

12.2.2 使用benchmarkme库

benchmarkme库提供了一系列工具，使用户能够将自己的计算机和其他计算机的性能进行对比，从而了解自己的计算机和R的性能信息。对自身所拥有的工具有比较充分的了解将有利于制定优化策略。

benchmarkme库的一些实用功能如下。

- □ get_cpu()：查询本机CPU信息，包括频率和核数等。
- □ get_ram()：查询本机的最大可用内存。
- □ get_r_version()：查询当前使用的R版本。
- □ get_platform_info()：查询当前操作系统等基本信息。
- □ get_sys_details()：查询包含上述信息的综合系统信息。

各个函数的运行效果如下：

```
# 载入库
library(benchmarkme)

# 查询本机CPU信息
get_cpu()

## $vendor_id
## [1] "GenuineIntel"
##
## $model_name
## [1] "Intel(R) Core(TM) i7-8750H CPU @ 2.20GHz"
##
## $no_of_cores
## [1] 12

# 查询本机可用内存信息
get_ram()

## 17 GB

# 查询当前R版本信息
get_r_version()
```

```
## $platform
## [1] "x86_64-w64-mingw32"
##
## $arch
## [1] "x86_64"
##
## $os
## [1] "mingw32"
##
## $system
## [1] "x86_64, mingw32"
##
## $status
## [1] ""
##
## $major
## [1] "4"
##
## $minor
## [1] "0.3"
##
## $year
## [1] "2020"
##
## $month
## [1] "10"
##
## $day
## [1] "10"
##
## $`svn rev`
## [1] "79318"
##
## $language
## [1] "R"
##
## $version.string
## [1] "R version 4.0.3 (2020-10-10)"
##
## $nickname
## [1] "Bunny-Wunnies Freak Out"

# 查询当前操作系统信息
get_platform_info()
```

```
## $OS.type
## [1] "windows"
##
## $file.sep
## [1] "/"
##
## $dynlib.ext
## [1] ".dll"
##
## $GUI
## [1] "RTerm"
##
## $endian
## [1] "little"
##
## $pkgType
## [1] "win.binary"
##
## $path.sep
## [1] ";"
##
## $r_arch
## [1] "x64"

# 信息汇总，包括系统信息、R信息，以及所有第三方库的信息等，信息量非常大，暂不输出
# get_sys_details()
```

12.3　使用R的增强发行版本

与之前讨论的通过编程或者一些更好的第三方库进行性能优化不同，本节提到的两个由微软发布的R发行版本，主要着眼于优化R本身的效率（实质上也是通过一些重要的库间接实现优化，未改变R的核心程序）。简单来说，用户安装这些R的发行版本，就同时自动安装了一些强大的库，从而在特定领域中提升计算性能，减少后续需要手动编程或安装第三方库的优化工作。这和数据科学领域非常流行的Python发行版——Anaconda非常类似。

12.3.1　Microsoft R Open

Microsoft R Open（简称R Open）是R的增强发行版。本书写作时，R Open的最新版本是4.0.2，是基于R的4.0.2版本开发的，但包括了更多用于性能提升、可复现、兼容各平台的功能。和基础R一样，R Open也是开源并提供免费下载的，支持Windows和基于Linux的操作系统。R Open包括以下基本内容和特性：

❑ 相应版本的R；

❑ 兼容相应版本R的第三方库、脚本和应用；

❑ 预先安装的大量库，包括基础库、一些推荐使用的第三方库，以及一套由微软开发的提升R Open性能的库。

除了上述基本特性，与基础R相比，R Open还具备以下关键的优势：

❑ 提供多线程数学库，使R在一些线性代数算法上能够自动实现多线程计算；

❑ 提供一个高性能的综合网络档案，为用户提供和CRAN一致且稳定的第三方库；

❑ 提供checkpoint库，使得共享R代码和重现使用特定版本第三方库生成的结果更容易。

R有自己的线性代数算法，称为基础线性代数子程序（Basic Linear Algebra Subprograms, BLAS），但BLAS使用单核运算，即使计算机有多个核心。为了适应当前个人计算机普遍具备的多核配置，R Open包括了多线程数学库，实现了很多数据操作的自动并行计算，包括矩阵乘法、求逆、分解，以及一些高层次的矩阵运算。对基础R和R Open在一系列涉及矩阵运算的算法效率进行比较可知，R Open带来了明显的性能提升。这些提升主要是通过MKL库实现的[①]。MKL库提供了优化BLAS和LAPACK库的功能，这些库的线性代数算法能充分调用计算机的核心，而线性代数又是很多统计方法和机器学习模型的核心。因此，R Open尽管不能全面提升基础R的所有功能，但基本可以替代基础R，是一个值得尝试的工具。

 关于基础R和R Open的一个详细的性能比较测试可见R Open官网中"The Benefits of Multithreaded Performance with Microsoft R Open"一文。

要使用R Open，完成下载和安装后，在RStudio的菜单栏选择Tools—Global Options—General—Basic，然后在R version中进行设定，再重启RStudio即可，如图12-2所示。

启动后，可以看到对话框中的R Open的基本信息，包括版本、MKL库默认调用用于计算的线程数等。可以使用getMKLthreads()函数查看MKL库默认调用的线程数，并使用setMKLthreads()指定相应的线程数。除此以外，R Open的使用和基础R几乎没有任何区别，感兴趣的读者可以对比自身常用的工具（如不同的算法）在两种环境下的运作效率，看看R Open是否会带来显著的性能提升。

```
# 查看已使用的线程
getMKLthreads()

## [1] 6

# 自定义线程数
# setMKLthreads(12)
```

---

① MKL代表math kernel library，即数学核心库。

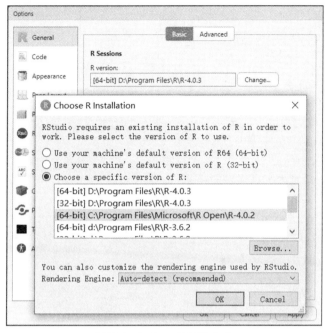

图12-2　R Open的切换方式

12.3.2　Microsoft R Client

　　Microsoft R Client（简称R Client）是一个免费的高性能数据科学工具，基于R Open开发。用户可以使用R第三方库进行数据分析挖掘工作。此外，R Client的强大之处主要体现在其包含的RevoScaleR库。该库使得R Client在并行计算方面非常突出，且只能通过安装R Client使用，并不能以基础R安装第三方库的方式使用。

　　R Client要求数据能够载入内存，另外在RevoScaleR库的函数中，处理的线程数被限制为2个。要处理大型数据集或者一些较大型的计算任务，可以通过命令行远程访问微软的机器学习服务器，或者将任务放到一个远程的服务器上。

　　基于Jonathan D. Rosenblatt的R语言线上教程（R course）第15章"Memory Efficiency"中的基准测试，ff和bigmemory库的表现相当，而RevoScaleR库明显更优。这既是由于RevoScaleR库有更好的二进制表达方式，也是由于它本身就带有并行运算的机制。

　　和R Open相同，要使用R Client，完成下载和安装后，在RStudio的菜单栏选择Tools—Global Options—General—Basic，然后在R version中选择R Client，再重启RStudio即可，如图12-3所示。启动后，对话框中会显示相关基本信息。

　　要上手R Client，主要依靠官方使用手册，该手册非常详细，篇幅达2000多页，但除此以外线上的社区支持整体并不是很丰富。另外，模型训练的函数仅支持公式输入，不支持用"."来代替数据框中所有的x，不是特别友好。整体来说，R Client当前应用并不十分广泛。

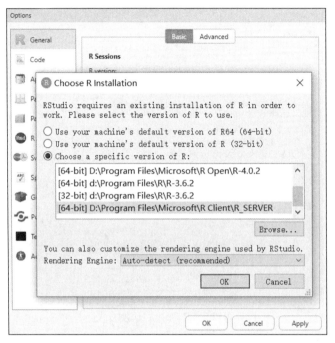

图12-3　R Client切换方式

12.4　其他数据科学工具

最后，让我们跳出R的世界，简单了解两个单机环境下有效处理大型数据集的数据科学软件。

12.4.1　SAS

SAS（Statistical Analysis System，即统计分析系统）是一个功能强大的统计分析工具，由数十个专用模块构成，能够实现数据输入和获取、数据转换处理和管理、报表绘制和图形、统计和数学分析、商业规划、预测、运筹优化，以及应用开发等多种数据科学任务。SAS可以分为四大部分：SAS数据库部分、SAS分析核心、SAS开发呈现工具、SAS对分布处理模式的支持及其数据仓库设计。Base SAS模块是SAS的核心，其他各模块均在Base SAS提供的环境中运行。用户可选择需要的模块结合Base SAS搭建个性化的SAS。

SAS在处理大型数据集方面的优势如下：

❑ SAS的数据存储、管理、分析、呈现的一体化非常出色，即数据的管理和分析挖掘都可以直接使用SAS完成，不需要过多地依赖外部工具（例如数据库）。我没有使用过所有SAS模块，主要使用过Base SAS和STAT，但这基本能够满足常见的数据科学工作流程，包括数据预处理、基本统计分析、回归模型训练等。

- □ SAS的数据集是保存在硬盘上的，对数据的运算也通过访问硬盘的方式进行，这使得用户不需要过于关注计算机内存资源的问题。

- □ SAS在处理大型数据集时稳定性非常高，并且计算过程能够随时中断，这一点是R和Python都做不到的。尤其对于R，中断计算程序的操作往往执行得非常缓慢，甚至会引发程序崩溃。

不过与R或Python等开源工具相比，SAS的最大缺陷是体量太大（在单台计算机上安装需要几十GB的硬盘空间）和比较高昂的软件费用，这对于个人用户来说都是难以负担的。因此，SAS更多是组织机构的大数据解决方案。

SAS拥有认证体系，这在目前的数据科学领域是较为难得的，行业内对此认证的认可度比较高，这也有利于数据科学从业者的职业发展。

12.4.2　Python

Python是当前数据科学领域使用范围广泛的开源工具，在很多方面能与R比肩，甚至超过R。尽管本书以R为主角，但在前面的章节中，我们也已经"无可避免"地讨论了使用Python提升计算效能的方法，并不断比较R库和Python库。除了数据科学，Python还广泛用于软件开发等领域，因此其适用范围比R更广，也更便于一体化的生产流程，至少在目前，Python在企业的普及程度要高于R。Python本身并没有提供处理大型数据集的机制，但第三方Python库为大型数据集的处理提供了良好的解决方案。这里简单介绍Vaex和Dask两个库。

Vaex库

Vaex是开源的Python第三方库，可以针对数据框进行可视化、探索、分析、机器学习。Vaex的优势在于其对hdf5格式数据的处理。这是一种内存映射文件格式。使用Vaex打开内存映射文件时，并不读取数据本身，只读取文件元数据，比如硬盘上数据的位置、数据结构（行数、列数、列名和类型）、文件描述等等，非常节省内存空间。在对大型数据集进行统计分析时，可以先使用Vaex库提供的相关函数将数据集转换为hdf5格式，从而高效地处理。这样做的前提是硬盘有足够的空间，因为hdf5格式往往比转换前的csv或者txt格式占据更多的空间。

另外，Vaex中的vaex.ml库对scikit-learn、XGBoost、LightGBM、CatBoost等实现了封装，在输出模型预测结果环节可以较好地减少内存占用，但是在模型训练过程中，数据会重新实体化，即先读入内存，再读入模型。Vaex库的成熟程度不如pandas库和scikit-learn库，除官方文档外，网上的社区支持相对较少。

Dask库

Dask是Python的并行计算库，能在集群中进行分布式计算，以更便捷的方式处理大数据。与

Spark这些大数据处理框架相比，Dask量级更轻，完全基于Python实现，学习成本更低。Dask是对NumPy、pandas和scikit-learn库的原生扩展，更便于分布式并行计算。Dask可以有效处理单机上的中规模数据集和集群上的大型数据集，也作为通用框架对大部分Python对象进行并行化，其配置要求和计算资源开销非常低。在执行大型的数据分析时，如果本机内存空间不足，又不想使用Spark等大数据工具，那么Dask是一个不错的替代选择。

Dask并不会立即将整个pandas数据框加载到内存中，而将文件切分成更小的块并行处理，这些文件块称为分区，每个分区都是一个较小的pandas数据框。Dask采用了延迟计算机制，这和R的disk.frame的运作机制类似。

 关于数据集规模的划分和更多Dask的内容可参见Dask的官方网站以及Jesse C. Daniel的《Python和Dask数据科学》一书。

12.5 本章小结

本章主要介绍一些小策略。它们或对节约计算机内存和硬盘资源有帮助，或可以提升一些计算的效能。在我们的工具库中多备一些这样的小工具还是很有必要的。此外，我们也需要知道，数据科学的生态系统极为多样化，R只是其中一个比较出色的成员，还有很多能够有效处理大型数据集的工具，其中一些甚至比R更强大，所以哪怕你是R的忠实用户，仅仅将目光放在R上也并不是明智之举。面对不同的客观环境，应当善于选择合适的工具，当环境不允许我们使用R，或者使用R并不是最好的选择时，随时使用其他工具实现目标。要解决的问题、要达成的研究目标才是最重要的，不能让工具本身取代了目标。